ニッポン半導体復活の条件

異能の経営者 坂本幸雄の遺訓

日本経済新聞編集委員
小柳建彦 著

日本経済新聞出版

はじめに

日本の半導体業界が久しぶりに熱を帯びている。

２０２４年12月、世界最強・最大の半導体製造受託（ファウンドリー）会社、台湾積体電路製造（ＴＳＭＣ）が熊本県菊陽町で建設を進めてきた第１工場が本格稼働を始めた。２０２５年には第2工場の建設を着工し、２０２７年の量産稼働を計画する。

ファウンドリーは顧客の半導体メーカーが設計した半導体製品の製造を請け負う業態で、ＴＳＭＣは技術面と規模の両面で世界最強を誇る。最先端の微細加工技術を使ったロジック半導体の製造を得意とし、ＡＩ（人工知能）半導体のエヌビディアやパソコン向けプロセッサーのインテルやアドバンスト・マイクロ・デバイセズ（ＡＭＤ）、スマートフォン（スマホ）向けプロセッサーではクアルコムやアップルなど、世界の大手半導体メーカー各社を顧客にそろえる。

同じ12月、北海道千歳市では、技術レベルはＴＳＭＣの最新工場に比肩し得る先端半導体向けファウンドリーを目指す国内企業Ｒａｐｉｄｕｓ（ラピダス）の第1号工場に、最新の製造装置の搬入が始まった。２０２５年4月の試作ライン稼働に向けて急ピッチで準備が進む。

さらに、広島県東広島市のマイクロン・テクノロジーの工場（マイクロンメモリジャパン）でも次世代の微細加工技術で製造するメモリー半導体「ＤＲＡＭ」の量産設備向け投資が２０２５年に始まろうとしている。こちらは２０２６年の量産開始を計画する。

つまり２０２７年までに国内で新たに３つのロジック半導体とＤＲＡＭの量産工場が稼働する。そのうち２つはその分野の世界最大手が運営し、２つは最先端の微細加工技術で製造する工場になる。全てが計画通りに行けば日本企業が先端半導体の製造から手を引いた２０１０年から数えて17年を経て、本当に久しぶりに日本という地が半導体製造の先端競争の表舞台に復帰することになる。

これだけ半導体の設備投資プロジェクトが同時並行で進めばいきおい、製造装置や材料、クリーンルーム関連などの半導体サプライチェーンに絡む内外企業も熱くなる。

２０２４年12月11～13日に東京の国際展示場ビッグサイトで開かれた半導体の国際業界団体ＳＥＭＩが主催する展示会「ＳＥＭＩＣＯＮ　ＪＡＰＡＮ　２０２４（セミコンジャパン２０２４）」には、前年を大きく上回る１１００社を超える企業が出展し、前年の８万５０００人を大きく上回る延べ10万３０００人の来場者でごったがえし、熱気に満ちた。

開会式には石破茂首相がビデオメッセージを寄せた。石破首相はその中で２０３０年までにＡＩ・半導体分野へ10兆円以上の公的支援を実施する方針を改めて強調した。その大きな部分が２０２７年の量産開始までに５兆円の投資が必要とされるラピダスを念頭に置いていると目される。

過去20年余り、国内の総合電機メーカーが次々に半導体事業から撤退し、一時は5割を超えた日本企業の半導体世界シェアは1割を切るようになった。「半導体敗戦」とさえいわれてきた状態から再浮上できるのでは、という期待が政官民で膨らんでいるのだ。

だが、「ニッポン半導体」復活への期待の高まりに、違和感を訴える業界関係者も少なくない。経済記者である筆者の目から見ても期待先行、政府による補助金先行の色彩が目に付くのが正直否めない。

特に、ラピダスの事業には懐疑的な声も聞こえてくる。それどころか極めて悲観的な見通しを述べる業界関係者や専門家も一人や二人ではない。

「ＩＢＭの半導体技術をライセンス利用して成功した企業はまだない」

「世界の微細加工技術をリードするＴＳＭＣもサムスン電子もまだ量産できていない先端技術を、いきなり新規参入のラピダスができるとは思えない」

「そもそも客がいなければファウンドリー事業は成り立たない。実績がない新参の企業にどんな主要企業が発注するのか」

「事業化の見通しが立っていないのに、政府以外に誰が投資するのか」

などなど、技術そのものから資金面まで、ありとあらゆる側面について悲観的な意見に事欠かない。

ラピダスとTSMCへの国の支援策から筆者の目に映るより根源的な問題は、「先端半導体メーカー」より先に「先端半導体工場」を再興しようという、考え方そのものだ。かつて日本の総合電機メーカーが捕らわれて痛い目にあった「工場主権」「ものづくり信仰」の罠《わな》に、またぞろはまってはいまいか。

業界関係者とそんな議論をしていると、「あの人なら今、何と言うだろう」と必ず頭に顔が浮かぶ故人がいる。旧エルピーダメモリを社長として率い、万年赤字会社を黒字化して世界3居のDRAMメーカーに育てた坂本幸雄氏（以下敬称略）だ。日本の半導体産業復興を狙う国策投資計画が膨らみつつあった2024年2月中旬、埼玉県の自宅で心筋梗塞のため急死した。享年76歳だった。

筆者と坂本は90年代からの知己だ。特に20年代に入ってからは筆者にとって大切な知恵袋的存在の取材先でもあった。半導体ビジネスや技術トレンドに関する筆者の素朴な疑問に、いつも明快な見解を与えてくれた坂本に、日を追うごとに明らかになるラピダスの事業戦略について突っ込んだ意見を聞きたかった。というのも、2021年のTSMCの日本進出決定や2022年秋のラピダス設立発表のタイミングなど折に触れ、坂本は違和感を口にしていたからだ。

「まず先に工場を作ろうというのは順番が違いませんか。どんな需要に向かって何を作るのかという戦略があって、それから製造のことを考えるのが筋でしょう。自分の半導体を作って、それが売れて事業として成立することこそが半導体産業復興なのではないですか」

他社の半導体の製造を請け負うファウンドリーという業態を半導体産業復興の核に据えようという戦略、政策に対する素朴な疑問だった。

米中対立の先鋭化、中国への技術流出を最小化するサプライチェーン構築の必要性など、地政学的ビジネス環境の変化を踏まえれば、製造力を重視する考え方も成り立つ。しかし坂本は自分の製品を作るのではなく、請負で他社製品を作る工場の建設に多額の税金を使うことに、強い違和感を持っていた。高値でも売れる「製品力」の確立に失敗して半導体事業に挫折する日本の総合電機メーカーの失敗を長年目の当たりにしてきた坂本にとって、「いつか来た道」に見えたのかもしれない。

そもそも生前の坂本には、日本の半導体産業復興のためには何をどうすべきか、政府や産業界に言いたいことがたくさんあった。半導体だけではない。テクノロジー産業におけるグローバル経営の在り方にも、常に一家言を持っていた。自分の意見を一顧だにせず、昭和的な「ものづくり」基盤の再興を進める日本の業界人へのもどかしさもあり、異論を唱えたかったのだろう。

自分の知見が評価されていないという鬱屈した思いは長年蓄積されていたようだ。官僚も政治家も近年、坂本に直接意見を聞きに来ることはなかったのだ。

「俺が経験してきたことを、なんで彼らは聞きに来ないんかなと。どうも霞が関や永田町の人たちは俺のことが怖いみたいですよ。あまりにズケズケものを言うんで」

まだラピダスのプロジェクトが立ち上がる前のことだったが、取材の合間に坂本がそうつぶやいたことがある。冗談にまぶして笑ってはいたが、言葉の裏には、自分が蚊帳の外に置かれたまま、血税を財源とする巨額の補助金が国民にとっての勝算がはっきりしない半導体工場プロジェクトに投じられていくことへの悔しさがにじんでいた。

坂本は2002年に日本で唯一残されたDRAM専業メーカーとなることが決まっていたエルピーダの社長を引き受け、5%未満に落ち込んでいた同社のDRAMの世界シェアをピーク時で19%まで押し上げ、世界3位のDRAMメーカーに育てた実績を持つ経営者だ。しかしその後、市況悪化と一時1ドル＝80円を割る超円高が重なった2012年2月、社長としてエルピーダの会社更生法の申請を決断した。事業と雇用の存続のために現金を債権者以外の金融機関に移したうえでの電撃申請だったため、金融界からは「計画倒産」となじられ、経営失敗のそしりを受けた。

会社更生法の適用申請後にはマイクロンによるエルピーダ吸収合併をエルピーダの管財人として完結させ、一銭の退職金ももらわずに同社を去る。完全子会社化された旧エルピーダはその後、マイクロンメモリジャパンに名前を変え、エルピーダの名前は消えた。この一連の流れは日本の半導体敗戦における象徴的な出来事として記憶されている。

坂本がエルピーダを潔く去ったのは、おそらくその後、新たな事業を成功させて汚名を返上したかったからだろう。しかしそもそも日本に先端半導体の製造事業がなくなってしまい、坂本が力を発揮する場がなかった。

そんな坂本に着目して声を掛けてきたのが勃興しつつあった中国の半導体産業だった。

素材や製造装置など幅広い裾野産業があって初めて可能になる半導体製造は、90年代から駆け足で工業を育ててきた中国にとって育成が最も遅れた産業といってよい。フリーになった坂本に半導体事業育成の指南を請う案件が中国から舞い込み、坂本はことあるごとに参画する。

習近平が政権を握った２０１３年以降、経済安全保障の観点から中国への技術流出を止めようとする圧力が日米の間で年々高まる。いつしか坂本は経済安全保障の観点で最大の脅威である中国を助ける「裏切り者」というレッテルさえ貼られるようになる。

だから日本の半導体産業の復興に本気で挑むならフルに生かすべき実務的知見の持ち主である坂本に、官僚も政治家も表だって相談しなかった。それどころか、坂本を通じて日本の半導体製造技術や技術を使える人材が中国に流出するのではないかと、官僚や政治家は坂本の動向を遠巻きながら実質的に〝監視〟していたようだ。

そんな状況を肌で感じて悔しくもあり、寂しくもあったが、口では「怖がられている」と強がりを言ってみたように筆者には聞こえた。

官僚や政治家が聞かないなら、代わりにメディアが話を聞いて世に問えばよいのではないか。冷静に考えれば、アップルやインテルなど世界有数のテクノロジー企業のトップ級と1対1で渡り合い、半導体の製造プロセスの作り方、それを動かす組織の作り方について知見を蓄積してきた坂本に、日本半導体復興へのヒントを聞かない手はないだろう。

そう考えた筆者は米中対立が深刻度を増すなか、世界的な半導体不足が大問題になっていた2020年秋ごろから折に触れ坂本に業界動向や彼自身の中国企業でのプロジェクトの進捗について話を聞いて記事にした。さらに、それまでDRAM事業立ち上げのトップとして関わっていた中国の国策半導体企業、清華紫光集団（紫光集団）が2021年夏に経営破綻したのを機に坂本が一瞬フリーの身になっていた2022年春、まとまった連続インタビューを実行し、技術系ウェブメディアの日経クロステックに連載した。

坂本はその後、中国・深圳市の投資ファンドが出資し、2022年3月に立ち上げたDRAMスタートアップである深圳市昇維旭技術（スウェイシュア・テクノロジー）の最高戦略責任者へと招かれ6月に就任。微細回路を立体化した最先端のDRAM製造プロセスの開発体制の構築に向け、張り切っていた。急逝はその矢先のことだった。

2022年春の連載に収容できなかった内容を含め、坂本は80年代から積み上げてきた日米半導体業界での経験を踏まえた分析や教訓を一連のインタビューで山ほど言い残してくれた。

ここまで述べてきたように坂本は、日本では珍しい半導体事業のプロ経営者である。体育大学から〝倉庫番〟として入社したテキサス・インスツルメンツ（ＴＩ）で頭角を現し、90年代以降は幾つもの国内半導体事業会社を立て直した。その実績を買われて赤字会社だったエルピーダの社長に就任。目覚ましい手腕を発揮してエルピーダを立て直し、世界シェア５％未満から世界３位まで引き上げた。

だが前述の通りエルピーダ倒産後、国内の官僚や業界は坂本を遠ざけ、失望した坂本は中国に活路を求め、無念を抱いて急逝した。坂本の志に報いるためにも、国を挙げた半導体産業復興に走り始めた日本は今こそ、坂本が身をもって遺した知見を生かすときではないか。

他の証言者の意見を踏まえた検証や事実関係の確認と分析を交えて坂本の「遺訓」をまとめれば、これから日本の半導体や他のテクノロジー産業が進んでいく際の指針のようなものが浮かび上がるのではないか。本書をまとめることにしたのはそんな思いからだ。

本書のテーマは大きく分けて３つある。

- 日本から先端半導体メーカーはなぜなくなったのか
- ファウンドリーを核にした半導体産業復活という戦略に勝ち目はあるか
- どんな戦略にせよ、日本の半導体産業が輝きを取り戻すためのカギは何か

坂本幸雄直筆の色紙

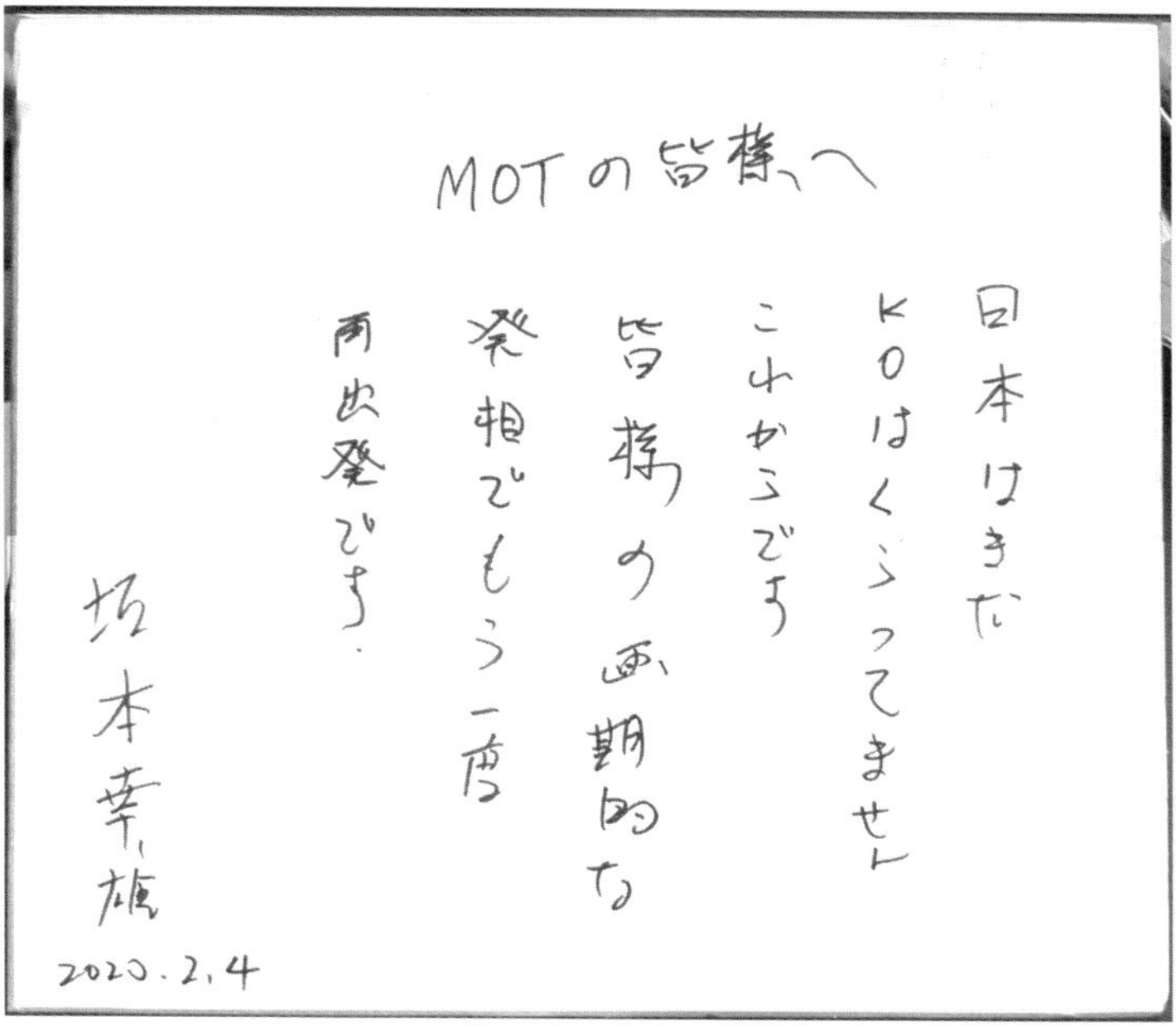

東京理科大学大学院の技術経営（MOT）専攻コースの学生に向けて書かれたもの（写真：著者）

通底するのは、「日本のテクノロジー企業経営の在り方、産業政策の在り方が抱える、克服すべき本質的弱点は何か」である。坂本の遺訓を補助線にしつつ、それをあぶり出していけば、必然的に今後のニッポン半導体の復活の道筋が見えてくるのではないか……。

そう筆者が考えるのは、坂本自身がニッポン半導体の復活を諦めてはいなかったからだ。晩年客員教授を務めていた東京理科大学大学院の技術経営（MOT）専攻コースの学生に送った色紙に坂本はこう書いている。

「日本はまだKOは食らってません。これからです。皆様の画期的な発想でもう一度再出発です」

テクノロジー産業の現場を支える日本人技術者の力量を高く評価していた坂本が、日本はまだ復活できると信じて若者に送ったエールだった。

では何をどうしたらよいのか。異能の経営者、坂本幸雄の軌跡を追いつつ、彼が生前投げかけた問題提起をヒントに、掘り起こしていこう。

坂本幸雄のあゆみ

1947年（0歳）	1947年9月3日、群馬県前橋市の農家に8人兄弟の6番目として生まれる。子供時代はガキ大将で野球好きな少年だった
1963年（15歳）	野球強豪校の前橋商業高校に入学し野球に打ち込む。3年生夏は県予選1回戦で前橋工業高校に敗れ、甲子園出場はかなわず
1966年（18歳）	日本体育大学入学。監督としての甲子園出場を夢見るが、群馬県の教員採用試験に不合格となり教師の道を断念
1970年（22歳）	義兄の紹介で日本テキサス・インスツルメンツ（TI）に入社。埼玉県の工場で部材や製品を管理する“倉庫番”の仕事に就く。仕事ぶりを見た米国人上司が企画部に引き抜く。栃木県出身の女性と結婚するが、仕事のために新婚旅行を3日で切り上げるほどの猛烈社員だった
1977年（29歳）	企画部長に昇進。30代で企画から製造、設計、プロセス開発など半導体メーカーのほとんどの業務を経験
1989年（41歳）	米国本社へ単身赴任。全世界のロジック半導体事業を仕切り、神戸製鋼所との合弁DRAM会社の設立にも尽力
1991年（43歳）	帰国して日本TIアジアロジック事業部長、1993年に45歳で日本TI取締役、翌1994年に取締役副社長に昇進
1997年（50歳）	27年務めたTIを辞して10月1日付けで神鋼に転じ、TIとの合弁DRAM会社の立て直しを担う。TIの事業売却で合弁相手がマイクロン・テクノロジーに代わり、厳しい交渉を経て、スティーブ・アップルトンCEOとタフネゴシエーターと認め合う仲に
2000年（52歳）	3月に台湾ファウンドリーの聯華電子（UMC）の日本法人社長に就任。「坂本マジック」と称される劇的な経営改善を実現し、就任1年を待たずに黒字化
2002年（55歳）	11月に万年赤字会社だったエルピーダメモリ社長に就任。約1年後の単月黒字化、2年後の東証1部上場、3年後にはDRAM世界シェア10%に復帰、時価総額8489億円の企業に育てるなど卓越した経営手腕を発揮
2008年（61歳）	9月のリーマン・ショック後の世界金融危機などでエルピーダの業績が悪化。2009年6月に政府の公的支援第1号適用などで持ち直したが、超円高で失速
2012年（64歳）	業績が回復基調にあった2012年2月27日に公的支援関連融資の返済に窮し、エルピーダへの会社更生法の適用を申請し資金繰り倒産
2013年（65歳）	倒産後も管財人としてエルピーダを運営。過去最高の営業利益をたたき出すなど規格外の手腕を見せる。エルピーダ売却が完了した2013年7月31日付けで退任
2015年（67歳）	2015年にサイノキングテクノロジー設立、2019年には72歳で紫光集団の高級副総裁に就任してDRAM事業に再チャレンジ。いずれも中国地方政府や国策企業などとの協業で中国側キーマンの失脚により頓挫した
2024年（76歳）	2022年に74歳で中国のスタートアップ深圳市昇維旭技術の最高戦略責任者に就任。DRAM事業に3度目の再チャレンジ中の2024年2月14日、埼玉県の自宅で心筋梗塞にて突然の逝去。享年76歳

写真（2022年）：加藤康　出所：各種資料から著者作成

目次

第11章 パーフェクトストーム

第12章 「エルピーダ」消滅と坂本の自省

第3部 ニッポン半導体のこれから

第13章 ロジック半導体も没落

第14章 「メイク、クリエイト、マーケット」

第15章 本質はビジネスモデル競争

第1部

再起動するニッポン半導体

第1章

異能の経営者はなぜ遠ざけられたか？

▼半導体事業のプロ経営者としての実績を買われてエルピーダメモリ社長に就任、赤字会社を立て直して世界3位のDRAMメーカーに育てた坂本幸雄

▼体育大学卒業というハイテク企業経営者としては異色の経歴を持ち、米国や台湾の経営者と広く交流して業界関係者から高く評価されていた

▼国内と海外での評価の差に苦しみ、台湾の関係者の紹介で中国半導体業界の要請に応じた結果、国内での評判を落とす悪循環に陥った

2003年2月、筆者は雪をかぶったロッキー山脈の山々が背後にそびえる米アイダホ州の州都ボイジにいた。郊外にあるマイクロン・テクノロジー本社で、当時CEO（最高経営責任者）だったスティーブ・アップルトンの話を聞くためだ。取材中、彼はこちらが尋ねもしないのに日本のエルピーダメモリ[注1]について語り出した。

「私は坂本（幸雄）さんを経営者として尊敬していますが、市況変動が激しく利幅が薄いDR

AM[注2]でファウンドリー[注3]に製造を委託する（坂本が打ち出した）モデルが機能するとは思えません。（韓国DRAM大手の）ハイニックス半導体[注4]（社名当時）は国の補助金を頼りに大量の製品を市場に安く垂れ流していて、市場から退出を迫られるのは時間の問題です。（ハイニックスとエルピーダが脱落して）DRAMが大手3社体制になる日も近いでしょう。そうすれば価格が安定し、DRAMの収益性が回復するはずです」

注1　**エルピーダメモリ**　NECと日立製作所のDRAM事業を統合する形で1999年11月に設立された。設立当初は「NEC日立メモリ株式会社」で、2000年9月に「エルピーダメモリ株式会社」に改称。2003年に三菱電機のDRAM事業を統合。国内唯一のDRAMメーカーになったが、2012年2月に会社更生法を申請して倒産。2013年7月にマイクロン・テクノロジーに買収されて完全子会社化し、2014年2月に「マイクロンメモリジャパン株式会社」に商号を変更してエルピーダの名前は消滅した。

注2　**DRAM**　コンピューターの頭脳にあたる中央演算装置（CPU）に処理させるソフトウエアの命令やその命令で処理するデータを一時的に置いておく主記憶装置（メインメモリー）に使われる半導体の品種。ダイナミック・ランダム・アクセス・メモリーの頭文字を取ったもので、「記憶保持動作が必要な随時書き込み読み出しメモリー」と和訳される。記憶保持のために常に通電しておく必要があり、電気がなくなると記憶も消えてなくなる「揮発性」メモリーに分類される。

注3　**ファウンドリー**　半導体製造受託業またはそれを営む企業。他社が設計した半導体の製造を請け負う。専業最大手は台湾積体電路製造（TSMC）。他に聯華電子（UMC）、グローバルファウンドリーズなどの専業のほか、サムスン電子とインテル（2024年9月にファウンドリー事業の分社化を発表）などが「兼業」で他社製品の製造受託を手掛ける。

注4　**ハイニックス半導体**　現SKハイニックス。設立時は現代電子産業で、2001年3月にハイニックス半導体に改称、その後の2012年3月に現社名に再改称している。

世界の経営者と互角の駆け引き

このインタビューが行われた２００３年春、ＮＥＣと日立製作所のＤＲＡＭ事業を統合して１９９９年に発足したエルピーダは国内に残った唯一のＤＲＡＭメーカーになろうとしていた。当時は世界市場シェアを５％未満まで落として弱体化していたが、前年の２００２年11月に坂本幸雄を社長に迎え、巻き返しに向け再スタートを切ったばかりだった。

90年代を通じて日本の総合電機メーカーはチキンレース化したＤＲＡＭの設備投資競争に敗退していた一方、当時のマイクロンは、韓国のサムスン電子やハイニックス、ドイツのインフィニオン・テクノロジーズに並ぶチキンレースの勝ち組。そんなマイクロンが弱小のエルピーダをそこまで意識するのは解せなかったが、エルピーダを威嚇するような発言を見出しに取った記事は、２００３年２月13日付けの日経産業新聞に掲載された。[*1]

記事を見た坂本から早速抗議の電子メールが筆者に届いた。

「アップルトンの言うがままを記事にしたのはミスリーディングです。実はマイクロンも中国のファウンドリーである中芯国際集成電路製造（ＳＭＩＣ）に製造を委託しようとしていた。先に我々（エルピーダ）とインフィニオンが発注したのでラインが埋まり、断られたのです。（自らも選択肢にしていた）ファウンドリー戦略をことさら否定してみせるのは、マイクロンの３００ミリウエハー[注5]への移行や１１０ナノ[注6]技術の開発が遅れているからです。アップルトンは焦っているのでしょう。競合が増えるのが嫌なのです。我々（エルピーダ）は今年、全面的に３００ミリウエハーと１１０ナノの技術で量産を本格化させ、一気に先行します」

坂本は２００２年11月１日にエルピーダの社長に就くやいなや、直径３００ミリのシリコンウエハー換算で月産３０００枚しかなかった同社の生産能力を１年以内に５倍の１万５０００枚に増強すると宣言。設備投資に必要な８００億円の資金全額の拠出を親会社のＮＥＣと日立が渋ったため、すぐに海外企業を含めた外部からの資金調達に走り出していた。２００３年２月はちょうど、資金調達の核となるインテルによる出資を引き出す交渉が大詰めに入ろうとしていた頃だった。

注5　**３００ミリウエハー**　直径３００ミリメートルの円盤形シリコンウエハー。集積回路（ＩＣ）の量産が始まった60年代までは直径40ミリが最大だったが、その後50ミリ、75ミリ、１００ミリ、１２５ミリと大きくなり、80年代には１５０ミリが主流になる。90年代は２００ミリが主流となり、２００１年ごろから現在までは３００ミリ時代が続いている。ウエハーを大きくしチップを小さくするほど１枚のウエハーから取れるチップの数が増え、ウエハーが円形でチップが四角いことから外縁で余るウエハーの量も減るので、大きいウエハーの方がコスト的に有利になる。ただし、半導体回路をシリコンウエハー上に転写する露光装置などの限界もあり、闇雲に大型化できるわけではない。

注6　**１１０ナノ**　ナノは10億分の１。半導体で「ナノ」といえばナノメートル（10億分の１メートル＝１００万分の１ミリメートル）単位で表す回路の最小寸法のこと。ただし、ロジック半導体では20ナノより後の微細度世代では実際の回路寸法ではなく、あくまで１平方センチのシリコンウエハー上に搭載されたトランジスタ素子を平面に並べたときの仮想的な最小寸法を表す。実際には立体的に回路を形成しているため、たとえば「５ナノ」に分類されるチップでも物理的な回路最小寸法は12～14ナノ程度とされる。

ＤＲＡＭ市場のプレーヤーが淘汰されて減れば価格下落が落ち着く。それを望んでいたアップルトンは、エルピーダの生産能力拡大を嫌がっていた。だから坂本の打ち出した戦略・計画の有効性をメディアのインタビューで否定して見せ、資金調達を難しくさせる〝口先介入〟を試みたわけだ。見出しに取れる刺激的な発言に飛びついた筆者が喜んで記事にしたのは、後から思えばアップルトンの思うつぼだった。逆に坂本にとっては資金調達の最も大事な時期に「いい迷惑」な記事だったのだ。

世界の大手企業のＣＥＯと１対１の虚々実々の駆け引きでやり合う――。

坂本の振る舞いはそれまで取材していた電機や自動車などの日本のグローバル企業のトップには見られなかった行動パターンだった。むしろ、当時シリコンバレーに駐在して仕事をしていた筆者が日々取材で接していた米国ハイテク企業のリーダーたち――インテル中興の祖のアンディー・グローブや、グローブを最大の敵として挑戦を続けていたアドバンスト・マイクロ・デバイセズ（ＡＭＤ）創業者、ジェリー・サンダースらの攻撃的な発言や経営戦術に通底するものを感じた。

「ようやく日本にも国際基準で経営できるトップが出てきたのか……」。この一件で、世界の半導体業界の中での坂本の存在感の強さを改めて認識するとともに、坂本をリーダーとする「ニッポンＤＲＡＭ」再強化プロジェクトに期待感が湧いた。

「プロ半導体経営者」はどうやって生まれたか

坂本はテキサス・インスツルメンツ（TI）に在籍していた90年代から、米国流の合理性、効率性、スピードを重視するそのマネジメント手腕で、電機や鉄鋼など、国内で半導体を手掛けていた業界で「知る人ぞ知る」存在になっていた。総合電機メーカーを取材する我々経済記者も、坂本の議論の明快さとスピード感あふれる行動力に注目していた。少し赤字が出ると恐れおののいて投資ができなくなり、ジリ貧になって結局事業から撤退してしまう、総合電機の弱々しい経営者とのコントラストが強烈だったのだ。

そんな坂本の国内総合電機メーカーや半導体事業についての厳しい分析や、日本的経営に対する痛快な批判は彼が亡くなるまで健在だった。半導体ウオッチを続けた我々経済記者の坂本に対する尊敬の念も続いた。だが、官界、財界、金融界は坂本の〝毒舌〟を嫌がり、エルピーダ倒産の後は彼と関わろうとしなかった。坂本が中国での半導体プロジェクトに参画するようになると、「裏切り者」扱いさえするようになった。そうして、国内半導体産業の復興運動が始まった大事な時期に、最も知見を生かすべき人物である坂本の言葉に耳を貸さなかった。我々ベテラン経済記者だけでなく、半導体業界の心ある一部のベテランもこの状況を嘆いた。

現役時代の坂本を知らないと、このような毀誉褒貶《ほうへん》の激しさは理解しにくいかもしれない。単純な結果だけみれば、エルピーダという最後の「ニッポンDRAMメーカー」を倒産させた経営者、ということで片付いてしまうからだ。だが、「坂本マジック」と呼ばれるような事業再建を超スピードで成し遂げるその手腕は確かに目を見張るものがあった。

半導体事業の経営者としての坂本の手腕がどれだけ評価されていたかを示すエピソードがある。彼がTIを辞めて、合弁相手だった神戸製鋼所に移籍した1997年ごろの出来事だ。

神鋼は1990年にTIと、DRAM製造の合弁会社KTIセミコンダクターを設立した。その後兵庫県西脇市に工場を新設するが、米国のTI本社が手慣れた直径150ミリのウエハーを加工するラインの構築を進めようとしたのに対し、TI日本法人で合弁プロジェクトに関わっていた坂本は当時最先端だった200ミリウエハー対応のライン整備を主張。結局坂本の主張が通り、KTIセミコンダクターは世界の先頭グループに混じって200ミリのラインを1992年に稼働させる。

TIの技術導入のおかげもあって早期に高い歩留まり[注7]と品質管理を実現。利益も出し、西脇工場は米誌に世界最優秀工場に選ばれるまでになった。半導体関連事業に参入したものの赤字から抜け出せない鉄鋼メーカーが多かったなか、神鋼は鉄鋼業界の半導体で「1人勝ち」とまでいわれた。業界を挙げた200ミリラインへのシフトの潮目を読み切ったTI坂本の手腕に感心していた当時の神鋼会長、亀高素吉はそれをきっかけに坂本を頼りにするようになっていた。ＫＴＩセミコンダクターも１９９６年のＤＲＡＭ不況以後は利益が出せなくなり、再建策を模索していたからだ。

坂本はＴＩ日本法人で副社長まで昇進していたが、１９９６年５月に当時ＴＩのＣＥＯだったジェリー・ジェンキンスが出張先で急死すると後ろ盾を失った。後任のトム・エンジバスはＤＲＡＭ事業から撤退し、半導体事業をデジタル信号処理装置（ＤＳＰ）[注8]とアナログ半導体[注9]の２種類に専念する戦略を打ち出した。坂本はＤＲＡＭ撤退に反対してエンジバスに直言。徐々に冷遇されるようになる。そして１９９７年２月、ＴＩ日本法人の社長に筑波研究開発センター所長だった学術畑出身の生駒俊明が昇進すると、社長の芽がなくなった坂本はＴＩ退職を決意する。

注7 **歩留まり**　ある製造ロットのうち、売り物として使える良品の割合。良品率。英語では「イールド（yield）」。半導体の製造工程は、ラインの組み方や装置の操業の仕方、温度・気圧管理など様々な要因で歩留まりが上下する。歩留まりが低いとチップ1個当たりの製造コストが高くなり、そのラインのコスト競争力低下に直結する。

注8 **デジタル信号処理装置（DSP）**　デジタル・シグナル・プロセッサーの頭文字。「積和演算」などを用いた数学関数の高速実行に特化した半導体デバイス。デジタル変換された音声や画像などの信号の圧縮や暗号化、その復号などに用いられる。携帯電話機の音声処理に多用され、90年代半ばから10年代半ばまでテキサス・インスツルメンツ（TI）が主力半導体製品と位置づけていた。

注9 **アナログ半導体**　値が連続的に変化するアナログ情報（音、光、電圧、電波など）を操作する半導体デバイスの総称。音声や映像などのアナログ情報をデジタルデータに変換したり（ADC）、逆にデジタルからアナログに変換したりする（DAC）デバイスや、それらとDSP機能を一体化したデバイス、電流・電圧を制御するパワー半導体など、多くの種類がある。10年代半ば以降、TIはアナログ半導体を主力製品と位置づけシェアを拡大してきた。

そんなときに、神鋼同様、ＤＲＡＭ事業で利益を出せずに苦しんでいた新日本製鉄（現・日本製鉄）から子会社の日鉄セミコンダクターの社長にと、スカウトの声が掛かる。

日鉄セミコンダクターは異業種企業の「多角化戦略」の失敗の産物だった。日本の総合電機メーカーは80年代にＤＲＡＭで世界半導体売上高シェアを5割まで高め、飛ぶ鳥を落とす勢いだったが、それを見て幾つかの異業種企業が、収益拡大を狙ってＤＲＡＭ事業に参入した。

その一つがボールベアリング大手のミネベア（現ミネベアミツミ）が１９８４年に設立、千葉県館山市に工場を構えたエヌ・エム・ビー（ＮＭＢ）セミコンダクターだ。ミネベアはＭ＆Ａで規模拡大してきた企業で多角化も得意にしていたが、さすがに畑違いのＤＲＡＭ事業は軌道に乗らず、１９９３年に同事業を新日鉄に売却して撤退する。これが日鉄セミコンダクターである。新日鉄は労せずＤＲＡＭ事業に参入した形になったが、言ってみれば素人が立ち上げた半導体事業を素人が引き継いだわけで簡単にうまくいくはずもない。困った新日鉄は坂本の手腕の評判を聞きつけて助けを求めたのだ。

ＴＩで立場を失っていた坂本はこの話に乗ろうと考えた。そこでこれまで合弁相手として接してきた神鋼の亀高に、日鉄セミコンダクターへの移籍話を伝えて筋を通そうとした。すると亀高は「それは困る」と言って、逆に神鋼に来るようカウンターオファーを提示。今度はその話を当時新日鉄副社長だった千速晃に話に行くと、とうとう千速と亀高が直で交渉し始めるという前代未聞の取り合いになった。結局、神鋼と新日鉄は、坂本が神鋼に入社しながら新日鉄も手伝うということで合意した。入社時に神鋼の社長だった熊本昌弘からの最初の指示の一つは、「新日鉄をよろしく手伝ってやってくれ」だったという。

１９９７年９月に神鋼に入社した坂本は、平日は神鋼で働き、週末は日鉄セミコンダクターを手伝うという、奇妙な「二足のわらじ」生活をしばらく続けることになる。坂本は半導体業界の複数の企業がその手腕を当てにする、日本では珍しい「プロ経営者」の道を歩み始めたのだ。

ソニーを巻き込んだ幻のロジック大連合構想

鉄鋼系の２つの半導体事業の立て直しを任された坂本は、神鋼と新日鉄の半導体事業を統合したうえでＤＲＡＭ事業からは撤退し、日本に欠けていたロジック半導体[注10]のファウンドリーを設立しようという構想を打ち出し、動き出す。ソニー（現ソニーグループ）や松下電器産業（現パ

注10　**ロジック半導体**　プログラムの指示に従って入力されたデータを演算処理して結果を出力する半導体デバイスの総称。パソコン、スマートフォン（スマホ）、サーバーといったコンピューターの頭脳であり司令塔であるＣＰＵ、数学演算の高速並列処理に特化してリアルタイム画像処理や機械学習型ＡＩ（人工知能）の事前学習や推論を担うＧＰＵ（画像処理装置）、家電機器や自動車部品などを制御するマイクロコントローラー（マイコン）、特定用途にカスタム設計されるＡＳＩＣ（特定用途向けＩＣ）などが含まれる。

ナソニック）といった日本の家電メーカーが、要求性能が出せる半導体の製造を請け負ってくれる企業を探していたのをTI時代の付き合いで知っており、ファウンドリーは商売になると踏んでいたのだ。

坂本は単身、当時ソニー社長だった出井伸之に会いに出かけた。構想への協力を求めたのだが、出井は口では賛同しながら、「担当部門の責任者に話しておく」と言ったきり、自らは動こうとしなかった。担当部門の責任者は当時ソニー内の「反出井派」の代表格であり、それっきり話は進まなくなった。結局ソニーを巻き込んで神鋼と新日鉄の半導体事業を統合する大ファウンドリー構想は幻となった。

そこで坂本は日鉄セミコンダクターに、DRAM事業から撤退しロジック半導体のファウンドリー事業に活路を見いだすよう助言した。日鉄セミコンダクターは1997年12月にDRAM事業からの撤退を決め、ファウンドリー事業を軸にした事業モデルに舵《かじ》を切る。神鋼の半導体事業は、合弁相手であるTIのDRAM撤退で方向が決まった。1998年秋、TIはマイクロンに海外の合弁事業の持ち分も含めてDRAM事業を売却する。神鋼は改めてマイクロンと合弁を組むことになった。

坂本は収益配分などマイクロンとの合弁後の座組みの交渉役を任された。そこで相対したのが、1994年に34歳の若さでマイクロンのCEOになっていたアップルトンだった。当時マイクロンは先端の量産技術を擁し、DRAM業界のリーダー的存在だった。このため、技術レベルで遅れていた神鋼を見下すように「下請け」扱いの不利な条件を突き付けてきたという。

坂本はこう述懐する。

「利益を全部吸い上げられるようなヒドい条件を突き付けてくるので、『なんでそんなヒドい条件を出してくるんだ。それでは神戸サイド（神鋼）は全く利益が出ない。バカらしくて合弁なんてできない』と、怒りをぶつけました。すると、アップルトンは交渉の場から坂本を外せと別の場所で神鋼の役員に言ったのです。神鋼には他に具体論でマイクロンと交渉できる人間はいなかったので、そうはなりませんでしたが、その一件をきっかけにアップルトンとはお互いに『タフな奴だ』という敬意を抱くようになりました」

坂本のアップルトンとの交流はこれを皮切りに、ときには対立、ときには連携や統合の模索など、方向や趣旨を変えて、ときにはマイクロンが技術や業績で優位な状況で、そしてときにはエルピーダが優位な形勢で、何年も繰り返されていく。冒頭の筆者のアップルトンへのインタビューに絡む一件は、その1コマだった。

互いに認め合う好敵手との関係は2012年2月に突然終わりを迎える。アップルトンが自家用飛行機の操縦中に事故死したのだ。それはちょうど、エルピーダとマイクロンの経営統合が基本合意まで進んだ直後だった。エルピーダは銀行融資の借り換えを断られ、資金繰り倒産の瀬戸際に追い込まれていた。アップルトンの急死で統合話は中断。これが坂本の背中をエルピーダの会社更生法の適用申請の方向に押したといってもよい。2人のライバル関係と友情は最後まで特別な因縁めいたものだった。

話を1998年に戻そう。神鋼とマイクロンとの交渉は何とか妥結し、両社のDRAM合弁会社が発足。翌年には社名もKMTセミコンダクターに改称し、マイクロンの微細加工技術と量産ノウハウを移植して採算が向上していく。

一方、ファウンドリーモデルに転換しようとしていた日鉄セミコンダクターには台湾のファウンドリー大手、聯華電子（UMC）が目を付け、買収に動く。1998年秋に新日鉄は、保有していた日鉄セミコンダクター株の全て（発行済株式の56％）をUMCにわずか15億円で売却し、半導体事業から撤退する。それだけでなく、累積債務の返済のため1200億円の特別損失まで出した。社長として売却を決断した千速は「半導体は難しい事業だった。高い授業料だった」と発表会見でコメントしている。[*2]

ファウンドリー事業を台湾から教わる

坂本は、神鋼とマイクロンとの合弁事業を2000年3月期に黒字転換してめどを付けると、自分の神鋼での役割は終わったと思い、次の道を探る。因果は巡り、そこに声を掛けてきたのが、日鉄セミコンダクターを買収していたＵＭＣだった。２０００年春、坂本はＵＭＣ子会社となって、日本ファウンドリーの名で操業していた旧日鉄セミコンダクターに、今度は自らが社長として乗り込む。

ここで、坂本は「マジック」と称賛される劇的な経営改善を実現する。社長に就任した年の２０００年12月期に早くも日本ファウンドリーの初の黒字化に成功するのだ。当時のことを坂本は後にこう振り返った。

「日鉄セミコンダクター時代、経営層など上層部は全く現場にタッチしておらず、現場はどうしたらよいか考える工夫もせずに単に上司を通じて言われたことをやっていただけでした。このため僕が入ったときはまだ、恐ろしく歩留まりや生産性が低かった」

「僕は社長になると毎日のように現場に出ていって、なぜ歩留まりが低いのか、工程のどこにどんな問題があるのか、それを解決するために必要なことは何なのか、など直接話し合うようにしました。半導体会社ではどこでも当たり前のことなのですが、やはり素人が経営していたからでしょう。館山の現場にはそうやって量産工程を仕上げていくノウハウがなかったのです。一つひとつ現場で話し合って問題を特定して解決していく作業を続けるうちにだんだんみんながコツをつかみ、改善のための提案も末端現場からも出るようになりました。数カ月でみるみる歩留まりが上がり、採算が良くなっていったのです」

２００１年に日本ファウンドリーはＵＭＣジャパン（ＵＭＣＪ）に社名を変え、日本唯一のファウンドリーとして存在感を増していく。坂本のプロ半導体経営者としての手腕はますます評価を高めていった。

坂本は日本体育大学を卒業し、高校野球の監督として甲子園を目指す夢が破れた１９７０年に、日本テキサス・インスツルメンツに入社して半導体業界のキャリアをスタートさせた。最初の仕事は自称〝倉庫番〟。つまり、材料や装置部品の在庫管理だ。数字に強く理詰めで考える坂本は米国人上司に評価され、20代のうちに課長に昇進。80年代末から90年代初めにかけては米テキサス州ダラスのＴＩ本社でワールドワイド製造・プロセス・パッケージ開発本部長を務め、一時は全世界のロジック半導体製品の開発を仕切る。

半導体の「本家」の一つであるＴＩで技術トレンドの生かし方から組織マネジメントまで、米国流半導体経営のノウハウを20年以上にわたって吸収した。さらにそれを日本の鉄鋼会社が始めた半導体事業の再建にフル活用し、成果を上げた。ＵＭＣＪではこれまで培った手腕の確かさを改めて立証したうえで、ファウンドリーという新しい半導体のビジネスモデルの開拓者でもあるＵＭＣのノウハウも学んだ。

「00年代初頭当時すでに半導体工場の歩留まりでは完全に台湾が日本を上回っていました。とにかく現場の末端まで歩留まり向上に工夫を凝らす習慣が染み付いていたのです。ＵＭＣＪ時代に台湾の本社の現場を見に行って、その徹底ぶりに衝撃を受けました」

「ＵＭＣ創業会長の曹興誠《ロバート・ツァオ》には『ファウンドリーは技術を売るのではなくサービスを売る事業だ』とたたき込まれました。技術は客が望むサービスを提供できるようにするための道具でありそれ自体が売り物ではないという考え方です。台湾のＵＭＣの現場に行くと、工場の中に顧客企業がそれぞれ自分のブースを持っており、流れているウエハーの状況をあたかも自社工場であるかのようにモニタリングして、本社に連絡して擦り合わせています。それくらい、製造力の提供というサービスに徹していました」

そうやって坂本がＵＭＣで半導体経営者としてのノウハウをさらに積み上げていたところに助けを求めてきたのが、今度は日本の半導体業界の「本丸」、ＮＥＣと日立だった。１９９９年に両社のＤＲＡＭ事業を統合するために設立したエルピーダ（２０００年９月に当初のＮＥＣ日立メモリから社名変更）の事業が芳しくなく、赤字を垂れ流し、シェアをどんどん落としていた。

当時ＮＥＣ社長だった西垣浩司からエルピーダ社長就任を乞われた坂本はそれを受け、２００２年11月にエルピーダの社長に就く。そして、またもや「坂本マジック」を起こす。就任時に「１年以内の単月黒字化」を宣言し、実際に就任から１年強の２００４年１月に設立以来初の単月黒字を出し、公約をほぼ達成するのだ。

２００４年秋には株式上場も実現し、２００７年までにエルピーダをサムスン、ハイニックスに次ぐ世界３位を争うＤＲＡＭメーカーに急成長させる。劇的な経営改善を次々に達成する

「スーパー経営者」として業界内だけでなく広く注目を浴び、2007年5月にはNHKが人気番組『プロフェッショナル　仕事の流儀』で坂本を取り上げたほどだった。

リーマン・ショック後の世界不況、その後の米欧の未曽有の大規模金融緩和がもたらした超円高という二つの波にもまれたエルピーダは2012年2月に会社更生法の適用を申請して倒産する結果になった。だが、会社更生手続き中も工場をフル稼働させ、アップルのスマホ「iPhone」向けDRAMのトップサプライヤーとなるなどDRAMメーカーとしての競争力は世界トップレベルを維持した。倒産後という状況でこれができたのは坂本の経営力故だろう。

エルピーダの倒産は極端な外部環境の悪化に備えられるだけの財務力の構築ができていなかったためだった。それも経営の失敗といえばその通りだ。だが、半導体での製品構成戦略や事業モデル構築、生産や研究開発の現場の構築、他社とのアライアンスなど、坂本の半導体経営者としてのノウハウは依然として日本で突出していたことに変わりなかったのも、また事実なのだ。

「裏切り者」のレッテル

だが、エルピーダの倒産以降、「最後のニッポンDRAMメーカーを倒産させた経営者」として、日本の電機業界の経営層や財界は坂本を遠ざけるようになった。産業革新機構（現・産業革新投資機構）の主導でソニー・東芝・日立の中小型液晶パネル事業を統合する形で設立されたジャパンディスプレイなど、他の国策企業の経営に坂本を起用しようと動いた経済産業省の官僚も一部にはいたものの、世論の支持が得られないとの反対論が省内や自民党内に多く実現しなかった。エルピーダの会社更生法の適用により、日本政策投資銀行（DBJ）が保有していた株の価値がなくなり、277億円もの国庫負担が発生したことへのマイナス評価が、官界における坂本への逆風になった。

坂本の経営者としての手腕を変わらず評価し続けたのは、会社更生法上のスポンサーとしてエルピーダを買収したマイクロンなど、主に海外の半導体業界だった。マイクロンはエルピーダの買収後、そのままエルピーダを引き継いだ日本事業のトップのポストを坂本に提示している。だが、坂本はそれを潔しとせず断り、退任した。以後、国内で坂本と公の場で前向きに交流した産業人は、坂本同様に「異端児」といわれ独自のプロセッサー（演算処理装置半導体）[注11]開発に熱意を燃やした元ソニー副社長の久夛良木健くらいだろうか。

注11　**プロセッサー（演算処理装置半導体）**　通常プロセッサーといえばCPU機能を担うロジック半導体デバイスのこと。MPU（超小型演算処理装置）と呼ばれることもある。定義上はGPUやDSPも含む。

そうやって坂本が国内半導体業界の一線から離れている間に、国内総合電機メーカーの半導体事業で、世界レベルで何とか戦える形に生き残ったのは、各社のシステムLSI事業を寄せ集めたルネサスエレクトロニクス[注12]、東芝のNANDフラッシュメモリー[注13]とソニーのイメージセンサー[注14]の事業、および国内数社のアナログ半導体やパワー半導体[注15]の事業だけとなった。

コンピューティングの中核部分を担う先端半導体を手掛ける企業はなくなった。微細加工や立体加工など先端の半導体加工技術で、世界と勝負し続けているのは国内では東芝のNANDフラッシュメモリー事業だけになった。NANDフラッシュの製造には先端の半導体加工技術が必要ではあるが、製品そのものは携帯端末やパソコンに動画や音楽、各種文書などのデータを保管しておく「ストレージ」用の装置として、以前のハードディスク装置（HDD）[注16]が担っていた役割を代替する半導体であり、中核ではなく「周辺」装置の位置づけだ。

坂本は「不完全燃焼」と言い続け、経営者として新たな挑戦の場を求めた。エルピーダはマイクロン傘下に入って、初年度から数千億円の営業利益をたたき出した。つまり、自分の構築した事業は成功していたのだから、もう一度経営者としての名誉を挽回したいと思うのはむしろ当然のことだろう。日本に先端のロジック半導体やDRAMを手掛ける先端半導体企業がない以上、挑戦の場は海外に求めざるを得なかった。そのような挑戦の場が多く存在した「海外」が主に中国だったことが、坂本の国内での立場をますます難しくした。

中国の半導体産業の先生役は台湾の半導体のプロたちだった。そして、台湾の半導体業界人は坂本の力量をよく知っている。坂本が日本法人の社長を務めたＵＭＣの関係者はもちろんだが、エルピーダ時代に坂本が推し進めた「台湾メモリー」構想（台湾のＤＲＡＭ企業６社をエルピー

注12 **システムＬＳＩ**　ＣＰＵやメモリー、ＧＰＵや無線処理半導体など、コンピューター、スマホ、テレビなどの各種機能を担う複数の半導体を１枚のチップに搭載した半導体デバイスの総称。特にＣＰＵとＤＲＡＭを備えたものをシステム・オン・チップ（ＳｏＣ）と呼ぶことも多い。

注13 **ルネサスエレクトロニクス**　前身は２００２年11月にＮＥＣから分社化したＮＥＣエレクトロニクス。２００３年４月に日立製作所と三菱電機の半導体事業を分社化・統合したルネサステクノロジと合併し、２０１０年４月に現社名で営業を始めた。

注14 **ＮＡＮＤフラッシュメモリー**　電気が流れていなくても記録が消えない「不揮発性」メモリー半導体のうち、データの保存（ストレージ）向け半導体デバイスの代表的な品種。携帯電話機、スマホで基本ソフト（ＯＳ）や写真、電話帳の記憶媒体として使われ始め、データの出し入れの速度が速いためパソコンやサーバーでもストレージ装置としてハードディスク装置（ＨＤＤ）を代替するようになった。

注15 **イメージセンサー**　光を感知して電気信号に変換する半導体デバイス。光エネルギーを受けると電流を発生させるフォトダイオードと呼ばれる半導体素子を大量に平面に並べて、外界の景色を画像として捉え、目の網膜、銀塩カメラのフィルムの役割を果たす。素子が出す電流をまとめる技術によってＣＣＤとＣＭＯＳセンサーの２つの方式がある。近年は製造コストが安いＣＭＯＳセンサーが主流。

注16 **パワー半導体**　電圧・電流を制御する半導体の総称。電流・電圧を一定に保ちながら電力をコンピューターなどに供給する電源制御装置、交流と直流を切り替えたり電流の周波数を制御してモーターの回転数などを制御するインバーター、ハイブリッド車の内燃エンジンの動力を電気に変換したりバッテリーの電力をモーターに供給する車載スイッチングデバイスなど、多くの用途、種類がある。特に車載パワー半導体は自動車の電動化の進展で需要が急拡大している。世界最大手はインフィニオン・テクノロジーズ、２位はオン・セミコンダクター、３位はスイスのＳＴマイクロエレクトロニクス。日本の三菱電機、富士電機、東芝、ルネサスエレクトロニクス、ロームがトップ10に名を連ねる。

注17 **ハードディスク装置（ＨＤＤ）**　コンピューターなどに使うデータの保存（ストレージ）装置の一つ。80年代からパソコンに内蔵されるようになり、世界中に普及した。00年代後半からＮＡＮＤフラッシュのコストが下がり、パソコンの内蔵ストレージ装置としてＨＤＤを置き換えるようになる。置き換えの先駆けになったのは２００１年に登場したアップルの携帯音楽プレーヤー「ｉＰｏｄ」。登場当初は、内蔵ストレージにＨＤＤを使っていたが、２００５年の小型化版「ｉＰｏｄ　Ｎａｎｏ」でＮＡＮＤフラッシュを初採用し、それ以降はＮＡＮＤフラッシュ搭載製品を主流モデルに切り替えていき、その後、ノートパソコンがこの流れを踏襲した。

ダと統合する計画）もあり、台湾の半導体業界人で坂本を知らない者はそもそもいない。中国で新たな半導体プロジェクトの構想が持ち上がると、それらに参画していた台湾人の経営者や技術者から坂本の名前が挙がる。そうして中国から坂本に白羽の矢が立つようになる。

もう一度、王者サムスンに挑むようなＤＲＡＭ事業を試みるなら中国しかないと坂本も考えていた。13億人の市場を抱えた中国での半導体産業の成長ポテンシャルを高く評価したのだ。そうして２０１９年秋に中国の大手国策半導体会社だった清華紫光集団（紫光集団）[注18]のＤＲＡＭ事業立ち上げプロジェクトに加わった。

折しも同年5月に、米国のトランプ政権が中国最大のハイテク企業である華為技術（ファーウェイ）を安全保障上の懸念企業リスト（エンティティー・リスト）[注19]に乗せ、米国企業による半導体を含む部品やソフトウエアなどのファーウェイへの供給を禁止。「米中ハイテク摩擦」が本格化しつつあった頃だ。

米国以外の企業も一定以上の割合で米国発の技術を使っている部品やソフトウエアについてはファーウェイへの供給が禁じられた。尖閣諸島周辺、南シナ海、香港での中国の威圧的な行動が目立ち、日本にとっても中国が安全保障上最大の脅威となる中、半導体のような高度技術の中国への流出・供与に対する警戒が日増しに高まっていた。

坂本はこうした流れに異を唱え、世界最大の半導体市場を世界の半導体産業は隔離できるはずがない」との見解と「職業選択の自由」を訴えて紫光集団に身を投じた。これに対し国内では「安全保障上の脅威国に技術を流すのか」と「裏切り者」扱いする声が上がった。

日本の半導体供給力の再構築の必要性がようやく叫ばれ始め、坂本の望んでいたチャンスが見え隠れするようになったのはそのすぐ後のことだった。２０２０年１月に始まった新型コロナウイルス禍で世界中のモノのサプライチェーンが混乱し、未曽有の半導体不足が発生したのがきっかけだった。そのときには国内の官僚や業界人が坂本を見る目は「中国に魂を売った」というネガティブなものに変わってしまっていた。

注18　**清華紫光集団（紫光集団）**　中国の理系トップ大学である清華大学が傘下に作った半導体グループ。清華（チンファ）ユニグループとも呼ぶ。ＮＡＮＤフラッシュ大手の長江存儲科技（ヤンツィー・メモリー・テクノロジー＝ＹＭＴＣ、長江メモリー）や携帯端末用ＳｏＣ世界４位の紫光展英（ＵＮＩＳＯＣ）を傘下に擁し、一時は中国最大の半導体グループとなった。企業買収や設備投資の資金調達に発行していた社債が２０２０年に債務不履行となり２０２１年に倒産。債務整理の末２０２２年に国営ファンド傘下に入り「新紫光集団」となった。その過程でＹＭＴＣの持ち分は他の政府系ファンドに譲渡した。重慶市に工場を新設してＤＲＡＭ事業に参入しようと、２０１９年11月に坂本幸雄をグループの「高級副総裁」として採用したが、倒産で計画が頓挫した。

注19　**安全保障上の懸念企業リスト（エンティティー・リスト）**　米国商務省が輸出管理法に基づいて貿易取引を制限する海外の企業・団体のリスト。リストに載っている企業・団体と取引するには商務省の許可が必要とし、許可は原則与えないため事実上の禁輸となる。米国の企業・団体だけでなく、米国の部品・技術を含む製品・サービスをリスト掲載企業に売ろうとする米国外企業も対象となる。第１次トランプ政権は、２０１６年に中国通信機器大手の中興通訊（ＺＴＥ）、２０１８年に同国半導体大手の福建省晋華集成電路（ＪＨＩＣＣ）、２０１９年に中国最大のハイテク企業である華為技術（ファーウェイ）グループ、２０２０年に中国ファウンドリー最大手の中芯国際集成電路製造（ＳＭＩＣ）をリストに掲載。バイデン政権は２０２２年にＹＭＴＣをリストに載せた。

負けた理由は「戦略の欠如と開発力の弱さ」

2022年4月19日、日本記者クラブは本拠地である東京・内幸町の日本プレスセンターの会見場に坂本を招いて記者会見を開いた。テーマは日本の半導体産業の凋落《ちょうらく》の要因分析と復活への道筋だった。前年末に台湾積体電路製造（TSMC）の日本進出とそれに対する日本政府の補助が決まったばかりで、急速に「ニッポン半導体復興」論が盛り上がっていた頃だ。

坂本は日本の半導体産業復興のための処方箋を考え続けており、そのための講演資料も常に用意していた。2020年春からは東京理科大学総合研究院の客員教授に招かれた。長年日本の電機産業を分析し続けてきた理科大教授（当時、2025年4月から熊本大学卓越教授・立命館大学名誉教授）の若林秀樹の招聘《しょうへい》で、「ニッポン半導体敗戦」の要因分析や復活への処方箋を講義するようになっていた。内心では、国を挙げた半導体復興に参画する気が満々だったのだろう。日本記者クラブでの会見も坂本が暖め続けてきた考えが色濃くにじんだ。

日本の半導体産業が弱体化した最大の要因として坂本は、重点製品を絞り込む製品戦略の欠如と、その結果としての製品開発力の弱さを挙げた。

「かつての日本の総合電機メーカーは何をやりたいのかという点を絞れませんでした。携帯電話機からエレベーターまで色々な最終製品をやったうえに、半導体もディスクリート半導体

（個別半導体）[注20]からアナログ、メモリー、ロジックまでありとあらゆる品種を作って薄く広く研究開発をしていました。おまけに自社運営する半導体工場への巨額の設備投資も必要でした」

「2005年に会ったエヌビディアのジェンスン・ファンCEOは私に、画像処理専用のGPU（画像処理装置）[注21]だけに1000億円の研究開発投資ができて設備投資が要らないエヌビディアが、同じ規模の投資を様々な研究開発に振り分け、おまけに設備投資まで必要な日本の総合電機メーカー（の半導体事業）に絶対に負けるはずがないと言い切っていました。まさしくそういうことだと思います」

そのうえで今後については、日本には自動車、ゲーム、カメラ、半導体製造装置、半導体材料など、世界的に強い最終製品があり、それらを生かすような半導体産業の強化戦略を採るべきではないかと提言した。具体的には例えば、車載アナログ半導体、ディスクリート半導体、そして自動運転をつかさどるAI向けプロセッサーを強化分野候補に挙げた。

アナログ半導体を手掛ける企業は国内でまだ10社以上も残っており、全部合わせると世界で

注20　**ディスクリート半導体**（**個別半導体**）　単一機能の半導体。信号増幅などに使うトランジスタ、電流を一方向に流すダイオードなどがある。単にディスクリートという場合は、電気を一時的に蓄えるコンデンサー、電流・電圧を制御する抵抗器などを含めることもある。

注21　**GPU**（**画像処理装置**）　プログラムを実行して動画を生成するロジック半導体。画像生成のために大量の積和演算を並行して実行する機能に特化しているため、あらゆるプログラムを実行できる汎用性と柔軟性を重視するCPUに比べて画像処理を高速に実行できる。積和演算はAIの学習・推論にも使われるため、AI向け半導体としても主流となった。AIプログラムでGPUを利用しやすくしたソフトウエアをいち早く用意したエヌビディアがAI向けGPU市場で圧倒的なシェアを獲得している。

10％台のシェアになる。これを1～2社に統合すれば強いアナログ半導体メーカーができる。そういう再編は政府にしか主導できないと提言した。ディスクリート半導体も同様に国内企業の全部を合わせると世界シェアが25％程度になる。これも国策で統合し、公的資金を交えて設備投資や研究開発を強化すれば、世界シェア50％を目指せる会社ができると提案した。

そして、プロセッサーである。

「プロセッサーの開発を諦めたら半導体強化とはいえません。メモリーにしても何にしてもある機器に使う半導体のスペックは、（頭脳に当たる）プロセッサーによって定義されます。だから僕がエルピーダでDRAMをやっていたときも、常に頭の中では（コンピューターや携帯端末でDRAMと一緒に動くことになる）プロセッサーのことを考えていました」

「特に日本は自動運転用のプロセッサーをやらずして、いったいどのように日本の自動車産業を成長させられるのかと危惧します。今からでも遅くないから開発会社を作るべきです。せっかくトヨタ自動車やホンダといった強い自動車メーカーがあるのですから、彼らとどんな機能・性能のプロセッサーが要るのか虚心坦懐《たんかい》に議論してアイデアを出し合い、世界に通用するような自動運転AI用のプロセッサーを開発するべきだと思います」

「企画・開発・設計できることが大事でどこで製造するかというのは二の次の問題です。自分で作れるなら作ればいいし、できないならTSMCに外部委託してもいい。ちゃんと製品を開発・設計できるところにポイントを絞らないと方向を誤ってしまいます。日本の半導体の最大の問題は製品の開発ができないことですから、そこのところにきちんと取り組んでいかなければいけません」

「プロセッサー開発会社を立ち上げるのに大した資金や人数は要りません。まずはスタートアップとして20億円くらいの年間予算で始めればよいのです。製造まで自分でやろうというなら、まずは試作ラインを作って試作品を作るところまでを目指して、300人強いればスタートできるはずです」

「ファウンドリーを作ることだけで日本の半導体が強くなるということはありません。やはり製品開発を強くしなければ日本の半導体の復活にはなりません」

会社の立ち上げ構想まで踏み込んだこの記者会見は業界ではひとしきり話題になったが与党の政治家や官僚は無視した。その後も坂本に国内の業界や霞が関から知見を求める声は掛からず、坂本は求められて新たな中国プロジェクトに身を投じた。そして2024年2月に道半ばで急逝した。

中国との関係の深さも手伝ったのだろう。坂本の死は特に台湾で大きく報じられた。台湾のメディア各紙は日本のメディアより先に坂本の訃報を掲載し、「日本半導体のゴッドファーザー」「日本半導体産業の最重要人物」と生前の功績をたたえた。[*3] 一方の国内メディアは亡くなってから2週間ほどたってようやく第1報を掲載したが、扱いはさほど大きなものではなかった。

第2章

工場復興で驀《ばく》進《しん》する国策半導体

▼日本政府の半導体復興策は政治家の主導により「最先端工場」の建設にのめり込んでいる

▼しかし、台湾積体電路製造（TSMC）以外に軌道に乗せられた企業がないほど最先端ロジック半導体の製造受託事業の難易度は高い

▼米国や台湾には製造受託の需要が国内に潤沢にあるのに対し、日本には乏しい。現時点では成否を疑問視する声も少なくない

２０２５年に入った現在、日本の半導体産業復興の取り組みは坂本幸雄の提言とは〝真逆〟の方向に走っている。工場建設にますますのめり込んでいるのだ。

台湾積体電路製造（ＴＳＭＣ）は熊本の第１工場を２０２４年末から本格稼働させ、２０２５年に第２工場に着工する計画だ。日本政府は第１工場の立ち上げに最大４７６０億円、第２工場には最大７３２０億円、合計最大１兆２０８０億円の助成を決めている。

今、政府が最も力を入れるRapidus（ラピダス）は2025年4月の試作ライン稼働に向け製造装置の据え付けを進めている。同社は2022年8月、トヨタ自動車、デンソー、ソフトバンク、NTT、ソニーグループ、NEC、キオクシア、三菱UFJ銀行の民間8社が合計73億円を出資して発足した。それはあくまで創業準備資金であり、採用した技術者などの人件費、工場建設や製造装置購入など事業そのものの立ち上げの費用は、政府が2022年度から2024年度までの3年で注入した9200億円の支援金を核とした資金で賄っている。

予算上は経済産業省が所管し、新エネルギー・産業技術総合開発機構（NEDO）が運用する「ポスト5G情報通信システム基盤強化研究開発事業」の「次世代半導体の研究開発プロジェクト」という名目だ。国の研究開発プロジェクトをラピダスに委託する立て付けになっており、工場は装置も含めて国の所有になっている。

政府方針を主導する「甘利史観」

岸田文雄内閣の後を継いで2024年10月に発足した石破茂内閣は同年11月、2030年度までにAIと半導体の技術・産業強化に10兆円の公的支援を実行する施策を経済対策の1項目として閣議決定した。これまでのTSMCやラピダスなどへ投じた助成金を統合したうえで、中期的にAI・半導体の技術・産業を育成する基金とする方針だ。

ラピダスは2027年春に量産を始め、事業を本格スタートする計画であり、量産体制確立にはこれまでの9200億円を含めて5兆円の資金が必要とみられている。2024年12月の日本経済新聞の取材でラピダス会長の東哲郎は、「設備投資の半分程度を民間株主の出資や銀行融資など民間資金で賄う必要がある」との認識を示した。[*4] 逆に言うと、2兆円を超える規模の公的資金の投入を期待していることを示唆する。政府が決めた2030年まで10兆円とする予算枠が2025年通常国会で予算関連法として成立すれば、そんなラピダスの期待に応えるための制度的枠組みになる。

自民党で半導体強化策を主導してきた前衆議院議員の甘利明は2024年12月、江東区有明の展示会場ビッグサイトで開催された「SEMICON JAPAN 2024（セミコンジャパン2024）」で基調講演に立ち、「半導体の常識は変わった」との持論を展開した。

「半導体の世界で常識が覆されつつあります。一つは、開発や設計に専念するファブレス企業がこの世界を仕切るという常識です。ファブレスが半導体の世界を仕切っているのか。私はそうは思いません。いま半導体の世界で一番のリスクは、どんどん進化している設計を、高い歩留まりで正確に製品として量産できるファウンドリーが（TSMC以外に）ないということです。（微細度が）3ナノや2ナノになったらTSMC以外はついて来られなくなりました」

「先端品はTSMC1社に誰もが生産を委託しなければならない時代になる。これは世界の大きなリスクです。もし台湾海峡が（中国に）封鎖されるような事態になれば、先端半導体の供給が世界のほとんどで止まり、リーマン・ショックの何倍もの経済ショックが襲ってきます。TSMCと同等か近い技術を持つファウンドリーをどう作るか。それが世界のリスクを低減します。ラピダスの存在意義はそこにあるわけであります」

時価総額でマイクロソフトやアップルと肩を並べて世界トップ級となり、飛ぶ鳥を落とす勢いのエヌビディアでさえ、供給力はTSMCの生産能力の割当次第で決まる。つまり、世界の半導体を仕切っているのはファウンドリーの方だという見立てだ。だから国を挙げたラピダス育成には、国家安全保障上の必然性と経済合理性があるというロジックになる。

日本の半導体を巡る産業政策は、この「甘利史観」ともいえる認識に基づいているといえよう。要は、国際競争力のある半導体製品を擁する半導体メーカーの育成よりも、海外企業から発注を受けて先端半導体を作る工場の存在こそが日本の経済安全保障上も産業競争力上も大事だという考え方だ。

本当にそうだろうか？

確かに米中の分断が高まり、国際法を無視した武力行使や領土侵害が頻発し、安全保障の観点からはむしろ、先端半導体の物理的な生産能力が台湾に集中し、自国に先端生産能力がないことのリスクは世界各国が認識している。しかも、回路の微細度が5ナノ以下の微細な最先端半導体は甘利が言うように、ほぼＴＳＭＣ1社に世界中が依存している。

だから米国も２０２２年に発効した「ＣＨＩＰＳ・科学法」[注22]によって約５３０億ドル（約8兆円）の公的支援で米国内での半導体工場新設を推進。欧州連合（ＥＵ）も２０２３年に「欧州半導体法」を施行し、約7兆円の補助金を加盟国政府が投入し、欧州製の半導体販売額シェアを現状の1割程度から２０３０年までに2割程度に上げる政策を打ち出した。

日本だけで進む「需要なき先端工場の建設」

ここで忘れてならないのは米国には半導体製造受託の需要がふんだんにあるという現実だ。

２０２４年に販売額と時価総額の両面で半導体の世界王者になったエヌビディアを筆頭に、クアルコム、ブロードコム、アドバンスト・マイクロ・デバイセズ（ＡＭＤ）と、ファブレス半導体メーカーの大手がひしめく。各社とも先端品の製造はＴＳＭＣに依存しており、仮に米国内に代替の製造能力が確保できるなら喜んで発注するだろう。

アップル、グーグル、アマゾン・ドット・コム、マイクロソフトなど巨大ＩＴ企業も、自社のスマホや、クラウド・サービス用のデータセンター、さらにはＡＩ基盤用のデータセンターなど向けに自社で半導体を設計し、ＴＳＭＣなどに製造を委託している。彼らにとっても、リーズナブルなコストで先端半導体を作れる米国内の工場は喉から手が出るほどほしいのだ。しかも、２０２５年1月20日にスタートした第2次トランプ政権は半導体についても、関税などによって国内製造を促進するスタンスを打ち出した。国内ファブレスメーカーや巨大テックにとって、米国内の先端半導体製造能力は「ほしい」だけでなく「必要」なものになる公算がある。

つまり、米国には半導体工場への需要がすでに存在しており、工場新設には最初から経済合理性がある。

欧州もドイツ政府がＴＳＭＣのドイツ新工場に50億ユーロ（８１６０億円）を補助する。日本政府が熊本にＴＳＭＣを呼び込んだ構図に近いが、同工場はインフィニオン・テクノロジーズ、ＮＸＰセミコンダクターズ、ロバート・ボッシュという顧客企業との合弁で、それらの企業向けに車載半導体を製造する立て付けだ。ドイツ政府の支援は欧州半導体法に基づくが、同

注22 **ＣＨＩＰＳ・科学法**　２０２２年8月に発効した、米国内での半導体工場建設と科学技術の研究開発を支援する米国連邦法。ＣＨＩＰＳはクリエーティング・ヘルプフル・インセンティブ・ツー・プロデュース・セミコンダクターズの頭文字。補助金や税優遇などで総額２８００億ドルの連邦予算枠を確保し、うち５２７億ドルを半導体投資に割り当てるとした。インテルの米アリゾナ州やオレゴン州などの設備投資に78億ドル、台湾積体電路製造（ＴＳＭＣ）のアリゾナ州工場建設に66億ドル、マイクロン・テクノロジーのアイダホ州やニューヨーク州などの設備投資に63億ドル、サムスンのテキサス州の工場建設に47億ドルなど、２０２５年1月時点で合計３２５億ドルの補助金支給が決まっている。

法はその他インテルやインフィニオンなど、自ら設計した半導体を自社工場で製造する一貫半導体メーカーの工場建設を支援する趣旨になっている。

巨大ファウンドリーを計画する各国の戦略や思惑はそれぞれに異なる。しかし、明確な顧客や需要を自国内で確保せずに計画を進めているのは日本だけだ。それでいいのだろうか。

ＴＳＭＣを擁する台湾でファウンドリーという業態が発展した背景には、地元ファブレス半導体企業の存在がある。台湾の半導体産業は80年代に聯華電子（ＵＭＣ）やＴＳＭＣというファウンドリー企業の立ち上げと並行して、開発・設計に専念するファブレス企業を続々と生み出した。ファウンドリーとファブレスは、車の両輪としてお互いを必要としながら成長してきた経緯がある。

現在、台湾には世界半導体売上高ランキングでトップ10の常連で台湾ファブレス最大手の聯発科技（メディアテック）や2番手の聯詠科技（ノバテック・マイクロエレクトロニクス）など、有力なファブレス半導体メーカーが幾つも存在する。台湾の調査会社トレンドフォースによると、２０２３年のファブレス半導体企業の売上高上位10社に、上記２社に瑞昱半導体（リアルテック・セミコンダクター）を加えた台湾３社がランク入りしている。[*5] 台湾ファブレス企業の売上高合計は米国勢に次ぐ世界2位だ。ちなみに日本唯一といってよい先端ファブレス半導体企業であるソシオネクストはトップ10に入っていない。

特にメディアテックは、クアルコムの「スナップドラゴン」シリーズとライバル関係にある

「ダイメンシティ」シリーズというスマホ用システム・オン・チップ（SoC）[注23]LSIを擁しており、途上国向け市場を含めた携帯端末向けSoCの世界シェアではクアルコムをしのぐ最大手である。

TSMCの中核顧客はアップル、エヌビディア、クアルコムなどの米国のファブレス勢であり、海外需要への依存度が高いのは事実だ。しかし一方で、地元にも十分に厚い顧客基盤が存在するのだ。

翻って日本のファブレス半導体産業はどんな状態か。

もともとパナソニックと富士通の半導体設計部門を統合して発足したソシオネクストは、自社開発した半導体製品を広く外販するというよりも、家電や自動車メーカーなどの最終ユーザー企業の注文に応じて設計する「設計受託」とでも呼ぶべき事業が中心だ。注文によっては2ナノを含む先端の微細化技術を使った設計も手掛けるが、看板となる自社ブランド製品はなく、ファウンドリーの顧客企業として世界的な存在感は薄い。

注23 **システム・オン・チップ（SoC）** コンピューター機能の「頭脳」に当たるCPUやGPU、メインメモリー、無線通信制御チップなどで構成するシステムを1枚のチップに搭載した「システムLSI」の一種。現在スマホ用SoCの世界最大手はクアルコムで、その代表ブランドは「スナップドラゴン」。そのほか、アップルがiPhone用に自社設計する「A16」や「A17 Pro」、メディアテックの「ダイメンシティ9400」などが代表例。いずれもCPU部分は英国のCPU設計会社であるアームの基本設計を採用している。これら最先端モデルの多くの製造をTSMCが担っている。

地元に需要の大きな塊がなくて果たして何兆円もかけたファウンドリー工場がフル稼働できるのか。半導体業界内に悲観論が渦巻く中、ラピダスの工場整備はどんどん進んでいる。

ＥＵＶ初心者は本当に量産まで行けるのか

２０２４年12月14日午後、北海道・新千歳空港に「ＮＣＡ」のロゴを掲げた日本貨物航空のボーイング７４７機がオランダから到着した。

ドアが開き、数十個のコンテナに分包されて運び出されたのは、世界最先端の半導体製造装置。「世界で最も精密で複雑な機械」ともいわれるＥＵＶ（極端紫外線）露光装置[注24]だ。多種多様な半導体製造装置の中でも飛び抜けて高価で、１台の値段が「普及型」機種でも１億８０００万ドル（２７０億円）するといわれる。千歳に到着したのは最新型の一つで、価格はもっと高いとみられる。

現在、製造工程でこのＥＵＶ露光装置を必要とするのは微細度が10ナノより小さい微細回路でできたロジック半導体と、微細度が15ナノ以下のＤＲＡＭのみだ。ロジック半導体とＤＲＡＭのどちらも、日本企業は先端品の製造から10年代前半に撤退しており、日本国内にＥＵＶ露光装置を使う商用半導体工場はこれまで一つもなかった。

今回新千歳空港にＥＵＶ露光装置が到着したのは他でもない、日本に2ナノクラスの微細度の最先端ロジック半導体の製造受託を始めようというラピダスの第1号工場に設置するためだ。同工場は新千歳空港のすぐ隣の工業団地「千歳美々《びび》ワールド」に建設された。

日本の半導体業界にとっては、念願とも言っていいＥＵＶ露光装置導入だ。ラピダスは翌週の12月18日、近くの新千歳空港内の「ポルトムホール」で記念式典を開いた。駐日オランダ大使のヒルス・ベスホー・プルッフ、北海道知事の鈴木直道、経産省審議官の奥家俊和らが次々に壇上に立ち、祝辞を述べた。式典で、ラピダス社長の小池淳義は感慨深げにＥＵＶ露光装置到着の意義を語った。

「日本で初めての商用ラインへのＥＵＶ露光装置設置は本当に画期的なことです。ただ、ラピダスが目指している事業の体制構築を登山に例えれば、これはまだ1合目にすぎません。それでも、ＥＵＶ露光装置到着は1合目を踏み出す着実な1歩といえます」

「これから二百数十台の製造装置が工場に搬入されて２０２５年3月末までには全てそろいま

注24 **ＥＵＶ露光装置** ＥＵＶはエクストリーム・ウルトラバイオレットの頭文字で極端紫外線のこと。波長が13・5ナノメートルと紫外線の中でも波長が短く、むしろX線に近い。シリコン基板上に微細回路を形成するために原盤に描かれた「回路図」に光を使って基板に投影して縮小転写する「露光装置」のうち、ＥＵＶ光線を使うタイプは現在の最先端であり、開発に成功し販売しているのは世界でオランダのＡＳＭＬ社のみ。ロジック半導体では「7ナノ」世代から露光工程の一部に使われ始め、現在商用量産される最先端品である「3ナノ」では露光工程の大部分に使われている。

す。4月1日からパイロット（試作）ラインを動かして、半導体の試作を始めます」

しかし、2025年4月に試作ラインを動かして、2ナノのロジック半導体をまともに試作できるのかどうかは、やってみなければ分からないと見るべきだろう。「まともに」とは、1枚のウエハーから、回路のショートなどがなく、仕様通りに機能する「良品」のチップを一定数製造できるという意味だ。小池は、米国のIBMの研究拠点に150人程度の技術者を駐在させ、最先端の微細化技術の確立と、その量産技術の確立、それに必要なEUV露光装置を含む製造装置の扱いの習熟は、全て計画通りに進んでいると説明する。だが、業界の専門家たちは、実験室での試作と、工場のラインを動かすのは全く別物と口をそろえる。

そもそも2ナノ級のロジック半導体は12ミリ四方のシリコン基板に500億個ものトランジスタ素子[注25]を詰め込む。回路ショートが無くそれらの素子が全て正確に作動するように作るのは、試作とはいえ気が遠くなるほど難しい。

工場のラインでの試作に成功すれば、試作品を顧客に渡せる。そこから客側が製品を吟味して、どんなフィードバックを返してくるかという次のステップに移れる。そこでの注文や追加要求に応じて、顧客が満足するチップを十分なペースと規模で量産できるのかどうか。それを確かめるためには量産ラインを使ってある程度の量を作ってみる「量産試作」が必要だ。その試作品も顧客に渡し、フィードバックを得る。顧客が量産試作品まで調べて使えると判断して初めて、実際に事業に使うための製造委託の注文をラピダスに出すことになる。ラピダスはこの商用量産の開始時期のめどを2027年と定めている。

業界人たちはラピダスにとって最大の難関は、この商用量産のところだと指摘する。試作ラインでの少量の試作と、1カ月に千や万の単位で作る商用量産に成功するのは、全く難易度が違うからだ。特に大事なのは歩留まりで、十分な歩留まりでの量産が軌道に乗らない限り採算は取れず、事業にならない。

微細度が10ナノ級に達してから、ロジック半導体の量産を軌道に乗せる難易度は格段に上がった。インテルがつまずいたのも、10ナノの量産がなかなか軌道に乗らなかったことが大きい。

甘利が言うとおり、現在3ナノ級の商用量産を本格的に軌道に乗せ、利益を出しているのは世界でTSMCのみ。サムスンは歩留まりが上がらず、大手企業からの受注も取れていない。同社の3ナノ事業は赤字を出しているとみられる。

そもそも、3ナノの直前の最先端技術である10～5ナノ級の半導体の製造さえ、世界でTSMC、韓国のサムスン、米国のインテルという3社しか成し得ていない。ラピダスはそこを

注25 **トランジスタ素子**　ロジックやメモリーなどの半導体デバイスの基本的な構成要素で、1素子が1個の個別トランジスタの機能を果たす。トランジスタは電圧によって電気が流れたり流れなかったりする、つまり導体になったり絶縁体になったりする素材の性質を生かして、信号を増幅したり、「オン」「オフ」を切り替えるスイッチにしたりする、最も基本的な半導体素子である。現代のスマホ向けSoC1個には数百億～千数百億個のトランジスタ素子が搭載されている。

すっ飛ばして、いきなり2ナノを作ろうという構想なのだ。

未経験なのにＥＵＶ露光で2ナノをいきなり作ろうとしているラピダスは、さらにもう一つの「蛙跳び」を同時に成し遂げようとしている。新技術の新技術のトランジスタ素子である「ゲート・オール・アラウンド（ＧＡＡ）」[注26]を使った半導体の量産だ。ＧＡＡの量産はまだ世界中で誰も軌道に乗せていない。

世界で稼働しているＥＵＶ露光装置の半分以上はＴＳＭＣが保有する。その数は１００台をゆうに超えるとみられる。次いで多いのがサムスンで数十台。インテル、ＳＫハイニックス、マイクロン・テクノロジーがそれに続く。

彼らがＥＵＶを初めて量産品に使い始めたのは２０１９～２０２１年。最初は回路全体のうち、ごく一部の露光を1回だけやるような、極めて慎重な使い方から始めた。残りの部分はＥＵＶの1世代前の、使い慣れた露光技術でこなした。それから徐々にＥＵＶ露光の割合を増やし、より微細な回路形成を実現してきた。しかし2ナノとなると、ＥＵＶによる露光を全面的に使わざるを得ない。半導体量産の「初心者」であるラピダスが極めて使いこなしが難しいＥＵＶ露光装置を最初から全面的に採用して本当に量産できるのか、疑問視する向きが多い

もう一つの新技術であるＧＡＡに至っては、量産を軌道に乗せた例が世界でまだない。サムスンが唯一、3ナノ級のロジック半導体から商用量産でＧＡＡ方式を採用したものの、歩留まりが上がらず苦労しているとされる。このため同社の3ナノ級のロジック半導体のファウンド

リー事業に顧客が付かず、ファウンドリー事業そのものが赤字を脱却できない。3ナノ級のロジック半導体を必要としている同社のスマホ部門ですら、品質や価格が見合わないとして「ギャラクシー」の先端機種にはサムスン製ではなく、ライバルのクアルコムが設計しTSMCが製造したロジック半導体を採用しているありさまだ。

一方のTSMCは、GAA方式を次の2ナノ品から採用する計画で、量産開始は2025年中としている。量産がすんなり軌道に乗るかどうか、まだ分からない。世界の先端半導体製造技術をリードする2社がまだ確立していない技術を、先端半導体製造に新規参入するラピダスがいきなり量産にもっていけるのか。こちらはEUVの使いこなし以上に懐疑論が多い。

注26 **ゲート・オール・アラウンド（GAA）** シリコン基板表面に形成するトランジスタ素子の物理的構造の最先端方式。ロジック半導体では20ナノ未満に微細化が進んだ10年代から、「FinFET」と呼ばれる素子構造が主流だったが、今後商用化が始まる2ナノ世代以降はGAAが主流になるとみられている。2ナノのロジック半導体の製造受託から市場に参入するラピダスはIBMから技術ライセンスを受けたGAA方式の微細回路を、EUV露光装置を駆使して形成する計画。ただし、先行企業を含めGAA方式の本格的商用量産化に成功した例はまだない。

ラピダス社長の小池はこうした懐疑論を否定し、「技術の大きな世代交代だからこそ、一気に先端レベルに参入ができる」と主張する。確かに、TSMCやサムスンが完全にマスターしている既存の技術方式の世界に参入しても、なかなか先端レベルで伍していくのは難しいだろう。だが、だからといって、5ナノも作ったことがないのにいきなり2ナノが作れるのか、という素朴な疑問を拭えないのだ。

しかしすでに賽《さい》は投げられてしまった。日本は先端ロジック半導体の製造受託に半導体復興を賭けたのだ。あとは、このプロジェクトを成功させることが重要だ。そのためには何をどうやることが必要で、何をやってはいけないのか。やはり、坂本が身をもって遺した成功の処方箋と失敗の教訓、そして言葉としての指針を、手遅れにならないうちに再確認する必要がある。

坂本幸雄はニッポン半導体敗戦の戦犯か

坂本が率いたエルピーダメモリの前身はNECと日立製作所のDRAM部門を統合して1999年12月20日に設立されたNEC日立メモリである。その後の2000年9月28日に社名をギリシャ語で「希望」を意味する「エルピーダメモリ」に改称。2002年11月1日に坂本を社長に迎え、いったんは快進撃を続けたが、約10年後の2012年2月27日に会社更生法の適用を申請して倒産。2013年7月31日にはマイクロンによる買収が完了して完全子会社となって坂本が去り、翌2014年2月28日に商号をマイクロンメモリジャパンに改称して、エルピーダの名前は消滅した。

この間、5185日。なぜNECと日立はDRAM事業を統合した新会社を作ったのか。その新会社はどうして設立当初から赤字続きだったのか。そんな企業を坂本がなぜいったんは立て直せたのか。そして最終的に倒産せざるを得なかったのか……。

エルピーダの倒産はニッポン半導体の凋落《ちょうらく》を決定づけたとされる。坂本は戦犯として一人その責を負わされ、遠ざけられた。しかしそれは本当に正当なそしりだろうか。謎を解くには歴史のページを改めてひもとく必要がある。日本の半導体産業がどうやって立ち上がり、急速に「本家」である米国に追い付き、一面では追い越したのか。そしてそこからなぜ弱体化していったのか。歴史の扉を開いてみよう。

エルピーダメモリの5185日

1999年12月20日（第1日）	NECと日立製作所のDRAM事業の統合を目的に、NEC日立メモリとして設立
2000年9月28日（第284日）	エルピーダメモリに社名変更
2002年11月1日（第1048日）	坂本幸雄、社長に就任
2003年6月3日（第1262日）	インテルが1億ドルの出資を発表。合計1000億円程度の資金調達にメドがつき、300ミリウエハー工場の拡充に着工
2004年1月31日（第1504日）	設立以来初の単月最終黒字を達成
2004年11月15日（第1793日）	東京証券取引所第1部に株式上場
2006年12月7日（第2545日）	台湾・力晶半導体と台中に合弁DRAM製造会社の瑞晶電子の設立を発表
2006年12月26日（第2564日）	エルピーダ株価終値が6570円の最高値を記録、時価総額8489億円に到達
2008年9月15日（第3193日）	リーマン・ショック発生、以降世界金融危機、世界不況に
2009年3月5日（第3364日）	台湾当局、DRAM6社統合「台湾メモリー」計画を発表
2009年6月30日（第3481日）	改正産業活力再生法の適用第1号認定
2011年3月11日（第4100日）	東日本大震災が発生
2011年7月1日（第4212日）	外国為替市場で1ドル＝80円を割り込む超円高に
2011年9月15日（第4288日）	広島工場の設備の4割を台湾子会社に移設する「円高緊急対策」を発表
2011年10月31日（第4334日）	外為市場で1ドル＝75円32銭の史上最高値を記録、過去最悪の567億円の中間最終赤字を計上
2012年2月3日（第4429日）	マイクロン・テクノロジーCEOのスティーブ・アップルトンが事故死
2012年2月27日（第4453日）	東京地裁に会社更生法適用を申し立て、受理され倒産
2012年5月6日（第4522日）	入札の結果、会社更生スポンサーをマイクロンに決定
2013年7月31日（第4973日）	マイクロンのエルピーダ買収が完了。坂本幸雄が退任
2014年2月28日（第5185日）	社名をマイクロンメモリジャパンに変更
2020年7月22日	2019年12月の債務弁済完了を受け、東京地裁が更生手続き終結を決定

写真：共同通信社　出所：各種資料から著者作成

第2部

エルピーダメモリの5185日

第3章

そして誰もいなくなった

▼2010年のパナソニックを最後に、日本国内に日本企業による先端ロジック半導体工場の新設は行われていない
▼80年代に世界の半導体市場の半分を占めた日本勢のシェアは1割未満に低迷
▼DRAMもロジック半導体も競争力の欠如が21世紀初頭に露呈。DRAMは見捨て、ロジック半導体はオールジャパンのルネサスエレクトロニクスとして残した

立山連峰から日本海に注ぐ片貝川下流にできた扇状地を中心に広がる富山県魚津市は、富山湾の海上に立ち上って見える蜃気楼《しんきろう》で有名な北陸の町だ。ここに、今ではめったに動静がメディアに報じられなくなった、とある半導体工場がある。

経営主体はタワーパートナーズセミコンダクターという一般にはなじみの薄い半導体製造会社だ。イスラエルが本拠でテルアビブ証券取引所と米国のナスダック市場に株式を上場する半

導体製造会社、タワー・セミコンダクター[注27]が、51%の株式を保有する。残りの49%は台湾の華邦電子（ウインボンド・エレクトロニクス）[注28]傘下で台湾証券取引所に上場しているロジック半導体メーカー、新唐科技（ヌヴォトン・テクノロジー）[注29]が持つ。主に車載向けのアナログ半導体やパワー半導体、無線通信向け半導体などの汎用自社製品、製造受託品を生産している。

この工場の最先端ラインでは、直径300ミリのシリコンウエハーに線幅45ナノの回路を形成する。現在、台湾積体電路製造（TSMC）が量産する世界最先端ロジック半導体の微細度である3ナノ世代から数えて7～8世代前の成熟した微細加工技術だが、実はこの工場、かつて

注27 **タワー・セミコンダクター**　イスラエルを本拠地とし、イスラエル、米国、イタリア、日本に製造拠点を持つ高付加価値アナログ半導体ファウンドリー企業。2020年2月まで対外呼称をタワージャズとしていた。テルアビブ証券取引所と米ナスダック市場に株式を上場する。2014年、51%を出資する合弁会社「パナソニック・タワージャズ セミコンダクター」をパナソニックと富山県魚津市に設立、パナソニックの北陸3工場を実質買収した。2020年にパナソニックが半導体事業を台湾・華邦電子（ウインボンド・エレクトロニクス）の子会社である新唐科技（ヌヴォトン・テクノロジー）に売却したのに伴い、以後は新唐の日本法人との合弁会社タワーパートナーズセミコンダクターとして北陸3工場を操業している。同社へのタワーの出資比率は引き続き51%。タワー本体については2022年に米インテルによる買収が発表されたが、2023年に破談になった。

注28 **華邦電子（ウインボンド・エレクトロニクス）**　1987年設立の台湾の半導体メーカー。台湾証券取引所上場。現在華邦本体は主にNORフラッシュメモリーとカスタムDRAMを設計・製造する。以前は本体でロジック半導体も手掛けていたが2008年に新唐科技として分社化した。

注29 **新唐科技（ヌヴォトン・テクノロジー）**　車載向けマイコンなどのロジック半導体を設計・製造する華邦電子の上場子会社。2020年にパナソニックのシステムLSI事業を完全買収し、社名をヌヴォトンテクノロジージャパンとした。パナソニックのロジック半導体工場だった北陸3工場を操業するタワーパートナーズセミコンダクターはヌヴォトンテクノロジージャパンとイスラエルのタワー・セミコンダクターとの合弁会社であり、ヌヴォトン側の持ち分は49%。

日本企業が最後に世界最先端ロジック半導体を量産した場所なのである。

〝日本で最後〟の先端半導体量産工場

今からおよそ15年前の２０１０年10月、当時の持ち主だったパナソニックがこの魚津工場で、線幅32ナノ世代のブルーレイディスク（ＢＤ）プレーヤー向けシステムＬＳＩの量産出荷を始めた。32ナノのロジック半導体の量産出荷は、同じ２０１０年の1月に開始していたインテルに次いで世界で2番目で、微細加工技術はルネサスエレクトロニクスとパナソニックの共同開発だった。当然、ルネサス側も共同開発した技術を活用して最先端の量産ラインを作る構想だった。

しかし、その構想は実行には移されなかった。

パナソニックの32ナノ品出荷開始の少し前の２０１０年7月、ルネサスは40ナノ世代より後の世代のシステムＬＳＩの量産をＴＳＭＣとグローバルファウンドリーズに製造委託すると発表した。さらに同年12月には、東芝がやはり40ナノ世代より後のシステムＬＳＩの製造をサムスン電子に製造委託すると明かした。前年の２００９年には富士通が40ナノ世代からシステムＬＳＩの量産をＴＳＭＣに製造委託すると発表していた。先端半導体の量産を他社に製造委託する方針へと総合電機メーカー各社が一斉に転換する前に着工が決まっていたパナソニックの魚津の新ラインが、結果的に日本にできた唯一で最後の32ナノロジック半導体製造ラインとなったのだ。

パナソニックは「世界で2番目」と誇らしげなプレスリリースを出して魚津工場からの32ナノ世代の量産出荷をアナウンスした。だが、それは結果的に日本の先端ロジック半導体にとって、線香花火が燃え尽きる前の最後の強い輝きのようになる。

というのも、パナソニックは32ナノの次の世代の微細加工技術の研究開発を見送ったからだ。魚津工場の32ナノラインが稼働した1年後の2011年10月には、TSMCが「半世代」ばかり進んだ28ナノ技術によるGPUやスマホ向けSoCの量産出荷を開始する。発注したのはエヌビディア、クアルコム、アドバンスト・マイクロ・デバイセズ（AMD）といった米国のファブレス半導体メーカーだ。これによってTSMCが初めてインテルを抜いてロジック半導体の微細回路技術で世界最先端に立った。同時にパナソニックの32ナノも最先端の座から陥落した。

魚津での32ナノ量産から次世代技術開発をキャンセルして3年半が経過した2014年4月、システムLSI事業の採算に苦しんでいたパナソニックはイスラエルのタワーとパナソニック・タワージャズセミコンダクターなる合弁会社を設立し、魚津を含む北陸の3つの半導体工場をその会社へ譲渡する。タワー側が51％とマジョリティーを出資する合弁会社であり、事実上の事業売却だった。工場を引き継いだ合弁会社はタワー側の意向を受けてすぐ魚津工場の微細レベルを32ナノから45ナノにダウングレードする。日本から32ナノ世代のロジック半導体製造ラインが消えた瞬間だ。その後の2020年にパナソニックがタワージャズの持ち分を他の半導体事業と一緒に新唐に売却したため、魚津工場はタワーと新唐によるジョイントベンチャーという現在の経営構造になった。

パナソニックが魚津工場で動かした32ナノ世代ラインを最後に今日に至るまで、日本の半導体業界は世界の先端ロジック半導体の製造技術開発競争の蚊帳の外に居続けることになる。米国のハイテク業界や政界を恐怖に陥れ、貿易摩擦にまで発展した80年代のニッポン半導体の隆盛からは想像もできなかった凋落《ちょうらく》ぶりだ。

1986年から1992年にかけて、日本メーカーの半導体売上高の合計は、メーカーの国籍ごとに集計した国別売上高で世界一だった。80年代後半、ピーク時の日本勢のシェアは5割を超えた。しかし、90年代前半から低下が続き、2023年は9％と1割を下回った。14％の韓国、13％の欧州の後塵を拝している。

90年代後半から現在までは一貫して、エヌビディア、AMD、クアルコムといったファブレス大手と、パソコン、サーバー向けCPU（中央演算装置）を自社製造するかつての半導体の王者インテルを擁する米国が、5割前後のシェアで市場を圧倒的にリードし続けている。

メーカー本拠地別半導体売上高シェアの推移

1986年から1992年まで日本は半導体売上高の本拠地別シェアで首位に立っており、80年代後半のピーク時にはシェア5割を超えていた。その後急速に弱体化し、2023年のシェアは9%で韓国・欧州の後塵《じん》を喫している

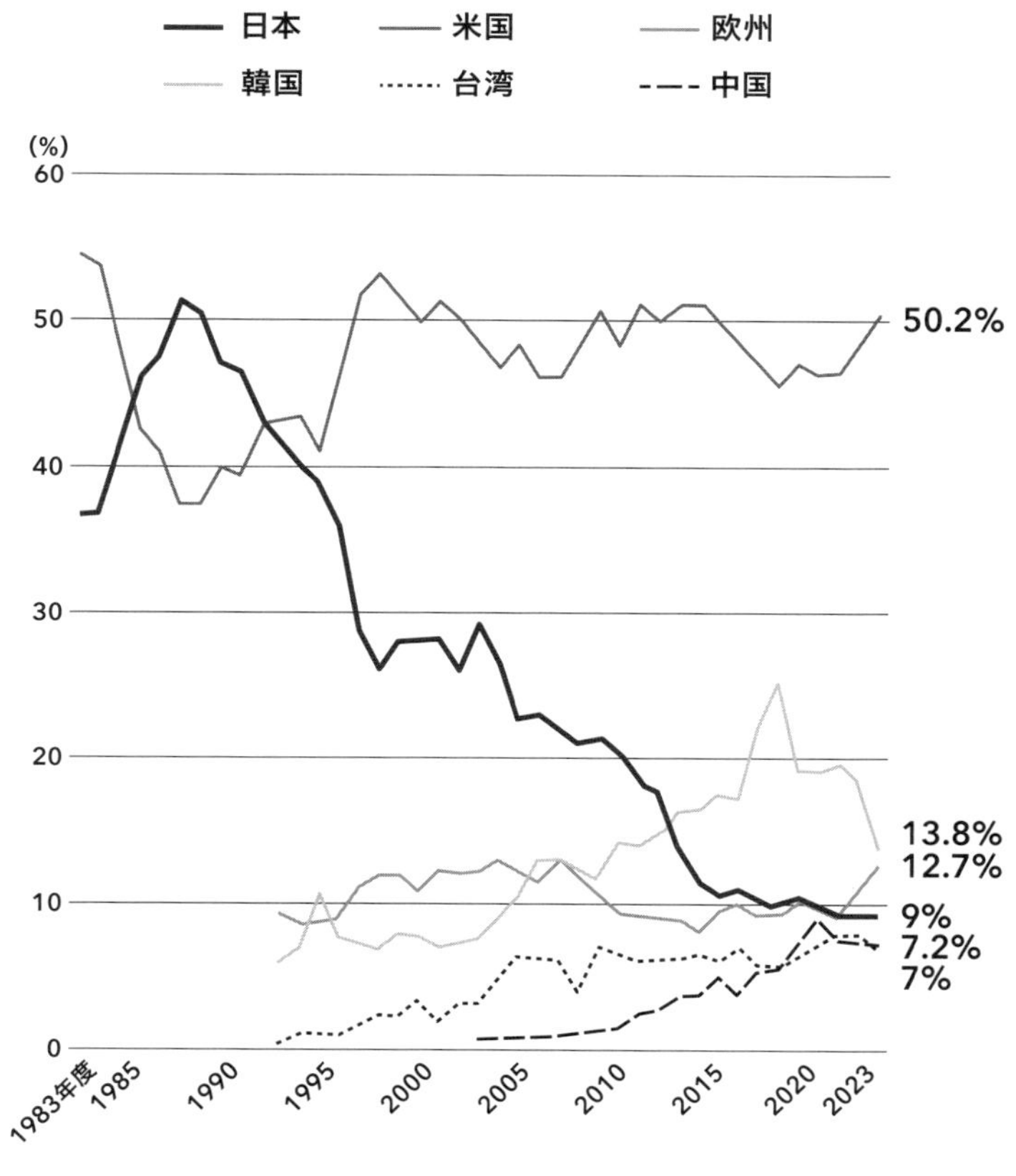

出所：米国半導体工業会（SIA）

80年代に日本勢が半導体の最大勢力に台頭したのは、各社がこぞってＤＲＡＭの大量生産工場を作り、ＤＲＡＭの品質と供給量で米国勢に対し優位に立ったからだった。その後の衰退はＤＲＡＭ市況が大きく変動する中、韓国勢との設備投資競争に敗れＤＲＡＭから次々に撤退したからだ。半導体市場全体で見てもシェアの低下が進んでいる現状がある。

ＤＲＡＭ敗戦に続いて進んだのが先端ロジック半導体事業の衰退だ。前述の通り魚津工場を最後に先端ロジック半導体の製造から全社が撤退。一方で各社とも先端の微細加工技術の必要性が低い車載向けや家電向けの受注型システムＬＳＩを半導体事業の中核に据えたことで、ロジック半導体の中核分野であり最先端の微細加工技術が競争力を左右するコンピューターやスマホ向けのＣＰＵ、ＧＰＵ、無線通信制御といった巨大成長市場については、完全に蚊帳の外に取り残されることになる。

日立製作所と三菱電機のロジック半導体事業を統合して２００３年に発足したルネサステクノロジは、そこから10年以上にわたって赤字と事業の取捨選択、人員削減を繰り返す。２０１０年にはＮＥＣエレクトロニクスと統合して社名をルネサスエレクトロニクスに変更したが、赤字体質は止まらず、２０１３年に日本政府系の投資会社である産業革新機構（現・産業革新投資機構）の傘下となり、事実上国有化された。ようやく黒字経営が軌道に乗ったのは新型コロナウイルス禍を経た２０２１年ごろから。産業革新機構から引き継いだＩＮＣＪが全株を手放したのはようやく２０２３年11月である。

2003年以降のロジック半導体の微細度と量産企業の変遷

年を追い微細度が進むにつれ、まるでくしの歯が欠けるように参入企業が脱落していく様子が分かる。出荷開始年は先行企業で表示。中芯国際集成電路製造は14ナノ品の製造受託を2023年春ごろから停止しているもよう

微細化世代	90nm	65nm	45/40nm	32/28nm	22/20nm	16/14nm	10nm	7nm	5/4nm	3nm
出荷開始年	2003年	2005	2007	2010	2012	2015	2016	2018	2020	2023
米系企業	Advanced Micro Devices	AMD	AMD	Global Foundries	GF	GF				
	Intel	Intel	Intel	Intel	Intel	Intel	Intel	Intel	Intel	
	IBM	IBM	IBM	IBM	IBM					
	Texas Instruments	TI	TI							
	Cypress Semiconductor									
	Motorola									
欧州系	Infineon Technologies									
	ST Microelectronics	STMicro	STMicro	STMicro						
日本	富士通	富士通	富士通							
	松下電器産業	松下電器	松下電器	パナソニック						
	ルネサステクノロジ	ルネサス	ルネサス							
	東芝	東芝	東芝							
	シャープ									
	ソニー									
韓国	サムスン電子	サムスン	サムスン	サムスン	サムスン	サムスン	サムスン	サムスン	サムスン	サムスン
中国	中芯国際集成電路製造（SMIC）	SMIC	SMIC	SMIC	SMIC	SMIC				
		上海華力微電子（HLMC）	HLMC	HLMC	HLMC					
台湾	聯華電子（UMC）	UMC	UMC	UMC		UMC				
	台湾積体電路製造（TSMC）	TSMC	TSMC	TSMC	TSMC	TSMC	TSMC	TSMC	TSMC	TSMC

出所：各種資料から著者作成

結果として日本勢はメモリーでもロジック半導体でも先端技術競争から1社、また1社と脱落し、NANDフラッシュでトップ集団の一角として戦う東芝系のキオクシアを除いて最先端半導体市場から文字通り「そして誰もいなくなった」のだ。

いったい、いかにしてこういう事態に至ったのだろう。

総合電機経営の「前近代的」実態に驚く

坂本幸雄の証言からニッポン半導体の弱体化の過程を振り返ってみたい。赤字にあえいでいたエルピーダメモリの再建を頼まれ、2002年11月1日に社長に就任した頃のことを、坂本はこう回想した。

「(2000年前後までは)まだ日本の半導体が強かった時期の最後の方だったんですね。ですから日本の半導体メーカーは、すごい最新の経営手法だとかノウハウで縦横無尽にやっているに違いないと僕は勝手に思っていたわけです。ところが(エルピーダの)中に入ってみると、非常に前近代的な経営でびっくりしました。もう本当に毎日がそういう類いの発見、驚きの連続だったんです」

「例えば本部長がいて、副本部長がいて、部長がいて、次長がいて、課長がいて、課長代理がいて、という調子で、小さい会社にしては組織の階層がやたら多かった。また、技術開発については、人手と時間をかけて分厚い本みたいな資料を作って出さないと開発が認められない。そんなことをやっているうちに時間ばかりかかりたつわけです」

「驚いたのが、本社の部長以上の人たちが朝会社に来ると最初に新聞を読み始めること。お茶を飲みながらゆったり新聞を読んで、それからおもむろに仕事に取り掛かる。そして、夕方5時すぎになるとさっさと帰っていきます。家に帰るか飲み会に行ってしまう。そんなパラダイスみたいな生活をしていたのです」

「それで、例えば営業本部長に、どこそこのお客さんの（受注や納品などの）近況が今どうなっているのか尋ねても全然分からない。副本部長を呼んで尋ねても、分からない。部長を呼んでもやっぱり分からない。課長を呼んでも分からない。その下の主任くらいの担当者を呼んでようやく初めて状況が分かる。そんな調子で、仕事していない管理職が上の方にたくさんいて、非常に非効率だったんですね」

「僕が社長になった頃まで、エルピーダは製造を（NECの生産子会社だった）広島日本電気（NEC広島）の工場に委託していました。そこの歩留まりが恐ろしく低いうえに間接費が高くて、むちゃくちゃコストが高いのをそのまま言い値で買い取っていました。それではエルピーダ側に利益なんて出るわけないんですよ」

「そのＮＥＣ広島の幹部は、工場の近くに行きつけの料理屋があってそこに酒をキープして、かなり好き放題飲み食いしていたのです。そういうのも全部エルピーダが買い取っていたチップのコストに乗っかっていた」

「僕が社長になって、歩留まりについては相当意識改革をやりましたが、それでもＮＥＣ指揮下の工場オペレーションのままだとなかなか根本的によくならない。そこで２００３年９月にＮＥＣ広島の工場をエルピーダの指揮下に統合し、自分たちで工場をオペレーションするように変えました。するとその後は歩留まりが上がり、余計な経費もかからなくなり、利益が出るようになりました。やり方さえちゃんと示せば、ちゃんと作れた。研究開発や工場の現場の人材は、大学院卒のエンジニアから高卒のラインオペレーターまで、とても優秀だったんです」

エルピーダは１９９９年12月、ＮＥＣと日立が自らのＤＲＡＭ事業を切り離して統合するために折半出資で「ＮＥＣ日立メモリ」として設立した。当初は設計・開発のみ手掛けていたが、翌２０００年９月に「エルピーダメモリ」に社名変更。翌２００１年初頭から両親会社のＤＲＡＭ販売機能を移管・統合し、ようやくエルピーダ・ブランドでＤＲＡＭ製品を売り始めた。事業統合した新会社を設立したにもかかわらずそれまでは、ＮＥＣも日立も自社ブランドでＤＲＡＭを作って、売り続けていたわけだ。

設立当初は２００１年春までにＮＥＣ広島や日立のシンガポール製造拠点を傘下に入れて製造業務も統合し、開発、設計、製造から販売まで一貫して手掛けるＤＲＡＭメーカーにする計画だった。ところが実際には、2001年初めにエルピーダとしての新工場の建設をNEC広島の敷地内で始めただけで、生産部門統合も新工場の量産稼働も実現していなかった。つまり、坂本が社長に就く2002年11月時点では、エルピーダはDRAMの設計・開発・販売のみ手掛けるファブレス経営を続けていた。

しかも、当初のNECと日立の工場を両方活用する計画が頓挫。前工程の製造委託先はNEC側の広島工場のみに絞らざるを得なかった。当初のもくろみに比べていわば半分の生産能力で走り始めていたのだ。そのうえ親会社の資金難でNEC広島の製造ラインへの設備投資が抑制され、同じ敷地内の新工場建設も遅れ、ずるずるとシェアを落としていった。発足直前にNECと日立を合わせると15%程度あったDRAMの市場シェアは、坂本が入社した頃には5%前後、月によっては1・9%まで落ち込んでいたこともあったという。

坂本の社長就任時の2002年11月の時点で、NECと日立からエルピーダに出向していた設計や微細加工プロセスなどのエンジニアは全部で約450人いた。しかし彼らは広島ではなく、神奈川県相模原市のNEC開発拠点内に間借りしていたスペースで仕事をしていた。距離が遠いことも手伝い、先端DRAMの設計と微細加工技術の研究開発を担っていた相模原の研究開発チームと、製造を受け持つNEC広島の関係は悪かった。製造ラインの歩留まり向上が進まない状況の責任を巡る非難の応酬などは日常茶飯事だったという。

2001年に建設を始めた自社新工場は当時最先端だった300ミリウエハーで線幅130ナノの微細加工を手掛けようという、当時としては業界の先頭グループに入るプロジェクトで、当初は2002年上半期に量産稼働する計画だった。しかし実際は、坂本の就任前の2002年夏に装置の一部をようやく搬入して細々と試作を始めた状態で11月の坂本新社長就任を迎えていた。月産3000枚というごくごく限定的な体制で商用稼働したのも2003年1月までずれ込んだ。

当時エルピーダの社員のほとんどは、親会社のNECと日立からの出向者で占められていた。役職人事は両社出身者のいわゆる「たすき掛け」が前提になっており、必要以上に管理職が多かった。人事や設備投資などの意思決定は両方の親会社に「お伺い」を立てていたのが実情だ。肝心の製品も工場の生産規模が小さくもともと規模の効果が働かない構造だった上に歩留まりが悪く、コストが高いため作れば作るほど赤字を垂れ流す状態だった。年間700億〜800億円の売上高に対し毎年250億円規模の最終赤字を出していた。そんな状態に陥って初めて、坂本という外部のプロ経営者に助けを求めたのだ。

お荷物DRAMを「捨てる」事業統合

坂本幸雄は1999年にNEC社長に就いていた西垣浩司に最初に口説かれ、結局2002年11月にエルピーダ社長に就いた。問題だらけで赤字を垂れ流し、いわば〝死に体〟にまで追い込まれた半導体会社の再建を引き受けたのは、客観的に見てかなり奇特な行動に映った。

坂本は振り返る。

「エルピーダの話を引き受けることにしたのは、やはり日本人としてキャリアの最後は日本の会社に貢献したいという思いが強くなったからです。それまでは神戸製鋼所を除くと米国の会社と台湾の会社で働いていましたからね。入ってみたら総合電機による経営には全然良いところが見られない。バランスシートやキャッシュフローをコントロールしながら競争の中でリスクを取って投資していくという、半導体会社として当たり前のことができていなかった」

「韓国とか台湾の半導体メーカーは、ちゃんと半導体を分かっているトップたちが経営し、必要な設備投資をしていました。一方、日本の半導体は総合電機メーカーの事業部にすぎなくて、トップは半導体がよく分かっていない。それでも何か言われれば従わざるを得ない。経営陣には、韓国や台湾の半導体のプロと食うか食われるかの競争をしているんだという意識が希薄でした」

「設備投資にそれが現れていました。当時、NEC広島の工場は規模がとても小さくて、200ミリウエハーで月産1万5000枚とか2万枚しか作れなかったのです。一方でサムスンは月産8万枚や10万枚のラインを複数つなげて動かし、ものすごい規模で作る。1人の工場長、共通の研究開発陣営、共通の管理部門でNECとは桁違いの量を作るわけです。当たり前ですが圧倒的なコスト差と供給力の差になります」

「当時の広島の生産設備では規模の経済から言って競争にならないことは明らかなはずだったのですが、NECは小さい、古めのラインで細々とやっていました。当時、すでにNECのバランスシートは恐ろしく傷んでいて、千億円単位の半導体設備投資をやりたくてもその余裕がなかったのでしょう」

「負けていたのは規模の経済だけではありません。驚いたことに、当時NEC広島のDRAMの歩留まりはせいぜい50～60％だったのです。当時、世界のDRAM業界では90～95％の歩留まりは当たり前でした。規模だけでなく量産の技術・技能でも海外勢の相手になっていなかったのです」

これらの証言で、エルピーダを発足させた頃のNECのDRAM製造ラインがすでに、国際競争力を完全に失い、本社経営陣にはそれを挽回する強い意志も、先立つ資金も不足していたことが分かる。

実際、当時のNECは赤字続きでバランスシートがかなり傷んでいた。2002年9月時点で現預金は2700億円。これに対して短期借入金が4000億円、1年以内に返済期限が来る長期債務が3300億円という状態で、自己資本比率は1割前後まで下がっていた。

2002年3月期の年間営業キャッシュフローは1366億円しかなく、設備投資どころか目先の資金繰りに窮する状態だった。

坂本はこうも話した。

「僕が社長を引き受けると決めたとき、西垣さんと庄山（悦彦）さんには『フルサポートするから何も心配せず存分にやってくれ』と言われていました。僕は僕で、天下の大企業が親会社なのだからおカネは大丈夫と大船に乗った気でいた」

「ところが、いざ就任に向けて生産規模が圧倒的に小さいので設備投資を急ぐ必要があるという話に行きますよね。西垣さんに会っても庄山さんに会っても会議の場では結論を出さず、『メシ行って話そう』と言う。ついていくと今度は大ざっぱな話ばかりして肝心の本題に入らない。結局資金について結論が出ないままメシも終わるんです。僕は、これは両社ともカネを出すつもりがないか、たとえ出したくても出せないということなんだなと腹をくくりました。だから就任早々、独自の資金調達に向けて走り始めたんです」

「今から思えば、NECにとっても日立にとっても、DRAM事業をエルピーダに統合したのは『強いニッポンDRAMメーカーを作ろう』ではなく、カネばかりかかって大赤字を出す厄介な事業を捨てたということだった。だから、国際競争に勝てるだけの設備も資本も準備しないで、ただ事業を切り出したんです」

当時、NECは、DRAM販売をエルピーダに切り離す傍ら、生産面でも2001年に米カリフォルニア州と英スコットランドのDRAM工場の操業を停止し、エルピーダとNEC広島以外のDRAM関連事業は撤退していた。まさしくDRAMを「捨てる」過程にあったといってよい。

日立も1999年3月期、1920年に株式会社として設立されてから初めての通期最終赤字を出し、同年度中に半導体担当の専務取締役だった牧本次生をいわゆる「平取」に降格した。坂本がエルピーダに入る直前の2002年3月期にはさらに大きい最終赤字を出したばかりだった。DRAMの撤退はすでに1998年初頭から始めており、エルピーダ設立はDRAM撤退の「仕上げ」に近かったといえる。

日立の場合、設備投資は基本的に手持ちの現預金とキャッシュフローで賄っていたので、借金が膨らんで自己資本比率が下がるNECのような状態にはなっていなかった。とはいえ、90年代半ばに2兆円をゆうに超えていた現預金は2002年3月に1兆2000億円まで下がっており財務的な危機感は強かった。財布のひもを締め、2001年3月期には1兆円に迫ったグループ全体の設備投資額を2003年3月期に3200億円まで絞った。まさにDRAM撤退とともに財務バランスの立て直しに余念がなかったというのが、その当時の日立の実情だったのだ。

他の総合電機メーカーの状況も、似たり寄ったりだった。

総合電機5社の最終損益の推移

数年ごとの巨額の赤字が半導体事業を切り捨てる根拠となった

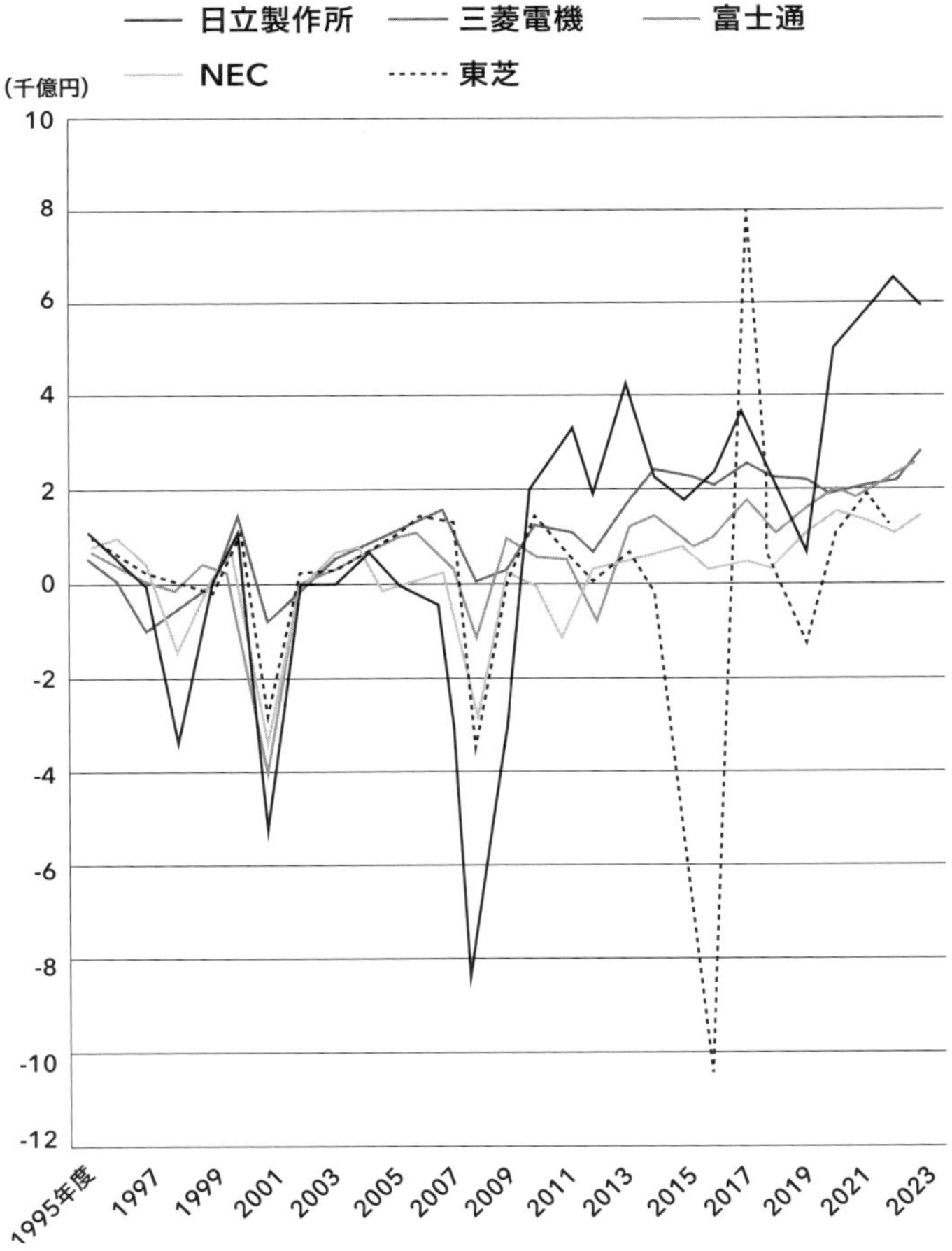

出所：各社の開示資料から筆者作成。各社ごとにGAAPまたはIFRS基準のいずれかに統一

１９９４年の「ネットスケープ」ブラウザー（ウェブ閲覧）ソフトの登場と１９９５年のマイクロソフト「ウィンドウズ95」パソコン基本ソフト（ＯＳ）の登場で起こった世界的なパソコンブームの反動で１９９６年からパソコン在庫がだぶついた。そこにＤＲＡＭの供給能力を増やしたサムスンなど韓国勢と、シェア拡大を目指す米国のマイクロン・テクノロジーが攻勢をかけてきた。

すると当時主流だった１個の容量16Ｍ《メガ》ビット（ビットは２進数の１ケタ、１Ｍビット＝１０４万８６７６ビット）のＤＲＡＭ（16ＭＤＲＡＭ）の市場価格が１９９６年秋までの１年間で５分の１に急落。その次の世代だった64ＭＤＲＡＭも１９９７年春から１９９８年春にかけての１年で５分の１に値下がりした。その影響をもろに受けた総合電機５社の業績は１９９７年３月期から悪化し始め、１９９９年３月期には５社そろって最終赤字を計上する。

このため、１９９８年３月の三菱電機の米国工場閉鎖、ほぼ同時期の日立によるテキサス・インスツルメンツ（ＴＩ）とのＤＲＡＭ合弁事業からの撤退を皮切りに、各社とも海外ＤＲＡＭ生産から次々に撤退。さらにはＤＲＡＭ事業そのものからの撤退を進める。ＮＥＣ、日立以外では富士通が１９９９年１月に汎用ＤＲＡＭ事業撤退を決定、東芝が２００２年１月に汎用ＤＲＡＭからの撤退を完了する。最後に２００３年３月に三菱電機がＤＲＡＭ事業をエルピーダに譲渡して、総合電機５社のＤＲＡＭ事業撤退の一連の過程は完結する。

まるでトカゲの尻尾切りのように各社が雪崩を打ってＤＲＡＭ事業を切り離したり撤退した

りするが、半導体事業の出血はＤＲＡＭだけが原因ではなかった。

ＤＲＡＭ以外の半導体も結局は敗退

１９９９年３月期に総合電機メーカーが全社最終赤字を出した後、半導体事業の収支は辛うじて黒字が出るか出ないかレベルまで回復した。しかし２００２年３月期になると、総合電機５社のうち三菱電機を除く４社が３年前をさらに上回る大赤字を計上する。各社ともＤＲＡＭ以外の収益の柱と位置づけていたシステムＬＳＩ事業の採算が苦しく、業績の足を引っ張った。その結果、各社ともその整理にも手を付ける。

２００２年５月、ＮＥＣが半導体事業の丸ごと分社化を発表し、同年11月にＮＥＣエレクトロニクスが発足する。ＮＥＣはＤＲＡＭだけでなく、半導体事業全てを放り出したことになる。

そして２００２年10月、今度は日立と三菱電機が自社向けを除く大半の半導体事業を分社化して統合する共同出資会社「ルネサステクノロジ」を翌２００３年４月に設立すると発表。両社が得意とするロジック半導体のマイコン、[注30]多くの種類の半導体を1枚のチップに組み込んだシステムLSIなどを主軸製品として、システムLSIに使ったりメモリーカードにして外販したりするためのフラッシュメモリーも事業範囲に入れた。

ルネサス設立発表と同じ日、三菱電機はDRAM事業のエルピーダへの売却も発表した。三菱電機は、パワー半導体と光半導体などごく一部の品種を除き半導体事業の大部分を切り離す決断を下したことになる。三菱電機のDRAM事業売却は、日本のDRAMメーカーがエルピーダ1社に集約されることを意味した。これら一連の再編で、2003年4月時点で日本の半導体業界は、

- DRAMはエルピーダ1社
- システムLSIはルネサス、NECエレクトロニクス、東芝、富士通、松下電器産業（現パナソニック）の5社
- フラッシュメモリーは東芝、ルネサス、富士通の3社

という大まかな体制になった。

国産唯一のDRAMメーカーとなったエルピーダの社長に坂本が就任したのはそんな再編の最中だった2002年11月。そこから坂本は独自の資金調達を実現したのち、2年後の2004年11月には東京証券取引所（東証）1部市場への株式上場も果たし、市場からの資金調達力を確保しながらシェアを拡大する。そこから世界市場で3位のDRAMメーカーに台頭

するが、2011年の超円高とDRAM価格急落という危機に長期債務の支払期限が重なり、2012年2月に会社更生法申請に追い込まれる。会社更生の再建スポンサーがマイクロンになり、2013年7月にマイクロンによるエルピーダ買収が完了する。これで日本企業のDRAM事業は消滅することになった。

一方のシステムLSIはどうなったか。

2002年11月にNECからの分社化で設立されたNECエレクトロニクスは1年も経ない2003年7月に東証1部上場を果たし、独立した半導体メーカーになるかと思われた。しかし結局、2010年4月に日立と三菱電機のシステムLSI事業を統合して生まれたルネサステクノロジとさらに経営統合し、NEC、日立、三菱電機の半導体事業は「ルネサスエレクトロニクス」としてまたもや一本化される。ルネサスが40ナノより後の微細回路の製造を外部委託すると決めたのは、NECエレクトロニクスと統合して再出発したわずか3カ月後のことだった。

注30 **マイコン** マイクロコントローラーまたはマイクロコンピューターの略で、家電機器や自動車部品などで、比較的単純な特定のタスクを実行するために組み込み部品として使われるシステムLSIの一種。CPU、メインメモリー、プログラムを格納するNORフラッシュ、モーターを動かしたり温度を制御したりする命令を出力する装置などを1枚のチップに搭載する。汎用的に情報処理するコンピューターの基本機能を1枚に搭載するのがSoCなのに対し、マイコンは家電機器や自動車などのハードウエアを制御するためのより単純で性能スペックが低いシステムLSIを指す。炊飯器や洗濯機のコントロールパネルの中核が典型的なマイコン。

東芝と富士通は２００２年６月、事業統合も視野に入れたシステムＬＳＩ事業の包括提携で合意していたが、その後、統合は進まなかった。富士通は自前の微細製造ラインへの投資を三重工場で続け、システムＬＳＩを半導体事業の柱に育てようともがいたが、結局花は開かない。その後、日立、三菱電機、ＮＥＣのシステムＬＳＩ事業が２０１０年にルネサスに統合されると、ルネサス、富士通、パナソニックという３社のシステムＬＳＩ事業も統合しようという構想が浮上し、話し合いが始まる。しかし、自前で製造をやり続けるのかなど、ビジネスモデルについて合意に至らない。富士通とパナソニックは結局、２社で作ったファブレスの統合システムＬＳＩ会社にシステムＬＳＩ事業を移す道を選ぶ。それが２０１５年３月に事業を開始し、２０２２年10月に東証プライム市場への上場を果たしたソシオネクストだ。

富士通とパナソニックがＬＳＩ事業統合で合意したのは２０１３年２月で、具体論を詰めて最終合意に達したのは２０１４年４月だった。その間、富士通は半導体製造工場の売却を相次いで決定。パナソニックは魚津を含む北陸３工場をイスラエルのタワーへ合弁企業を設立して２０１４年２月に譲渡する一方、残った半導体工場は閉鎖し、人員整理も断行した。

東芝は00年代を通じて、ソニーとＩＢＭらとのプロセッサー「セル」[注31]の共同開発プロジェクトにロジック半導体の軸足を置いた。発端はソニー・コンピューターエンタテインメント（ＳＣＥ、当時、現ソニー・インタラクティブエンタテインメント、ＳＩＥ）のゲーム機「プレイステーション３（ＰＳ３）」向けに開発した高速３次元画像処理性能を備えたプロセッサーの多目的化で、Ｉ

ＢＭや東芝といったいわば半導体のプロと組めると踏んだＳＣＥ社長・久夛良木健のアイデアだった。そして実際、セルはサーバーやスーパーコンピューターのＣＰＵにも使われる、日本メーカーが手掛けた最後の本格的なＣＰＵ向けマイクロプロセッサーとなる。

ただ、セルは製造コストが高く、ＳＣＥ自身がＰＳ３の後継機「プレイステーション４（ＰＳ４）」への採用を見送るなどで、製品寿命があっという間に尽きる。東芝は２０１０年12月には32ナノ以降のロジック半導体向け微細加工技術の自社開発をやめると決定。セル生産のためにソニーと共同出資で立ち上げた長崎工場の持ち分もソニーに売却し、ロジック半導体の製造そのものからも手を引いていく。２０２０年９月にはとうとうシステムＬＳＩ事業からの撤退を決める。[*6] 事業は他社へ売却さえされず閉鎖し、７００人を超える人員の整理に追い込まれる。

東芝は２０１５年に発覚した巨大な不正会計から経営危機に陥り、虎の子だったＮＡＮＤフラッシュメモリー事業を資金化するために２０１７年にその分社化に追い込まれた。分社して

注31 **セル** 正式名称はセル・ブロードバンド・エンジン。ソニー・コンピューター・エンタテインメント（ＳＣＥ、当時、現・ソニー・インタラクティブエンタテインメント）、ソニー、東芝、ＩＢＭが21世紀初頭に共同開発したＣＰＵ向け高性能マイクロプロセッサー。ＩＢＭの「64ビットＰｏｗｅｒ」を基本設計とした。９つのＣＰＵ「コア」を擁し、大規模データを並列に高速処理して２０１０年ごろにかけて、ＳＣＥのゲーム機「プレイステーション３」、ＩＢＭのサーバーやスーパーコンピューターなどに商用利用されたが、広く普及するには至らなかった。

できた「東芝メモリ」は翌2018年6月、米国のベインキャピタルとウェスタン・デジタル、韓国のSKハイニックス、日本のHOYAなどの連合に売却。翌2019年に社名をキオクシアに変更し、2024年12月、ようやく東証プライム市場に上場する。

NANDフラッシュを手放した結果、東芝に残った半導体事業は車載モーター制御向けなどのアナログ半導体やパワー半導体、各種マイコン、トランジスタやダイオードなどのディスクリート半導体などだ。今日、東芝の半導体事業はアナログとパワーが中核になっている。

結局のところ、ロジック半導体事業もDRAM同様、各社が経営戦略を描ききれないまま、投資余力を失い、次々と再編・集約に委ねて今に至る。DRAMを完全に失ったケースとの違いは、ロジック半導体事業についてはルネサスが何度赤字危機になろうとも親会社の日立や三菱電機、そして政府の意を受けた金融機関が支え続けたことだ。

この違いは何だったのか。そもそも国はDRAMをなぜ、あれほどあっさりと見捨てなければならなかったのか。

第4章

エルピーダメモリ以前：1980年代まで

DRAMが引っ張ったニッポン半導体の躍進

▼米国で半導体産業の勃興後、日本勢は積極的な技術導入などで追随し、やがて要素技術の開発で先行して追い付き、追い越した

▼産業界を挙げて取り組んだ総合的品質管理（TQC／TQM）などによる良品率の高さを武器に大型汎用コンピューター向けDRAMで圧倒的優位に

▼市場での優位性を契機に発生した日米半導体摩擦、円高ドル安を誘導したプラザ合意、品質からコストに競争軸が移ったパソコン時代の幕開けが転機に

広島市の東隣に位置する東広島市に、日本国内で現在商用稼働している中で最先端の半導体工場がある。マイクロン・テクノロジーの日本法人、マイクロンメモリジャパンの広島工場である。

この工場では２０２２年11月から「１β（ベータ）[注32]」呼ばれるクラスのＤＲＡＭを量産している。最も狭い回路線幅が12～13ナノ程度という、商用量産されているＤＲＡＭでは韓国のサムスン電子製などと並んで世界最先端レベルの微細度だ。

マイクロンは、この工場の生産ラインと新技術の研究開発に新たに約５０００億円を投資し、次世代の「１γ（ガンマ）」ＤＲＡＭを２０２６年から量産することも決めている。研究開発費と設備投資のうち１９２０億円は日本政府が支援する。熊本の台湾積体電路製造（ＴＳＭＣ）、北海道のＲａｐｉｄｕｓ（ラピダス）と並んで、日本政府が推進する国内先端半導体製造能力の強化策のもう一つの重点プロジェクトとなっている。

１γＤＲＡＭの回路線幅は11ナノと、その時点でＤＲＡＭとしては最先端の微細度になる。その微細度でウエハー上に回路を投射するには最新のＥＵＶ露光装置が必要だ。同社は２０２５年にＥＵＶ露光装置を広島工場に設置して、２０２６年の量産出荷開始に備えると発表している。スケジュール通りにいけば、日本で最初にＥＵＶを使った先端半導体を量産出荷するのはこの広島工場になる。ラピダスは２０２４年中にＥＵＶ露光装置を千歳市の工場に搬入したが、商用量産開始は２０２７年春を目標にしており、量産出荷はマイクロン広島よりも後になるからだ。

マイクロンは日本政府の支援で強化する広島工場をＡＩ向けのＤＲＡＭ製品「広帯域メモリー（ＨＢＭ）[注33]」の量産拠点にする計画だ。ＨＢＭはＤＲＡＭ市場で現在最も付加価値が高く、需要が急成長している製品分野である。

ＨＢＭはＡＩモデルの学習や推論に使うＧＰＵと同じシリコン基板の上にＧＰＵと隣り合わせに設置して使う。「帯域」とはデータを伝送する容量であり、広帯域とは大量のデータを高速でＧＰＵなどのプロセッサーとの間でやり取りできることを意味する。プロセッサーがいくら速くても、そこに大量のデータを高速で出し入れできなければ全体として単位時間当たりの計算処理能力は大きくならない。ＡＩ向けプロセッサーでトップを走るエヌビディアのＧＰＵをはじめ、ＡＩ向けＧＰＵはＨＢＭを組み込んだパッケージとして売られており、ＨＢＭもＧＰＵ同様に引く手あまたの品薄状態になっている。

現在、マイクロンのＨＢＭは台湾中部の台中の工場が最大の量産拠点だ。使っているのは現

注32　**1β**　ＤＲＡＭの微細度の呼称。微細回路線幅が20ナノを切って以降、ＤＲＡＭの微細度は寸法の数ではなく、19〜18ナノは「1x（エックス）」ナノ、18〜17ナノは「1y（ワイ）」ナノ、16〜15ナノは「1z（ゼット）」ナノ、14以下を「1α（アルファ）」ナノ、13ナノ以下を「1β（ベータ）」ナノと呼ぶ。現在主流なのは1βで回路線幅の実寸法は12ナノ程度の製品が多いとみられる。その後の世代は1γ（ガンマ）ナノ＝12〜11ナノ程度、1δ（デルタ）ナノ＝11〜10ナノ程度となる見込み。

注33　**広帯域メモリー（ＨＢＭ）**　ハイバンドウィズ・メモリー。一度に出し入れできるデータ量が多く、大量のデータを高速でＣＰＵやＧＰＵに入力し、出力を受け取ることができるＤＲＡＭ。数百、数千という演算回路（コア）で大量の並列演算処理ができるＧＰＵの性能をフルに生かすため10年代前半から使われるようになった。ＤＲＡＭチップを1枚ずつＧＰＵとは別個にプリント基板上に置いて、プリント配線でつなぐのではなく、複数枚のＤＲＡＭチップを重ねたものを串刺し状に配線し、それらの積層ＤＲＡＭとＧＰＵを「インターポーザー」と呼ばれる1枚のシリコン基板上に至近距離に作り付けてつなぎ、１つのパッケージに封止する。そうすることで、ＧＰＵとＤＲＡＭの間で大量のデータを高速にやり取りできるようにする。

HBMの模式図

シリコン基板上にGPUなどと隣り合わせに設置してメモリーアクセスの速度と帯域を高める。HBM自体もチップを積層して高密度・高容量化する。図は積層構造を模式化しており実際は薄い

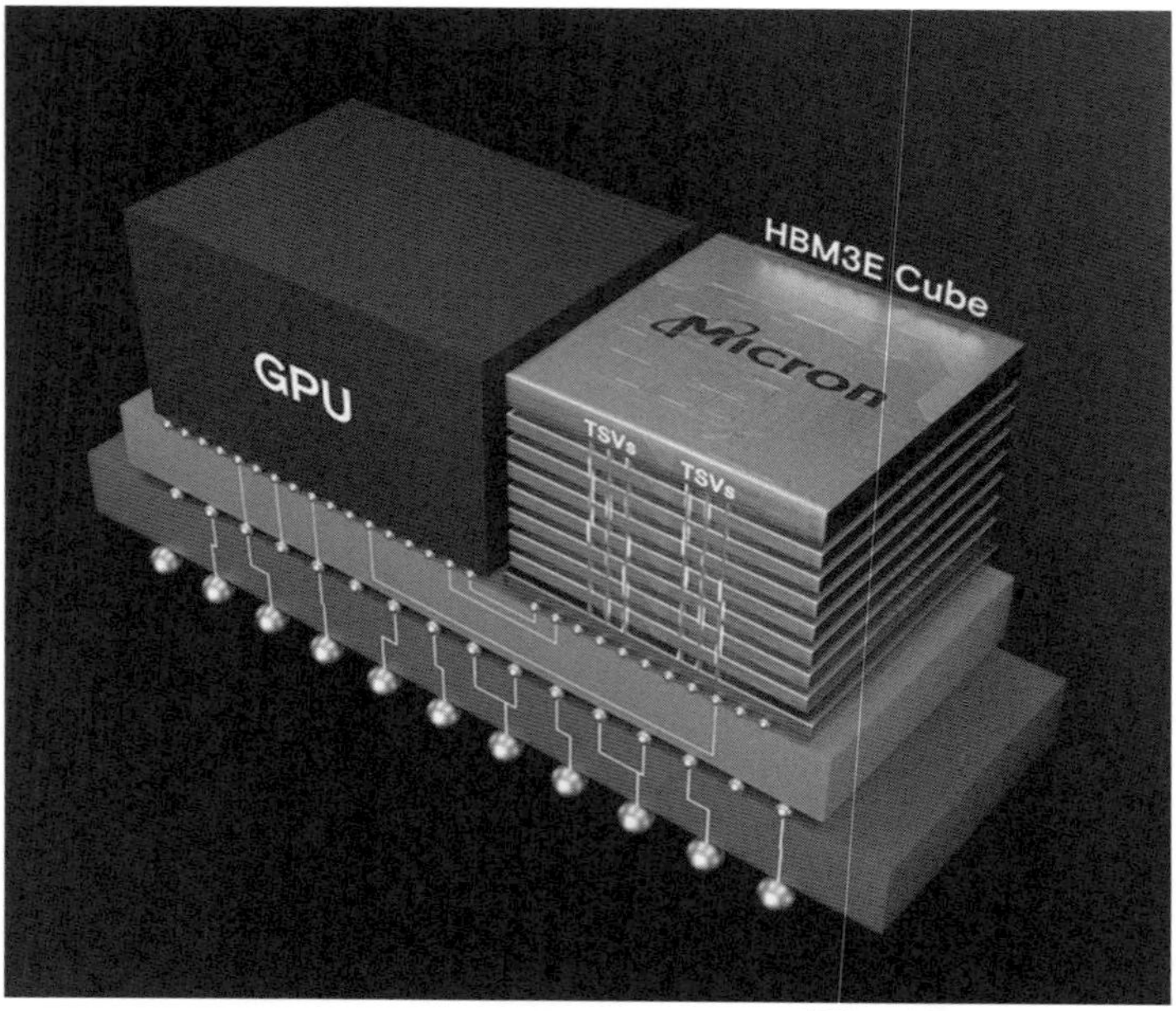

出所：マイクロン・テクノロジー

在の量産品の中で最先端の1βDRAMで、広島の少し後に台中工場でも量産を始めていたものだ。台中工場ではすでにEUV露光装置を設置しており、1γDRAMの試作を始めている。台中では広島より一足先の2025年に、1γDRAMの量産出荷を始める計画だ。

これら最先端のDRAMやHBMの設計開発の中核を担うのが、マイクロンメモリジャパンの橋本技術センター（神奈川県相模原市）だ。同社が運営する設計開発拠点である。シリコンウエハー上に素子を形成する微細加工プロセスとその量産ラインでの実用化の研究開発は、広島工場内の研究開発部隊が担う。さらに台中工場でも微細チップの量産技術開発を手掛ける。

マイクロンの先端技術を支える旧エルピーダ

実は、広島工場も橋本技術センターも、そして台中工場も、会社更生の過程でマイクロンが買収したエルピーダメモリから手に入れたものだ。台中工場は瑞晶電子（レックスチップ・エレクトロニクス）[注34]の拠点で、同社は当時エルピーダの台湾の製造委託先だった力晶科技（パワーチップ・

注34 **瑞晶電子（レックスチップ・エレクトロニクス）** エルピーダメモリと力晶科技（当時）が折半出資で2007年に立ち上げたDRAM製造会社。その後、力晶が設備投資の分担に耐えられなくなり、投資必要額相当分の株式持ち分をエルピーダが譲り受けたため、エルピーダが会社更生法を申請した2012年2月時点ではエルピーダが64・7％、力晶が35・3％という出資比率になっていた。

テクノロジー[注35]、社名当時）との合弁で立ち上げたエルピーダの子会社だった。マイクロンは2013年7月、エルピーダ買収と同時に力晶科技が持っていた瑞晶電子株も買い取り、エルピーダの持ち分と合わせて合計9割の株式を取得して完全にグループの製造体制に組み込んだ。

マイクロンのDRAM技術開発と量産はエルピーダの買収以来ずっと、これら旧エルピーダの拠点と技術、人材が中核となっている。この状況は一体何を示しているのか。答えは明白にみえる。十分な資本さえあれば、エルピーダは日本と台湾を拠点にしながら、立派に国際競争の中で生き残れた可能性が大きいのではないだろうか。

エルピーダの経営危機に際し、日本政府は当初、国策として資金面でエルピーダを支援する方針を取った。その結果、日本政策投資銀行（DBJ）がエルピーダへの出資や融資を引き受けて事実上のメインバンクになっていた。だが、エルピーダが2011年に資金危機に陥ると、ときの民主党政権とその意向を反映したDBJはエルピーダへの追加支援をせず、あっさり切り捨てた。あれから10年余りたって、今度は米国企業が保有する旧エルピーダ拠点への投資に日本政府が補助金を出す。何たる皮肉だろう。

もっとも坂本幸雄自身は、マイクロン傘下で旧エルピーダの技術や人材が隆々としてきたことを自らの経営の正しさを証明する、誇らしき事実と思っていたようだ。

「マイクロンにエルピーダを引き継いだとき、マイクロンの微細加工技術は完全にサムスンやエルピーダから遅れていました。あそこでエルピーダを手に入れてなかったらマイクロンはほぼ確実に危機に陥っていたはずです。現に2013年7月にエルピーダのマイクロンへの譲渡が完了したとき、マイクロンの幹部が改めて、『エルピーダがあと半年自分で持ちこたえていたらマイクロンの方が倒れていたかもしれない。エルピーダの技術が手に入っていなかったら、マイクロンは持たなかったかもしれない』と僕に打ち明けたんです」

「その後、旧エルピーダの拠点、技術、人材がマイクロンのDRAM事業の中核となっていきました。今でもエルピーダスピリッツのようなものが脈々とマイクロンで生きている。これはエルピーダで僕らがやっていたことの正しさ、競争力の高さの証明だと思うのです」

エルピーダからそのままマイクロンメモリジャパンに移ったある技術者の証言も当時のエルピーダとマイクロンの技術格差を裏付ける。マイクロンはエルピーダを吸収すると、すぐにDRAM先端品の微細加工技術をエルピーダの技術に切り替えた。エルピーダの技術はマイクロンのDRAM事業全体の収益力も大きく引き上げた。当時マイクロンは利益率の高いスマホや携帯端末向けDRAM（モバイルDRAM）を作る技術を持っていなかったからだ。アップルのi

注35 **力晶科技（パワーチップ・テクノロジー）** 現社名は力晶積成電子製造（パワーチップ・セミコンダクター・マニュファクチャリング・コーポレーション＝PSMC）。瑞晶電子をエルピーダと合弁で設立した2007年時点の社名は力晶半導体（パワーチップ・セミコンダクター）であった。エルピーダが倒産した2012年2月時点では、2010年6月に改称した力晶科技（パワーチップ・テクノロジー）を名乗っていた。現社名は2018年8月から。

Ｐｈｏｎｅ向けモバイルＤＲＡＭを供給していたエルピーダがマイクロンを救ったのである。

　それ以来一貫してマイクロンのＤＲＡＭの設計技術の中核は橋本技術センター、微細加工と量産の技術開発の中核は広島工場が担ってきた。現在同社のグローバルのモバイルＤＲＡＭ設計のトップは、マイクロンメモリジャパン社長でマイクロン本社の副社長でもあるエルピーダ出身の小野寺忠が、橋本技術センターを本拠に担う。そして微細加工技術開発のトップは、本社上級副社長の白竹茂が、広島を本拠に担っている。

　坂本のコメントは決して単なる思い込みではない。少なくとも、技術を常にアップグレードするチームとしてのノウハウ、一定の資本基盤さえあれば市況が数年ごとに乱高下する「シリコンサイクル」を乗り越えて中期的に利益を生み出せる事業採算性をエルピーダが築いていたことを、２０１３年以降のマイクロンメモリジャパンの隆盛は証明している。

　そして、それは取りも直さず「ＤＲＡＭという薄利のコモディティー（市況商品）は高付加価値経済の日本が手掛けるべき事業ではないからもうやめよう」という２０１２年当時の日本の政治家や官僚、金融関係者で主流だった考え方が的外れだったと示唆する。その皮肉な証拠が「コモディティー」のＤＲＡＭを捨てて「高付加価値」だとして強化したはずのシステムＬＳＩ事業でも、各社が軒並み行き詰まったことだ。

　そもそもなぜ、世界をＤＲＡＭで席巻した日本の総合電機各社が、こぞって敗走に敗走を重ね、「日本ではＤＲＡＭ事業は難しい」という「正しいとは言えない認識」が形成されるに至ったのか、改めて考える必要がある。

品質で世界を制したニッポンDRAM

80年代に日本メーカーの半導体販売額シェアが世界の半分まで拡大したのは、NEC、東芝、日立製作所、富士通、三菱電機のいわゆる「総合電機」5社と、松下電器産業（現パナソニック）子会社の松下電子工業[注36]（社名当時）の合計6社がこぞってDRAM事業に力を入れたからだ。松下電子は松下電器とオランダのフィリップスとの合弁会社である。

70年代後半になると微細加工技術開発の速さ、品質の高さ、コストの低さで世界をリードするようになった。1970年に世界で初めてDRAMを商用量産し、いわばDRAMの〝本家〟だったインテルが1985年には、日本勢に勝ち目がないと判断してDRAMからの撤退を決断。80年代後半、DRAM市場における日本メーカー品のシェアは一時8割前後まで上

注36　**松下電子工業**　現社名はヌヴォトンテクノロジージャパン。フィリップスとの合弁で松下電子工業として設立され、2001年4月に松下電器産業と合併。2008年10月に社名をパナソニックに改称、2013年に社内カンパニーのオートモーティブ&インダストリアルシステムズ社セミコンダクター事業部に改組。2014年6月、分社化したパナソニック セミコンダクターソリューションズに事業継承。2020年に台湾の新唐科技に売却され、同社の完全子会社となり現社名に再改称している。

がった。[*7]

コンピューターで情報を処理するときに、ソフトウエアのプログラムや処理対象のデータを、磁気記憶装置などの長期記憶媒体から取り出して、すぐに使えるように置いておく「主記憶装置（メインメモリー）」がDRAMの主な用途だ。メインメモリーにいったん置いたプログラムやデータをすぐ近くにあるCPUやGPUなどプロセッサーに入力して処理をさせ、処理結果をまたメインメモリーが受け取る。それを今度はHDDやNANDフラッシュなどの長期記憶媒体にコピーして保存しておくというのが、コンピューターの基本的な作動の流れである。

例えれば、HDDやNANDフラッシュなどの長期記憶媒体は資料をしまっておく「本棚」や「引き出し」に相当し、メインメモリーはそれらの資料を出してきて広げる作業机の上面、CPUはその机で資料を見ながら計算作業をする人間の頭脳といった関係だ。現代のスマホやAIデータセンター向けのサーバーでも、CPUやGPUといったプロセッサーのすぐそばにプログラムコードやデータを置いておくメインメモリーとしてDRAMが使われている。

DRAM製品は基本的に、接続ピンの数やデータの入出力方式などについて世界統一の標準仕様が決められている。メインメモリーはどんな大きさの、どのメーカーのコンピューターや携帯端末でも共通に必要な機能なので、メーカーが異なるDRAM製品でも差し支えなく使える互換性があるとコンピューターメーカー側が便利だからだ。結果としてDRAMは異なるメーカーでも製品の仕様はほぼ同じになる。そのため数ある半導体品種の中でも一つの品種の

半導体売上高ランキングの変遷

日本企業は80年代後半から台頭し90年代はトップ10中7社が日本企業という隆盛を誇った。00年代に入ると勢力を失っていく

順位	1981年	1990	2000	2010	2020
1	Texas Instruments(米)	**NEC**	Intel	Intel	Intel
2	Motorola(米)	**東芝**	**東芝**	サムスン	サムスン
3	**NEC**	**日立**	**NEC**	**東芝**	SK ハイニックス
4	**日立製作所**	Motorola	サムスン電子（韓）	TI	Micron
5	**東芝**	Intel	TI	STMicro	Qualcomm
6	National Semiconductor (米)	**富士通**	Motorola	**ルネサスエレクトロニクス**	Broadcom
7	Intel(米)	TI	ST Microelectronics (欧)	ハイニックス半導体 (韓)	TI
8	**松下電子工業**	**三菱電機**	**日立**	Micron Technology(米)	**MediaTek(台)**
9	Philips(オランダ)	**松下電子**	現代電子（韓）	Qualcomm(米)	Nvidia(米)
10	Fairchild Semiconductor(米)	Philips	Infineon Technologies(独)	Broadcom(米)	キオクシア

出所：ガートナー、旧データクエスト、それらの発表を受けた各種報道、吉田秀明『半導体60年と日本の半導体産業』所収のデータから著者作成。社名は当該年当時

市場規模が大きくなる。80年代後半はおおむね全半導体市場の2割をＤＲＡＭが占めていた。

日本企業は米国に追い付き、追い越す半導体分野として、回路構造が単純で、技術開発の焦点を微細加工や品質管理などに絞れるＤＲＡＭを選んだ。結果的に半導体の中でも大きな市場で圧倒的なリーダーになれた。80年代まではＤＲＡＭに重点を置いた日本企業の戦略は当たったのだ。

一方で、標準の仕様に従って互換性を確保しなければならないということは、その仕様に従いさえすればどんな企業が作っても売れる（仕様通りに動作することが前提だが）ことを意味する。だからこそ、日本勢は後発ながら米国勢に追い付き追い越せたし、その後、韓国勢に追い付き追い越された。

そうやって多くの企業が作る標準品であるＤＲＡＭはいつしか典型的なコモディティーとなった。需要は大小コンピューターの新規販売に、供給は供給企業の設備投資に左右されるため、そのタイミングがずれると需給が締まったり緩んだりして価格が激しく上下する性格を持つ。市場価格の激しい上下動によって、半導体産業全体の売上高＝市場規模が数年に一回は収縮する、いわゆる「シリコンサイクル」が形成される。そして供給企業は市場規模の収縮期に次の好況期へ向けた投資ができるかどうかで競争力が決まる。ＤＲＡＭは、経営のリスクテーク能力が厳しく問われる製品分野となっていくのである。

米国を追い越した日本のキャッチアップ戦略

そもそも草創期の半導体の基本技術の大部分は、米国の個人や企業が発明し、開発したものだった。全ての基礎となるトランジスタを米ベル研究所[注37]のウィリアム・ショックレー[注38]ら3人が発明したのは1947年から1948年にかけて。3人はその後の1956年

注37 **ベル研究所** 電話を発明した米国人、グラハム・ベルが19世紀に立ち上げたボルタ研究所が源流。1925年AT&Tとその傘下にあった当時米最大の電気通信機器メーカーだったウェスタン・エレクトリック（WE）が、それぞれが抱えていた研究開発チームを統合し、共同出資の研究開発会社として発足させた。電話交換機、トランジスタ、レーザー、光ファイバー通信、太陽電池、UNIX（コンピューター基本ソフトの一つ）、C言語など、情報通信の多くの基本技術を発明したほか量子物理学など基礎研究も担い、7つのノーベル賞を在籍者による研究で受賞している。米国の電話網を独占していたAT&Tを頂点とするベル・システムの分割に伴って1984年にWEなどの後継会社となったAT&Tテクノロジーズの傘下に入り、同社が1996年にルーセント・テクノロジーズとしてスピンオフされると、ベル研の大部分がその傘下に残った。ルーセントは2006年に仏アルカテルに買収され、2016年に同社はノキアに買収された。その結果現在はノキア・ベル研究所として活動している。

注38 **ウィリアム・ショックレー** 米国の物理学者、起業家。1910年英国に生まれ、米カリフォルニア州パロアルトで育つ。第2次世界大戦後ベル研究所の半導体デバイス研究プロジェクトに加わり、他の2人とともにトランジスタの原型を開発。3人は1956年にノーベル物理学賞を共同受賞する。1955年、検査機器やコンピューターを手掛ける新興のベックマン・インスツルメンツが半導体商用化のために新設した「ショックレー半導体研究所」の所長に迎えられる。ショックレーの病弱な母親がパロアルトの実家に住んでいたため、研究所は隣町であるマウンテンビューに本拠を置いた。研究所に集まった若い科学者・技術者たちが後に「シリコンバレー」を形成する企業群を作った。僻地に優秀な若者を集めたショックレーはシリコンバレーの「始祖鳥」の役割を果たしたといえる。

にトランジスタ発明の功績でノーベル物理学賞を受賞する。ショックレーらはゲルマニウム鉱石が温度や電圧など条件によって電気を通す電気伝導体にも電気を通さない絶縁体にもなる「半導体」の性質を持つ点に目を付け、それまで電気信号の増幅やオン・オフ切り替えのスイッチに使っていた真空管と同じ機能をゲルマニウムの石を使った素子で実現した。これがゲルマニウム・トランジスタ。半導体技術の始まりだ。

IC（集積回路）の原型は1958年に開発された。作ったのはジャック・キルビー[注39]が居たテキサス・インスツルメンツ（TI）と、ロバート・ノイス[注40]がゴードン・ムーア[注41]らとシリコンバレーに立ち上げたフェアチャイルド・セミコンダクター[注42]でほぼ同時だった。特にフェアチャイルドの方式は半導体の性質を持つ物質の平たい板の表面付近に、複数のトランジスタをつなげた回路を作り込むプレーナー（平面）型で、量産に向いており、その後のIC技術の原型となった。

日本の総合電機メーカーはそれらの基本技術の特許を持っていた米企業からライセンスを受けて、自ら製造技術を開発しながら量産体制を拡大するやり方で成長していった。自社の家電やコンピューターのキーデバイスとして使いながら外販もしたので規模の大きい量産が理にかない、コスト競争力が強くなった。

注39　**ジャック・キルビー**　米国の電子技術者。1923年米ミズーリ州生まれ。1958年、就職したばかりのTIで半導体素材のゲルマニウムの塊1個に複数のトランジスタ素子を形成するICを発明した。キルビーが発明し、TIが申請した一連の特許は「キルビー特

許」と呼ばれる。IC発明の功績で、2000年に他の半導体基礎技術の開発者2人とともにノーベル物理学賞を受賞した。

注40 **ロバート・ノイス** 米国の物理学者、起業家。1927年米アイオワ州生まれ。1957年に他の7人とともにショックレー半導体研究所を飛び出してフェアチャイルドを一緒に立ち上げた後、そこで1959年、平たい半導体物質の板の表面に複数のトランジスタ素子を形成し、それらをつなぐ銅配線を同じ表面上に定着させる「プレーナー型」と呼ばれるICを発明する。キルビーのICより量産に向き、ノイス型のICは現在まで発展してきた半導体チップの原型となる。1990年に62歳の若さで死去した。仮に2000年まで生きていたらキルビーとともにIC発明でノーベル賞を受賞したといわれる。共同創業者株を買い取ったオーナーのシャーマン・フェアチャイルドの下、内紛状態になったフェアチャイルドをゴードン・ムーア、少し後に入社していたアンディー・グローブとともに1968年に離れてインテルを創業。ショックレーが「始祖鳥」なら、ノイスはシリコンバレーの「創設者」といえる。後に「シリコンバレーのメイヤー(市長)」と呼ばれた。

注41 **ゴードン・ムーア** 米国の化学者、事業家。1929年米カリフォルニア州生まれ。ショックレー半導体研究所で出会ったロバート・ノイスとともに、1957年にフェアチャイルドを、1968年にインテルを創業した。フェアチャイルド時代の1965年、ICに搭載されるトランジスタやキャパシタなどの素子数が1年間で2倍に増える傾向が10年間続くと予測。10年後の1975年に、おおまかに2年で2倍になると修正した。これが「ムーアの法則」で、半導体の微細化が絶え間なく続き、一定の大きさのチップによる計算能力が飛躍的に増えることで半導体を使った機器が多くの新しい能力を獲得する過去数十年のトレンドの象徴となった。1975年にノイスの後を継いでインテル社長、1979〜1989年は会長兼最高経営責任者(CEO)、1989〜1997年は会長を務めた。

注42 **フェアチャイルド・セミコンダクター** 所長のショックレーがトランジスタの開発の優先順位を下げたことに反発しショックレー半導体研究所を飛び出た8人の若者が1957年にカリフォルニア州サンタクララ市に立ち上げた半導体メーカー。8人の中にはロバート・ノイスとゴードン・ムーア、後にシリコンバレーの最有力ベンチャーキャピタルとなるクライナー・パーキンズ・コーフィールド&バイヤーズを創立するユージン・クライナーがいた。スタンフォード大学があるカリフォルニア州パロアルト市周辺からサンノゼ市周辺にかけての一帯に半導体企業や研究機関が集積して「シリコンバレー」を形成する大元の企業となった。8人が資金調達で頼ったのがフェアチャイルド・カメラ・アンド・インスツルメントだったため、同社が半導体部門を新設する立て付けで設立された。創業時に8人は500ドルずつ出資し、フェアチャイルドのオーナーとともに共同創業者となったが、数年後にその株を各人25万ドルでオーナーに買い取らせ、名実ともに一部門になる。その後、創業メンバー8人をはじめとする開発現場と親会社との間にあつれきが増え、だんだん分裂していく。フェアチャイルドは1987年にナショナル・セミコンダクターに買収されるが、1997年にナショナルはフェアチャイルドを分離。それをモトローラから分離独立してできたオン・セミコンダクターが2016年に買収し、フェアチャイルドの名は半導体産業から消えた。

ゲルマニウムのトランジスタについては、ソニーグループの前身である東京通信工業が1953年にベル研究所の親会社だったウェスタン・エレクトリック（WE）[注43]から特許使用ライセンスを取得。小型トランジスタラジオの商品化のために製造装置を含めてトランジスタの自社製造体制を1954年に立ち上げ、1955年には最終製品であるラジオとともに量産を始める。

後のノーベル賞物理学者の江崎玲於奈が東京通信工業に入社したのはちょうどこの頃、1956年のことだ。同社の半導体主任研究員としてゲルマニウムを使ったトランジスタやダイオード[注44]の研究中の1957年に発見したのが固体半導体内の「トンネル効果」[注45]で、電圧を上げると電流が減る現象だった。江崎はこの功績で1973年にノーベル物理学賞を受賞する。

また、「日本の半導体研究の父」とも呼ばれ、後に東北大学や首都大学東京の学長を務めた西澤潤一が東北大の大学院に入ったのは1948年。西澤は後年、数々の半導体関連の基礎技術、応用技術を発明・開発する一方、多くの研究者・技術者を育成した人物だ。西澤がその後、世界の半導体産業に広まる物性加工法である「イオン注入法」を開発したのは1950年、東北大助教授に就任したのが1954年だった。つまり50年代には早くも半導体の基礎研究で、日本の研究者・技術者の一部は世界の先端レベルにあった。東北大や東京大学からは先端レベルの技術動向に明るい技術者が産業界に輩出されていた。

そんな中、東芝、日立、日本電気（NEC）が1958年までにWEからの特許やRCA[注46]からの技術指導契約などを取得してゲルマニウム・トランジスタの量産を始め、早くも1959年に日本はゲルマニウム・トランジスタの生産量で本家の米国を抜いて世界一になってしま

注43 **ウェスタン・エレクトリック（WE）** 19世紀半ばに設立された電気通信機器メーカーで、1881年にベル電話会社（後のAT&T）に買収されてから1984年までの1世紀余りにわたってAT&Tの製造・技術開発部門として米国の電気通信・情報技術の開発のけん引役となる。グラハム・ベルが電話を発明し、特許を申請した1876年、すでに電報向け機器のメーカーとして大手となっており、その後電話が急速に広がる中、電話の「受話器」や回線交換機など基本となる機器・装置を開発・供給していく。傘下のベル研の科学者が1947〜1951年にトランジスタを発明・開発し、その特許はWEが取得し、その後各所にライセンス供与した。日本電気（NEC）は技術者で実業家の岩垂邦彦とWEが共同出資して1899年に設立された日本初の外資系合弁企業。

注44 **ダイオード** 電流を一方向にしか流さず、逆流しないようにする「整流器」を代表的な用途とする半導体デバイス。電流を流すときに内部で光を発するようにしたのが「発光ダイオード（LED）」

注45 **トンネル効果** 量子力学の世界で、粒子と波動の性質を併せ持つ電子などの素粒子が、古典物理学で考えるとエネルギー量が不足して超えられないはずの「壁」を「浸み出す」ようにして向こう側にも一定確率で移動する現象。ちょうど壁にトンネルを掘って反対側に移動するようなのでこう呼ばれる。東京通信工業（現ソニーグループ）でゲルマニウムのトランジスタの不良品を解析していた江崎玲於奈は、デバイスの中央部の境目を電子が超えるトンネル効果が起きていることを発見。固体内部のトンネル効果を初めて実証したとして、他のトンネル効果に関する研究者とともに1973年にノーベル物理学賞を受賞した。

注46 **RCA** もともとはレディオ・コーポレーション・オブ・アメリカだったが1969年に頭文字のRCAそのものが社名になった。20世紀に消費者向けAV電気機器市場、ラジオ・テレビ放送産業、音楽レコード産業を育て、けん引した電機・コンテンツ複合企業。米国でラジオ普及期にラジオ受信機の開発・製造をけん引。その中で真空管やその後継の信号増幅デバイスとなるトランジスタの量産でも主導的役割を果たす。一方、当初AT&Tが立ち上げていたラジオ放送局とラジオ局の全米ネットワークを買収し、NBC（ナショナル・ブロードキャスティング・カンパニー）を立ち上げる。ラジオで流す主要コンテンツだった録音音楽を増やすため、買収によってレコード・レーベルのビクターを傘下に収めてRCAビクター部門を設立し、一方でラジオと一体型のレコードプレーヤーも開発・供給し、音楽レコード産業も育てた。

う。

ＤＲＡＭも同様だ。60年代後半にＤＲＡＭの基本的な仕組みを考案したのはＩＢＭやハネウェル[注47]（現ハネウェルインターナショナル）の技術者であり、１９７０年に世界で最初にＤＲＡＭの量産・商用化に成功したのは１９６８年にノイスやムーアらがフェアチャイルドを飛び出して創業したばかりのインテルだった。同社が発売した記憶容量が１Ｋ《キロ》ビット（１Ｋビット＝１０２４ビット）のＤＲＡＭ（１ＫＤＲＡＭ）は小さくて速くて消費電力も小さく、コンピューターでそれまで主流のメインメモリーだった遅くてかさばる磁気コアメモリー[注48]をあっという間に置き換えていった。

インテルの成功を見て、第2世代の４ＫＤＲＡＭ製品からＴＩや日本のＮＥＣ、東芝、日立などが続々とＤＲＡＭ市場に参入する。その次の世代だった16ＫＤＲＡＭまで日本勢は米国の背中を必死に追いかける立場だったが、第4世代の64ＫＤＲＡＭでは、１９７９年に日立が世界に先駆けて開発を終えてとうとう米国企業に先行した。１９８０年には日立をはじめ、日本メーカーが相次いで量産を開始。64ＫＤＲＡＭでは売上高でも日本勢が米国を逆転する。次の２５６ＫＤＲＡＭでは、生産量シェアで日本勢が９割を占めるほど優位に立った。

つまりＤＲＡＭが米国で初めて商用化された１９７０年から10年後には、日本のＤＲＡＭは技術的にも商業的にも米国の半導体メーカーに対し優位に立つようになっていた。

垂直統合型の多様性とTQC／TQMで優位に

日本勢が米国勢に対し優位に立った要因は大きく分けて二つあった。一つ目の要員は担い手が「総合電機」の大企業だったことだ。重電、家電、通信機器、コンピューターと半導体という多くの事業部門を持ち、自社内に半導体の需要を持っていた。もう一つの要因は日本の製造業全体で取り組んだ総合的品質管理（TQC／TQM[注49]）が奏功していたこと。この結果、製品の

注47　**ハネウェル　現ハネウェルインターナショナル。** 石炭窯炉や空調向けサーモスタットの開発・製造を源流とする米国の重電メーカー。現在は航空用エンジンや電子飛行制御装置、工場オートメーションシステム、特殊素材など、主に航空・防衛・産業用の制御システムに重点を置く。50年代からコンピューター事業に参入したが1991年にフランスのブルに売却し、撤退した。

注48　**磁気コアメモリー**　半導体メモリーが登場する前にコンピューターのメインメモリーに使われていた装置。フェライトを磁化させた小さい「フェライトコア」で情報を記憶させる。コアを正方形に、例えば64行×64列のマス目状に並べ、マス目に沿った配線で読み出す。大きくかさばり製造コストが高いため、インテルが1970年にDRAMを発売すると、急速に置き換えられていった。

注49　**総合的品質管理（TQC／TQM）**　TQCまたはTQMはトータル・クオリティー・コントロール／マネジメントの頭文字。ベル研が30年代に製造業の経営要素として統計的工程管理の重要性を体系化して提唱し、第2次世界大戦中に主に武器・弾薬の品質管理に近代的統計学を応用する統計的品質管理を多用するようになった。戦後はそれが民生製造業に広まると同時に、製造現場だけでなく全社的に品質管理を重要指標とする経営の在り方をTQC／TCMと呼ぶようになった。戦時中から統計学者のエドワーズ・デミングが統計的QCの軍需産業の現場への導入を指南。日本の産業界が戦後、デミングやWEでベル研理論を実践した後、経営学者に転じたジョセフ・ジュランなどを招いてTQC／Mを積極的に導入し、部門ごとに「QC運動」などを展開する。産業界を挙げて「デミング賞」で品質管理で功績があった企業を表彰するなどして、60年代以降、日本の製造業は品質管理を国際競争力の源泉とするようになっていくが奏功していたこと。この結果、製品の品質面で米国メーカーに対して優位性があった。

品質面で米国メーカーに対して優位性があった。

当時の日本の総合電機メーカーは、ラジオやテレビ、電卓など消費者向け家電製品で世界中を席巻する一方、コンピューターの開発でもＩＢＭの背中を追って切磋琢磨《せっさたくま》しており、自社内に半導体の大きな需要があった。このため、最初から半導体の量産の規模を大きく設定し、規模の経済をベースにしたコスト競争力を確保しやすかった。

また、小さい新興企業が多かった米国の半導体業界に比べ、日本の半導体メーカーの多くは複合型の大企業で、半導体製造事業に必要な研究開発と設備投資を賄うキャッシュフロー（現金収支）が潤沢だった。微細化を進める素子の基本的な構造の探求、それを実際にシリコンウエハー上に作る微細加工プロセス、それを製造装置に落とし込む技術といった研究開発で、後発ながら米国勢と対等以上の勝負ができた。

例えば、64Ｋビット世代以降のＤＲＡＭの記憶素子構造で世界標準となる「2交点セル」[注50]は東北大の西澤潤一研究室出身の伊藤清男が、日立の中央研究所で1974年に発明・試作した技術だ。90年代以降のＤＲＡＭの記憶素子の立体化の標準的な方式となる「スタック型キャパシタ」[注51]は1978年、やはり日立の中央研究所で西澤門下生の小柳光正が開発した。

また日本の総合電機メーカー各社は重電や通信設備・機器といった安定的に利益を生み出す事業も手掛けており、半導体の需給バランスの悪化で半導体事業が赤字を出しても、他の事業の収益でカバーできた。まだ半導体の設備投資がそれほど巨額にはならなかった時代だ。少なくとも

80年代までは半導体事業の赤字は会社全体にダメージを与えるほどは大きくならなかった。

日本の躍進を支えたもう一つの要素として大きかったのが、50年代から日本の製造業各社が競うように力を入れた総合的品質管理への取り組みが70年代になって実を結びつつあったことだろう。ＴＱＣ／ＴＱＭは米国人学者のエドワード・デミングやジョゼフ・ジュランらの指導で日本企業に根付いた。その結果、長年「安かろう、悪かろう」が代名詞になっていた日本の工業製品は、気が付くと米国製品を凌駕《りょうが》する製品品質を手に入れていた。半導体ではすでに16ＫＤＲＡＭ世代で日本製ＤＲＡＭの故障率が米国製よりはるかに低くなっていた。

日本製ＤＲＡＭの品質が米国製品を追い越していた事実は、ヒューレット・パッカード（ＨＰ）のコンピューター部門の幹部だったリチャード・アンダーソンの１９８０年の講演で明らかになり、日本製品の輸出攻勢に警戒心を強めていた米議会や産業界に衝撃が広がる。

注50　**2交点セル**　1つのトランジスタと1つのキャパシタ（コンデンサー）から成るＤＲＡＭの記憶素子（メモリーセル）を、電圧をかけたり電荷を読み取ったりする配線につなぐ方式の一種。2交点セルではセルを2つの読み取り線で挟む構造にしたことでノイズが減って読み取り精度が飛躍的に向上し、その後のＤＲＡＭの大容量化に道を開いた。発明者の伊藤清男は後年、その功績をＩＥＥＥ（米国電気電子学会）から表彰される。

注51　**スタック型キャパシタ**　ＤＲＡＭの記憶素子をシリコンウエハー表層に形成する方式の一つ。構成要素を積み重ねるようにしてキャパシタ（コンデンサー）を形成するのでスタックと呼ばれる。逆にウエハー表面に溝を掘ることでキャパシタを形成する方式をトレンチ（溝）型キャパシタと呼ぶ。90年代まで両方の方式がメーカーによって使われていたが、製造工程が単純で超微細化にも向いていたことからスタック型が主流になっていく。

アンダーソンがこの講演で披露したのはHPが1979年に実施した日米製16KDRAM30万個の性能・品質試験の結果データである。[*8] 米国製16KDRAMの供給不足を日本製品の調達で補えるか確認するために実施された。調査結果によると米国製で1〜2%あった納品時不良品率が日本製はゼロ。1000時間使用後の故障率も日本製が上回った。米国メーカーの製品には1000個当たり6〜27個あるケースもあったが、日本製は1〜2個と大幅に低かったのだ。「日本製DRAMは米国製品とほぼ同じ価格ながらはるかに品質管理がよくできている。これは米国の半導体産業にとって恐ろしい統計結果だ」とアンダーソンは講演で米国メーカーに向けて警鐘を鳴らした。

搭載したDRAMが一つでも故障してしまえば、それを使ったコンピューターは動かなくなるため、コンピューターメーカーは故障する確率が低い日本製を好むようになる。当時は大型コンピューターが主流であり、多数のDRAMを使う。メモリーの交換はコンピューターメーカーの専門家がやらなくてはできない時代だ。コンピューターメーカーにとってDRAMの故障率は顧客満足度の点で死活的に重要だった。1979年にはコンピューターの巨人IBMが日立にDRAMを百万個単位で大量発注する「事件」も起きた。

このような経緯で80年代前半までに日本製DRAMは急速にシェアを拡大した。

当時は「メイド・イン・ジャパン」がコストパフォーマンスと品質の良さ、さらには「かっこ良さ」を表すブランドに変容しつつある時期だった。第1次オイルショックの直後、米国の厳しい排気ガス規制をいち早くクリアしつつ卓越した燃費で爆発的なヒットを飛ばした本田技研工業（当時）の小型乗用車、屋外でも音楽をかけられるステレオラジカセ、そしてどこにでも持って行けるソニーの「ウォークマン」……。70年代、これらの社会現象ともいえる製品を日本メーカーは次々と世界に送り出していた。ハーバード大教授で社会学者のエズラ・ヴォーゲルが『ジャパン アズ ナンバーワン ――アメリカへの教訓――（Japan as No.1: Lessons for America）』を出版したのは、ソニーが初代ウォークマンを発売した1979年のことだ。

消費財の世界で起こっていた「メイド・イン・ジャパン＝高品質でかっこいい」というブランドイメージの変容が、企業向けの半導体の世界でも急速に進行していた。この成功体験が、後々自らの首を絞めることになろうとは、誰も想像しなかった。

日米半導体協議とプラザ合意で状況一転

飛ぶ鳥を落とさんばかりだった日本勢の勢いに最初の変調をもたらしたのが、日米貿易摩擦といわゆる「プラザ合意」[注52]によるドルの切り下げだった。

インテルがＤＲＡＭから撤退する１９８５年、米国半導体工業会（ＳＩＡ）[注53]が米通商代表部（ＵＳＴＲ）に対し、日本製ＤＲＡＭが米国通商法３０１条[注54]で定める反ダンピング（不当廉売）条項に抵触していると提訴した。同３０１条は提訴があった場合に政府が当該輸出国政府と是正措置を求める交渉を行うことを義務付けていた。こうしていわゆる「日米半導体協議」が始まった。

日本メーカーは、品質改善の努力の結果として低コストで高品質の製品ができているだけと主張したが、結局米国政府の定める「公正市場価格」以下で売るとダンピング扱いされるとした「日米半導体協定」が日米政府によって１９８６年9月に締結される。日本市場における米国製半導体のシェアを意図的に上げることも実質的に義務付けられた。日本メーカーは競争力のある価格設定を実質的に封じられる一方、生産量でも「一人勝ち」にならないよう設備投資抑制を余儀なくされる。

80年代後半から90年代にかけてはパソコンの普及期でＤＲＡＭの需要が大きく伸びる時期だった。日本製ＤＲＡＭの供給量と価格がコントロールされたことで、後発で参入していた韓国や台湾のメーカーがシェアを拡大する絶好の隙間を市場に作ることになる。

一方、日米半導体協議のさなか、１９８５年9月に起こったのが、先進5カ国（Ｇ５）当局が協調して外国為替市場におけるドルの価格を切り下げる「プラザ合意」だった。それまで１

ドル＝240円前後だった為替レートは1年間で1ドル＝150円台まで下がり、さらにそれから2年後の1988年には1ドル＝120円台まで円高ドル安が進む。これで間接費を含めた生産コストの優位性が一気に吹き飛んだ。

皮肉なことだが実は円高には、ドル建て売上高ベースの日本製半導体の世界シェアを膨らませる効果があった。メーカー別売上高ランキングで1986年からTIやモトローラを抜いて一気にNEC、東芝、日立がトップ3を占めるようになったのもプラザ合意による円高の影響

注52 **プラザ合意** 1985年9月22日、先進5カ国の財務大臣・中央銀行総裁が米ニューヨークのプラザホテルで協議し、各国がドル高を是正することで合意した。当時は1ドル＝240円台の水準で、米国の産業は競争力を失い、貿易赤字の拡大が問題になっていた。米国は主要国にドル安誘導を要請。各国は協調介入に乗り出した。日本では1年間で1ドル＝150円台まで下がり、さらにそれから2年後の1988年には1ドル＝120円台まで円高が進んだ。輸出産業は大打撃を受け、景気は悪化。金利引き下げによる景気テコ入れが、不動産投機を招きバブル経済につながったとの指摘は多い。バブル崩壊後も円高傾向が続いた。

注53 **米国半導体工業会（SIA）** セミコンダクター・インダストリー・アソシエーション。1977年にインテルのロバート・ノイス、アドバンスト・マイクロ・デバイセズ（AMD）のジェリー・サンダース、フェアチャイルドのウィルフレッド・コリガンらの提唱で、業界横断的な技術開発などを促進するために発足した半導体業界団体。80年代に入ると日本の半導体輸出品が米国企業から急速にシェアを奪いつつあったことから、米政府の通商政策、産業政策、科学技術政策に積極的に働きかけるロビー活動に力を入れた。レーガン政権やブッシュ（父）政権の通商政策に大きな影響を与えた。1985年に通商法301条に基づいて日本製半導体を対象とするダンピング提訴を起こし、その後の日米半導体摩擦につながる。

注54 **米国通商法301条** 1974年に施行された。貿易相手国の不公正な慣行に対してその国と協議することを連邦政府に義務付け、交渉で解決しない場合の制裁について規定を設けた。SIAのダンピング提訴に応じる形で、米政府は日本政府に輸出価格管理や自国市場開放などを求めて交渉を始めた。これが「日米半導体協議」で、1986年9月に、日本市場での米国製半導体シェアを実質的な割り当て制とし、日本製品の輸出価格を事実上の管理制とする、などを内容とした「日米半導体協定」が結ばれる。

が大きい。ただ、それはあくまでドル換算上の売上高拡大であり、日米半導体協定と相まって日本勢の実態としての勢いはすでに鈍化を始めていたのだ。

80年代中盤には他方で、後々日本の半導体業界凋落《ちょうらく》の大きな要因となる勢力が生まれていた。韓国最大の財閥《チェボル》である三星《サムスン》グループのＤＲＡＭ事業である。

第5章

エルピーダメモリ以前：1990年代

韓国勢の台頭とニッポンDRAMの凋落《ちょうらく》

- ▼1983年「東京宣言」を号砲にサムスン電子がDRAM事業にまい進する
- ▼パソコン時代に競争軸が品質からコストにシフトする中、90年代半ばにはサムスンがトップの地位を確立
- ▼韓国勢やマイクロン・テクノロジーがDRAM事業を深化させる中、日本勢は腰が引け、総合電機全社が撤退した結果、エルピーダメモリ1社が残る

1983年2月8日、三星《サムスン》（サムスン）財閥創始者でグループ会長の李秉哲《イ・ビョンチョル》は東京のホテル・オークラに滞在していた。その日、秉哲は意を決してある人物に電話をかける。自らが60年代に立ち上げた韓国を代表する日刊紙、中央日報会長の洪璡基《ホン・ジンギ》だ。

「サムスンはあらゆる代償を払って半導体産業に入り込む。韓国の読者に広く伝えてほしい」

この、会長自らが全韓国民に向けて発した半導体参入宣言を韓国産業界では「東京宣言」と

呼ぶ。そして東京宣言が発せられた2月8日は、韓国ハイテク産業の起点となった記念日として記憶されている。[*9]

東京宣言——影の仕掛け人は三男の李健熙《イ・ゴンヒ》

実は、李秉哲はもともと、技術、ノウハウ、人材の欠如と投資規模の大きさを理由に、本格的な半導体事業への参入に長い間二の足を踏んでいた。秉哲の背中を押したのは半導体に本気で取り組むべきだと早くから唱え、後に秉哲の後を継いでサムスン・グループ会長になる、三男の李健熙《イ・ゴンヒ》だった。健熙自身が、最初は父親に反対されていたことを後に自ら回想している。[*10]

健熙は60年代前半、日本の早稲田大学に通いながら日本で急成長する電機産業の勢いを目の当たりした。ラジオやテレビ、ビデオデッキなどを分解しては組み立てて、部品構成や仕組みを研究したという。そうして、半導体などの部品を含めてエレクトロニクス機器に造詣を深めた。[*11]

健熙は1965年に早大商学部卒業後、米ジョージ・ワシントン大学ビジネススクールで経営学修士（MBA）を取得して1966年に韓国へと帰国する。まずはサムスン・グループが立ち上げたばかりのテレビ局に入社して財閥人の一歩を踏み出した。1973年にオイルショックが起きると、韓国の経済発展にはハイテク産業を育成するしかないと確信。サムスン・グループの出資先でもあった「韓国半導体」の株式の残りの半分を個人の資金で１９７４年に買い取り「三星半導体」と社名を変え、自ら半導体事業経営を学び始める。同社はそれまで、細々と単体トランジスタなどの電子部品を作っていたが経営難にあえいでいた。

１９７８年にサムスン・グループの副会長に任命されてからも健煕は、半導体事業の重要性を父親に訴え続ける。もともとテクノロジー産業の重要性は認識していた秉哲は、自ら直轄のタスクフォースを作って事業の将来性や、サムスン・グループに最適な参入方法を探らせる。自分でも頻繁に日本を訪れ総合電機メーカー幹部の話を聞き、米国にも赴き状況を見聞する。ライバルだったラッキー金星（ラッキー・ゴールドスター、後のＬＧ）財閥や現代《ヒュンダイ》財閥も半導体参入に動き出していたこともあり、とうとう１９８３年秉哲は、満を持して半導体の中でもＤＲＡＭに照準を定め、参入ののろしを上げたのだ。[*12]

猛スピードで工場建設にまい進し、「東京宣言」からわずか1年余り後の１９８４年5月には64ＫＤＲＡＭの量産工場を竣工。同年秋から量産出荷を米欧中心に始める。

全責任を負ってサムスン財閥のＤＲＡＭ事業育成を仕切ったのは「言い出しっぺ」の健煕だった。ＤＲＡＭ参入直後から、健煕は自ら技術獲得に奔走する一方、要所々々で的確な経営判断を下す。最初は社内に人材も技術もないことを十分認識し、徹底的に社外資源を活用する。東京宣言直後の1983年7月にシリコンバレーに設計開発センターを開設し、半導体の「本場」で最新の技術動向を把握するとともに、米国の大学や半導体関連企業に散らばっていた韓国人技術者・研究者をスカウトする拠点とした。同時並行で技術ライセンス元を探し、結局マイクロン・テクノロジーから技術供与を受ける。

サムスン財閥は以前からグループ生え抜き人材を大学新卒中心に採用し、その人材を管理職、要職に就ける内部育成型の人事・組織運営を確立していたが、半導体では思い切って外部人材を登用したのだ。もちろん博士を含む優秀な人材を米国で採用するために、シリコンバレーのハイテク企業に負けない報酬水準を用意。サムスン電子の標準的な給与体系を度外視して人を集めた。[*13]

加えて日本や米国の半導体メーカーの技術者を非常勤の「技術顧問」として招き、製造や研究開発の現場で実地に韓国人技術者の育成を進めた。健熙自らが日本を訪れ、週末に日本の半導体メーカーの技術者を秘密裏に韓国の自宅に連れて行き、サムスンの技術者への技術指導を仰いだと、後に明かしている。

サムスンが64KDRAMを量産出荷したのは、日本勢より4年遅れの1984年秋だった。その後、256K、1M、4Mと、世代ごとに差を詰め、とうとう1992年秋には16MDRAMの量産を日本勢と同時期に開始する。そしてサムスンは16MDRAMでDRAMの世界シェアトップの地位に台頭する。90年代になると独自の素子構造などの技術開発力も持ち始めており、次の64ＭＤＲＡＭは他社から直接供与された技術は使わず、日本勢に先駆けて量産試作品の出荷を１９９２年に始める。つまり、かつての日本勢同様、キャッチアップ戦略で参入から10年以内にトップレベルに追い付き、追い越したのだ。

これらの技術力蓄積は、80年代の人材獲得と外部人材からのノウハウ移転を重視した健熙の采配の成果といえるだろう。

設備投資で日本勢を圧倒するサムスン

そして、もう一つ、李健熙の経営采配で日本勢を圧倒したのが設備投資だ。健熙はＤＲＡＭにおける規模の経済から来るコスト競争力の重要性を最初から見抜いていた。当時の王者だった日本勢に勝つために、日本のＤＲＡＭメーカーよりはるかに大きい設備投資を辛抱強く続けた。

韓国人経済学者でシンガポール国立大学教授の申章燮《シン・ヤンスップ》らの調べによると、サムスンの半導体設備投資額は１９８８年以降、日本メーカーの2倍を超える設備投資をほぼコンスタントに続けている。[*14] １９９６年には日本で最も設備投資が多かったＮＥＣの3倍を超える約

1414億ドル、2000年には10倍を超える約24億ドルに上る。80年代後半から設備投資で日本勢を圧倒する戦略を意識的に実行していたのである。

一方の日本の総合電機メーカーは90年代、損益が市況変動で大きく振れるDRAM事業の性格を嫌い、日米半導体協定の足かせもあり、DRAM以外の半導体製品の育成に力を入れ始めていた。さらにバブル崩壊後の国内景気低迷の中で、DRAM事業が赤字を出す度に投資を抑制して、最新型の製造装置の導入などを渋る場当たり的な対応を繰り返すようになっていた。一方でサムスンは90年代末までほぼDRAMに集中し、大きなラインに最新型の製造装置を惜しみなく投入した。

90年代前半までのサムスンによる設備投資は、オーナー一族の代表でもある李秉哲と健熙によるリスクを覚悟した意思決定と、財閥全体の信用力をフル活用した海外銀行融資や外貨建て社債などによる資金調達力に支えられていた。90年代後半からはサムスンの半導体事業の営業利益率が競合他社を圧倒して高くなり、半導体事業からの収益を原資にした研究開発と設備投資で十分競合を圧倒できるようになる。これはサムスンの勝利の方程式となり、その好循環は近年に至るまで続いてきた。

設備投資の規模の違いにより、90年代後半までにサムスンと日本メーカーのDRAM工場では生産規模と製造装置の新しさで大きな差ができた。ライン当たりの生産能力、1枚のウエハーから取れるチップの数などに格差があれば、生産性で太刀打ちできなくなる。それがコス

80〜90年代のDRAM大手の設備投資額推移

サムスン電子の投資額が日本勢と比べて突出して大きかったことが分かる

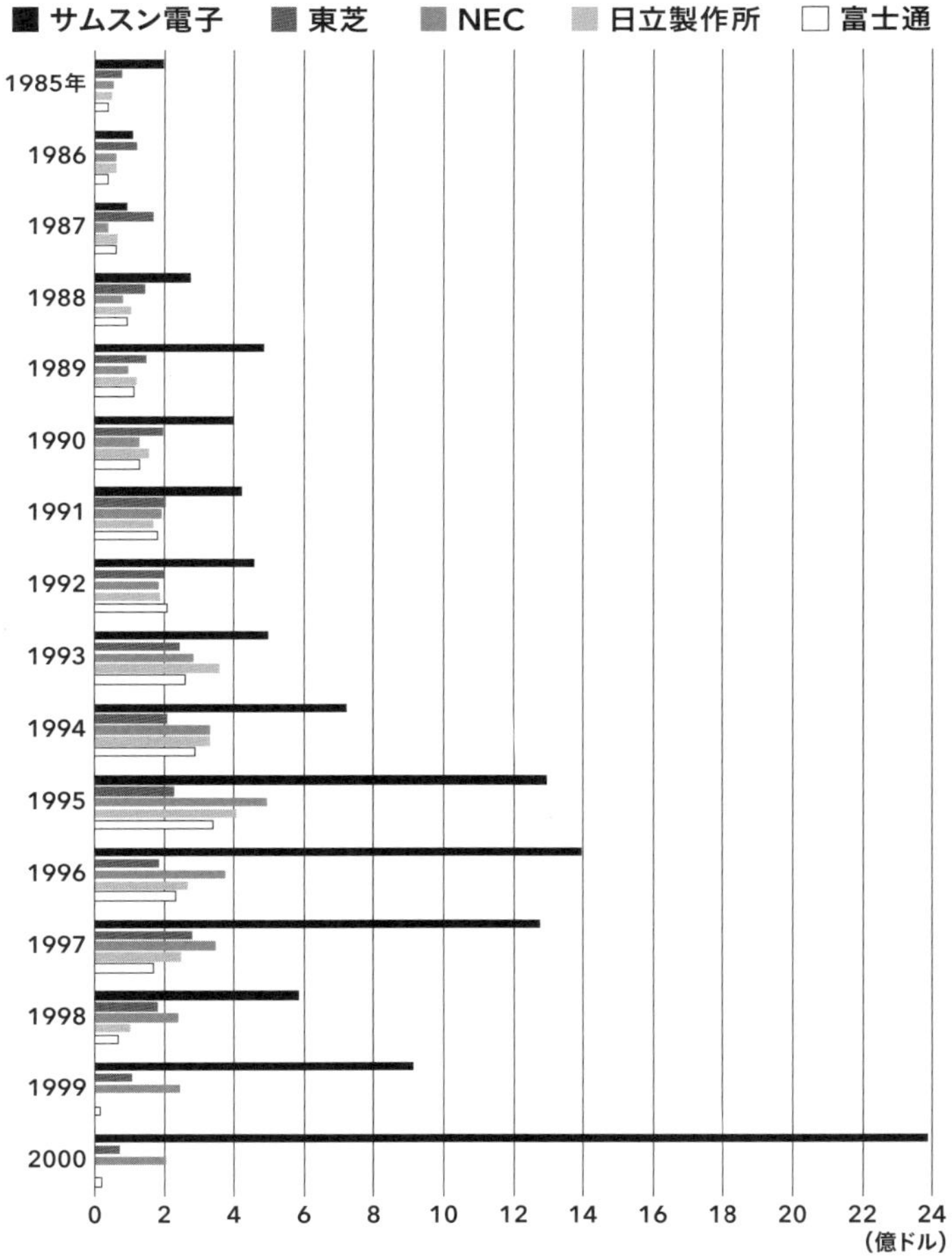

出所：シンガポール国立大学教授の申璋燮《シン・ヤンスップ》教授の研究データから著者作成

トの差になり、収益力の差になった。

坂本幸雄が2002年にエルピーダメモリの社長に就いたときを思い出そう。エルピーダの生産委託先だった広島日本電気（NEC広島）の工場の生産規模は200ミリウエハーで月産1万5000～2万枚だった。坂本や他の業界人によると、その頃すでにサムスンは300ミリで月産10万枚規模のラインを稼働させていた。90年代の設備投資の格差はここまで大きな差を作っていたのだ。

日本のDRAMメーカーは市況悪化に苦しんでいた1997年ごろ、300ミリ工場の建設計画を相次いで凍結した。200ミリに比べて格段に投資規模が大きくなり、初期投資だけでも1000億円前後になったからだ。結果としては、300ミリ工場を稼働させた日本のDRAMメーカーは後にも先にもエルピーダのみとなる。

2001年後半に相次いでサムスンやインフィニオン・テクノロジーズが300ミリウエハーによるDRAM量産を開始するなど、坂本の社長就任の前に、世界のDRAM産業は300ミリ時代に突入していた。[*15] つまり20世紀末までに日本の総合電機各社は、DRAMの設備競争で完全に落後していたのだ。

坂本はこうも指摘した。

「今でも日本には半導体工場がたくさん残っていますが、全て規模が小さい。小さい工場を色々なところに分散して作ってきたからです。日本の総合電機メーカーは事業部長が代わると、新しい部長の出身地に工場ができるとよく冗談を言って笑っていたものです。工場が小さく分散していることが、日本の半導体の競争力が弱くなった根本原因の一つです。かたやサムスンは80年代から大きいラインを複数まとめて作る大規模工場戦略を推し進めました。台湾企業も韓国のやり方に倣って工場は大きく集約して作りました」

日本の半導体工場が小さく分散しているという問題は、今でも続く構造問題だというのだ。その背景には、投資リスクを中途半端に抑えたがる日本企業の「癖」のようなものが見える。坂本の言う通り、「会社のトップがオーナーではないサラリーマンで、しかも半導体のことを分からない」日本の総合電機メーカーの経営体制に、その原因の一端があったようにみえる。

一つの傍証がある。80年代から90年代にかけて東芝の半導体事業を副社長として率いた川西剛は自著で、当時の自社経営陣の半導体事業への無理解をこのように振り返っているのだ。[*16]

「上層部から常に、『なぜ予測がそんなに当たらないのか』、『なぜそんなにカネがかかるのか』と尋ねられた」

「半導体は予算より大幅に上回るか、大幅に下回るかのどちらかで、いつも経理担当の人からは信用されなかった。研究開発が大切だ、装置産業だ、といっても他の事業に比べ半導体の投資額が桁違いに大きくなることへの理解はなかなか得られなかった」

10年単位ののんびりした技術変革ペースで、毎年安定的に利益を稼げる重電や通信部門出身者が主流の総合電機の経営首脳陣にとって、目まぐるしく事業環境が動く中、数年での回収を前提に巨額の投資を繰り返さなければならない半導体事業は、精神的に耐えられなかったに違いない。自らが体を張って半導体事業をけん引したトップが率いるサムスン・グループとは、日本の総合電機は経営者の適性や胆力でそもそも勝負にならなかったと言ってもよいくらいだろう。

IMF介入が生んだ韓国2強体制

80年代、韓国では、現代グループの現代電子産業とラッキー金星グループのLG半導体もサムスンと相前後してDRAM事業に参入していた。外部人材の登用、大規模設備によるコスト競争力と市場シェア確保など、戦略はサムスンと相似形だった。特に1993年から1995年にかけて韓国3社は軒並み16MDRAM生産ラインの設備投資にまい進。DRAM市況悪化を恐れて日本勢が設備投資の先送りや生産調整に動くなか、韓国3社は逆張りともいえる増産投資を続行し、一気にシェアを伸ばしていく。1996年に市況が悪化しても韓国各社は増産を止めなかった。その結果、DRAM価格下落がさらに進行。日本勢の背中をますます脱DRAMの方向に押した。

一方で韓国勢自身のDRAM事業も採算が悪化する。特にコスト競争力や販売力がサムスンほど強くなかった現代電子産業とLG半導体は1997年に最終赤字に転落。アジア通貨危機が飛び火する形で財閥系企業の倒産や銀行の不良債権拡大、通貨価値の下落などが重なった韓国の経済危機が進行し、とうとう韓国政府は国際通貨基金（IMF）の支援を1997年12月に仰ぐ。

支援の条件としてIMFから経済構造改革を突き付けられ、過剰設備が膨らんだ業界の再編を政府が主導して進め、その一環で現代とLGの半導体事業の統合が進められた。結果的に1999年7月、現代グループによるLG半導体の買収が完了し、10月には合併も完了してハイニックス半導体（現SKハイニックス）が誕生する。サムスンに匹敵し得る規模の半導体メーカーがもう一つ韓国に誕生したわけで、これは半導体の赤字に苦しんでいた日本メーカーにとって新たな脅威となる。

つまり、90年代の韓国3社の設備投資競争とその結果のDRAM値崩れは、日本メーカーのDRAM投資抑制による競争力の弱体化をもたらした。その一方で、過剰設備による経営危機と韓国経済危機が重なったことで結果的に、韓国半導体産業のサムスンとハイニックス2強体制の確立につながった。

実は、結果的に韓国半導体メーカーを現在につながる流れに乗せる伏線となった日本勢の行動がその前にあった。一つは、半導体製造装置メーカーへのノウハウ移転だ。熊本大学教授の吉岡英美の研究によると、日米の半導体メーカーは70年代までは、シリコンウエハー上に微細素子を形成する物理化学技術や、写真や版画の技術を応用して微細回路をウエハー上に光で転写し、刻み込むリソグラフィー（露光）技術などの要素技術の中身を製造装置メーカーには明かさなかった。このため、製造装置を使いこなしてウエハーを加工するノウハウはひとえに半導体メーカー側にあり、製造装置メーカーは言われた装置を作るだけだった。

ところが、80年代以降は研究開発費の節約や技術開発のスピードアップ、さらには量産工程の自動化のため、半導体メーカーは徐々に製造装置メーカーと基本的な製造技術を共同開発するようになる。この結果、製造装置メーカー側に装置を使いこなしながら微細加工を施していくノウハウが蓄積した。韓国勢がＤＲＡＭ事業に参入したのは、まさに製造装置メーカーにノウハウがたまり、製造装置とノウハウとを製造装置メーカーからセットで買えるようになった頃だった。この結果、後発でも日米の先進製造装置メーカーの装置を導入すれば、ＤＲＡＭの量産が始められたのだ。[*17]

もう一つ、日本メーカーは日米半導体協定の設備投資制約への対応と設備投資リスク軽減のため、韓国メーカーに技術を供与したうえで生産委託を進めた。日立はＬＧに対し、１９８９年の１ＭＤＲＡＭを皮切りに、４ＭＤＲＡＭ、16ＭＤＲＡＭと技術供与を続ける。富士通は１９９３年から現代とＤＲＡＭの相互ＯＥＭ（相手先ブランド生産）供給体制に入った。ＮＥＣは

1994年、サムスンと256MDRAMについて技術交換提携を結ぶ。また、フラッシュメモリーを発明した東芝は1992年、サムスンに同技術を供与。NECは1995年にマイクロプロセッサー技術をサムスンに供与する。

つまり80年代末から90年代半ばにかけて日本メーカーは自らの投資リスク軽減のために韓国勢との協力関係の構築を進め、血で血を洗うような競争を避けようとしたフシがある。ところが実際には韓国勢の技術力が増す一方、韓国勢同士の激しい市場シェア争いもあって赤字覚悟の量産投資競争は止まらなかった。結果的に日本勢の協調路線は敵に塩を送り、自らの半導体事業の首を絞めることになった。

パソコン時代の「コスト競争」に勝ち残る

日本メーカーが劣勢に陥ったもう一つ別の要因がある。80年代以降に進んだコンピューターのダウンサイジング、つまり大型コンピューターからパソコンやサーバーへのコンピューターの主役交代にうまく適応できなかったことだ。

ある日立OBが振り返る。

「日本のDRAMメーカーは70年代から、自社の大型コンピューター（汎用機）への利用を前提に品質基準を決めていた。日立でいえば、（コンピューター部門があった）神奈川事業所を見てDRAMを作っていたのです。一方、韓国勢は最初からパソコン向けしかなかった。パソコンのメモリーは個人でもすぐ取り換えられるものでもあり、汎用機ほど故障率が低くなくてもよい。それを前提にした品質基準で低コストを実現していた。日本勢が負けた大きな要素の一つです」

「高い品質基準を求めると生産工程の数が多くなりコストが高くなります。日本メーカー各社は韓国製品の米国のパソコンメーカーへの浸透を見てその問題に気づいて特に90年代は工程数を減らす努力もしました。しかしその一方で社内には高品質のDRAMを求める大型コンピューター部門が依然としてある。なかなか韓国勢並みの故障率、不良品率を前提にした回路設計、工程設計まで踏み切れなかった。それが90年代の日本製DRAMの構造的課題だった」

DRAMの主要用途がパソコンにシフトしたことで、最大の競争軸が品質からコストに変わった。サムスンなど韓国勢は最初からパソコン向け市場でDRAM事業を立ち上げ、育てる中、コストを重視した事業戦略が最初から身に付いていた。

ただし、サムスンはDRAM業界の中でも90年代半ばから後半のDRAM価格急落局面でも群を抜く採算性を確保した。それは、単に大規模設備とチップの小型化によってコスト競争力で優位になっただけでなく、90年代前半からDRAMの中でもさまざまな品種を開発し、90年代後半には比較的市況に左右されない非パソコン向けＤＲＡＭ製品群を供給できるようになっていたからだといわれる。熊本大・吉岡の研究によれば、サムスンは特に高性能サーバー製品のトップメーカーだったサン・マイクロシステムズ（現オラクル）向けのＤＲＡＭ製品の売上高構成比が高く、90年代後半のＤＲＡＭメーカーの中で、平均販売単価が群を抜いて高かったという。[*18]

高性能サーバー向けは要求品質レベルが高い。サムスンはパソコン向けのコスト競争力でＤＲＡＭ市場におけるシェアを拡大する一方で、より高付加価値なＤＲＡＭ市場に入り込むために、品質管理能力の強化も同時を進めていた。60年代に日本企業が取り組んだＴＱＣ／ＴＱＭを取り入れたといわれている。

そして90年代後半からは、ＮＡＮＤフラッシュにも力を入れ、手掛ける半導体製品をＤＲＡＭ以外に広げる多品種化も進める。これが21世紀に入ってからのサムスンの半導体事業の収益基盤の強さの基礎になる。

さらに、サムスンは90年代から携帯電話機やデジタルテレビなどの消費者向けデジタル機器にも力を入れ、グループ収益の半導体事業への依存度を再び下げる「再・総合化」ともいえる戦略を採る。これが、半導体事業そのものの収益力の強さと相まって、１９９６年のＤＲＡＭ値下げ競争や、２００１年のドットコムドットコム・バブル崩壊などの半導体不況期にも、会社会全体で黒字を確保してキャッシュフローを絶やさずに済む要因となった。

一方の米国勢はどうか。1978年創業で韓国勢より古手のDRAMメーカーだったマイクロンは、90年代には自らパソコン事業を立ち上げるなど、パソコン時代への転換を十分認識し、DRAM事業の競争力の源泉をチップの小型化を可能にする設計能力に置くようになった。90年代半ばの16MDRAM価格の急落局面では、自ら安値攻勢でシェア拡大に動き、韓国勢との壮絶な戦いを生き抜いた。

マイクロンの会長兼CEOだったスティーブ・アップルトンは当時、経営の焦点を意識的にコスト競争力へシフトしたと、日本経済新聞のインタビューではっきり語っている[*19]。

「DRAM市場では、16Mから64Mなど世代交代時に設備投資で先行すれば、先行者利益が追求できるというのが従来の常識だった。だが、先行者利益を狙うビジネスモデルは、80年代なら通用したが、市場が変化した今はもう通用しなくなってきており幻想だ」

「先行者利益は、各メーカーが独自の技術・製品で競う通常の市場なら成立する。80年代までのDRAMはメーカーによって品質の違いが激しかった。しかし、半導体製造装置の発達などによりDRAMは、どの企業が作っても品質が一定のコモディティーになった。市場が変われば戦略も変わる。だから最先端製品で先行するよりも、量産効果が最大限に効く16Mで圧倒的なコスト競争力を持てるように開発の焦点を合わせた」

半導体は同じ回路ならチップを小さくする方がコストは安くなる。1枚のウエハーからより

DRAM市場シェアの推移

エルピーダメモリは2010年にマイクロン・テクノロジーを抜いて一時世界3位のDRAMメーカーになったが、倒産してマイクロンに吸収された。その後はサムスン電子、SKハイニックス（ハイニックス半導体）、マイクロンの3強時代が続いている

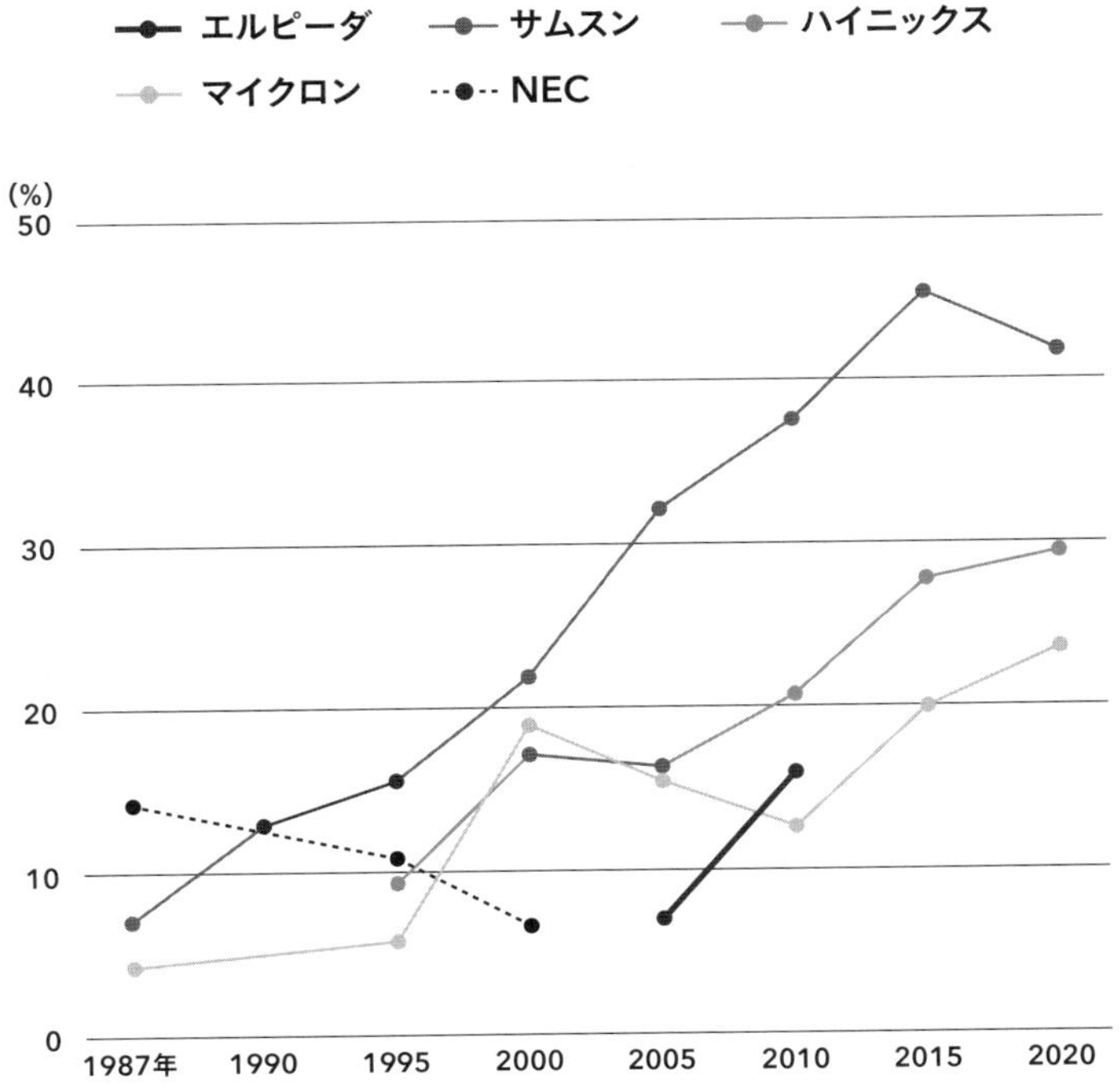

出所：各種資料から著者作成

多くのチップを製造できるからだ。そこでプロセッサーやＤＲＡＭ製品などでは同じ世代内で新しい製造装置を導入し、微細化を進めるなどしてチップサイズを縮小しコストを下げる。

マイクロンは世代交代時にはあえて他社に先行しない代わりに、チップの大きさを同世代中に小さくする回数を他社の倍に増やす戦略を採用した。同じ世代内で他社より先に微細化を進めて損益分岐点を他社より先に下げ、その世代の立ち上がり期ではなく最盛期以降に利益を稼ぐマイクロンの戦略は異端の「後追い戦略」として猛威を振るった。日本メーカーは「マイクロンは日本を潰す気か」と悲鳴を上げたのだ。[*20]

こうしてサムスンとマイクロンは90年代後半から00年代にかけて着実にＤＲＡＭ市場におけるシェアを拡大。政府主導の統合で生まれたハイニックスと3社で市場のほとんどを分け合う構図が２０００年前後に成立する。競争が激烈なＤＲＡＭという市場にあえてコミットを深め、投資を継続することで、これら3社は、規模の経済に基づく競争優位性を確立する。[*21]

本当の敗因は「経営戦略の欠如」

サムスンやマイクロンが積極的かつ戦略的な投資で競争力を高めていったのと対照的に、日本メーカーは赤字におびえてどんどん設備投資の腰が引け、競争から振り落とされていった。

当時はそれを「円高でドル建て人件費が高くなってしまった日本」という状況で正当化しがちだったが、今振り返るとはっきり分かるのは、敗因が立地など所与の条件のせいではなく経営力の差であるという事実だ。

坂本は繰り返しニッポン半導体敗戦の根本原因として経営判断の遅さと鈍さを挙げている。

「半導体は80年代まで4年サイクルで技術や市場環境の世代交代が起きるペースでした。その頃までは、スタッフが積み上げた提案を吟味して意思決定する日本の大企業のやり方でも戦えました。しかし、90年代になると、1年ごとに状況が大きく変わる世界になった。日本の総合電機メーカーの経営のスピードはそれについていけなくなりました」

問題はスピードだけではなかったのだ。日本メーカー各社は、そもそも、何をどう作ってどうやって競争に勝つかという独自の事業戦略を欠いていた。各社とも横並びでDRAMに参入し、日米摩擦や韓国勢との投資競争で赤字が出るようになると、皆が判で押したように退却に次ぐ退却。しかも、意思決定に時間をかけながらの退却だった。技術開発の目的設定を含めた独自戦略で力をつけたマイクロン、徹底的な投資競争での優位を貫きながら、多様な製品開発に力を入れたサムスンに比べ、日本メーカーはいずれも、勝とうとする意志と戦略が欠けていたといわざるを得ない。

1999年1月の富士通による汎用DRAM撤退宣言を皮切りに、同年12月にNECと日立によるＤＲＡＭ事業分離とＮＥＣ日立メモリ（後のエルピーダ）の設立、２００１年12月の東芝による汎用ＤＲＡＭ撤退の発表、そして２００３年の三菱電機のＤＲＡＭ事業のエルピーダへの吸収で、日本の総合電機メーカーのＤＲＡＭ事業の撤退・分離が完結する。

１９９９年1月、汎用ＤＲＡＭからの撤退を決めた富士通の当時の社長、秋草直之が日本経済新聞に寄せたコメントには、当時の電機業界のステレオタイプな思考パターンがにじみ出ている。[*22]

「汎用ＤＲＡＭはいまや資金があればどんな企業でも作れるコモディティーになってしまった。しかも固定費の回収が難しい。もっと先端の、付加価値の高い（システムＬＳＩなどの）製品へシフトしていく」

この見解がどれほど的外れだったかは、その後の韓国ＤＲＡＭメーカーの隆盛、坂本が立て直した当時のエルピーダの台頭、そしてマイクロンの米国でのサバイバルをみれば明らかだろう。

問題はＤＲＡＭがコモディティーかどうかではなく、ＤＲＡＭという半導体品種の特性と需要の多様性を把握したうえでどうやって競争に勝ち、事業を継続できるだけの利益を上げるかという経営戦略だった。規模の大きい設備投資と研究開発費が必要なことはＤＲＡＭ事業の単なる前提条件で、避けては通れない。その中でいかに競争力を高め、再投資可能な利益を稼ぐかが問われていた。最も大事な経営戦略が欠如していたから、日本の総合電機メーカーのＤＲ

ＡＭ事業は次々と撤退に追い込まれたのだ。

日本のＤＲＡＭがエルピーダ1社に集約されることが決まった後の２００２年9月、当時ＤＲＡＭが上り調子だった独半導体最大手インフィニオン・テクノロジーズ社長兼ＣＥＯのウルリッヒ・シューマッハは東京での記者会見でこう喝破している。[*23]

「日本のＤＲＡＭ業界は技術や経験は豊富だが資金力が足りない。ＤＲＡＭ事業を続けるには30億ユーロ（３６００億円）規模の投資に耐える財務基盤がないと生き残れない。世界で３、４社になるまで再編が進むだろう」

その会見では「インフィニオンは世界一のコスト競争力を持っており、その３、４社に必ず入る」と宣言もしていた。しかし、その後の２００６年にインフィニオンはＤＲＡＭ事業をキマンダとして分離。そしてキマンダは２００９年1月に経営破綻する。業界の構造と難しさを熟知し、勝ち筋も見えていたはずの経営者でも難しかったのがＤＲＡＭ事業であったといえる。

坂本は生前、繰り返しこう振り返った。

「サムスンなり台湾積体電路製造（ＴＳＭＣ）なり、ちゃんと半導体という事業を理解したトップが経営していた会社と、いわば素人が経営トップだった日本の総合電機では、投資のタイミングや規模の判断を含め、勝負になっていなかったんです」

日本ＤＲＡＭの衰退は、総合電機の歴代経営者による「経営戦略なき経営」の結果であった。そして坂本は、最終的に彼らの怠慢のツケを、自らが経営を引き受けたエルピーダの会社更生法申請という形で払わされることになる。

第6章

エルピーダメモリ消滅まで残り4137日

坂本就任とエルピーダを覚醒させた豪腕

▼坂本幸雄は虚弱な弱小DRAM企業になっていたエルピーダメモリの社長を引き受けてすぐ、親会社には資金支援の意志も余裕もないと痛感

▼1年以内に自社製造体制を整備するとともにインテルなどから調達した資金で設備拡張に着工

▼公約通り就任1年強で四半期黒字化を達成。経営次第で日本でもDRAMメーカーが利益を出せると証明

2002年秋、世界はまだ、2000年がピークだった「ドットコム・バブル」の崩壊で2001年に深刻化した「IT不況」から抜けきれないでいた。イスラム過激派アルカイダの一味がハイジャックした旅客機が乗客を乗せたまま白昼ニューヨーク世界貿易センタービルに突っ込んだ2001年9月11日の「同時多発テロ」が、不況に追い打ちをかけた影響も残っていた。

２００２年10月には、新しく液晶モニター一体型となったデスクトップパソコンの「ｉＭａｃ」がヒットしていたはずのアップルが２四半期連続の最終赤字となる決算を発表。半導体の絶対的王者だったインテルは人員削減を進めて黒字は確保していたものの、３四半期連続の減収決算を発表した。同じ10月、日本では東芝が２００２年４〜９月期中間決算発表で２年連続となる中間最終赤字を計上。ＮＥＣはわずか10億円の中間最終黒字で、何とか赤字を脱却するなど、総合電機メーカーの苦境が続いていた。

一方、韓国のサムスン電子は、過去最高ではなかったものの、前年同期比４・１倍の14億１０００万ドルに上る純利益を7〜9月期決算で計上したと２００２年10月18日に発表した。ＩＢＭ、インテル、ノキアなどを上回り、世界のＩＴ業界で群を抜く収益力を見せつけた。携帯電話機事業が急成長したほか、半導体事業でも携帯電話機に多く使われるＮＡＮＤフラッシュの販売が急拡大し、ＤＲＡＭの中でもモバイルＤＲＡＭや高性能サーバー向けなどの高付加価値の品種の割合が拡大した。日本勢やマイクロン・テクノロジーなど、半導体メーカーの多くが赤字にあえぐなか、サムスンの半導体部門は前年同期比で減少しながらも大幅な部門営業利益を維持したのだ。

中途半端で足の遅いトランジション計画

坂本幸雄がDRAM専業のエルピーダメモリの社長に就任した2002年11月はこのように、世界的なIT不況の長期化と、サムスンに対する日本の電機業界の劣勢がますます深まるという逆風のさなかだった。

そもそもエルピーダは世界シェアが5%未満まで落ち込み大赤字を垂れ流す経営状況だった。例えて言えば、母体企業の資金力が弱まる中、戦力も弱体化したかつての名門実業団スポーツチームの監督を、プロでも実績がある有名監督があえて引き受けたようなものだった。

なぜそんな仕事を引き受けたのか。

「それまで神戸製鋼所を除けば外資ばかりでしたので、キャリアの最後は日本の企業を経営して貢献をしたいという思いが強くなり、引き受けました」

就任直後の日経マイクロデバイスによるインタビュー[*24]ではエルピーダをモデルに、日本の半導体産業自体を立て直す使命感を語っている。

「日本の半導体はこのままいけば大変な状況になります。エルピーダを立て直し、それを日本の半導体復活のモデルケースにしたいという思いがあります。以前は55歳になる今年で引退しようと思っていましたが、この話が来てあと2〜3年は休みなく働こうという気になりました」

坂本は、米国流の理詰めの経営手腕で鳴らしたが、心の根っこには元高校球児らしい負けず嫌い精神があった。日本の半導体産業が韓国や米国に負けていくのを座して看過するわけにはいかないという日本人としての意地があったのだろう。

それにしても、である。それまでのNECと日立製作所によるエルピーダの経営、そして、坂本へのバトンの渡し方はあまりに杜撰《ずさん》だったと言わざるを得ない。

坂本も振り返る。

「エルピーダを引き継いだときの資本力、生産力のハンディキャップは、それは重たかった。経営者として悔しいですが、そのハンディをついに克服できずに倒産に至ったともいえます」

NECと日立は1999年12月20日、折半出資でNEC日立メモリを設立し、それぞれのDRAM事業の分離・統合に動き出した。共同出資会社設立を発表する1999年11月29日付けのプレスリリース記載の事業計画を今の目で見ると、中途半端で足が遅すぎるトランジション(移行)計画に驚く。[*25]

まず、会社設立を1999年12月としながら「本格的な事業活動」は翌2000年4月開始を予定。そのときの資本金は20億円とした。大手の半導体事業の統合なのに随分小さい資本金に見えるのは、当初の業務を新世代のDRAMの設計・開発受託に限定したからだった。販売機能は「2000年末をめどに」両社から新会社に移管する計画とし、生産は当面、引き続きNECと日立が担うという、親会社からの切り離しを狙った計画にしては何とも中途半端な立て付けだった。

DRAM事業の勝ち筋は競合他社より先に利益を上げて投資を回収し、次の投資に回せる余力を確保し続けることにしかない。そのための一つの常道が他社よりも先に回路の微細度が高くサイズが小さいチップを作る加工技術を確立し、素早い投資でその技術を大量生産ラインに乗せてコストを下げるやり方だ。こうすれば他社の体制が整って価格競争が激化する前に利益を上げて投資を回収できる。日本メーカーがおしなべて赤字に苦しんでいたのは第6章で振り返った通り、設備投資のタイミングと大きさでサムスンなどライバルの後手に回りっぱなしになったことが大きな要因だった。

その劣勢を巻き返すのが、NECと日立という日本を代表する半導体メーカー2社がDRAM事業を統合する目的だったはずだ。そうであれば何よりもまず、製造ラインの整理・統合と大規模化を急ぐのが必然だろう。ところが、NECと日立が選んだのは、肝心の製造はそれぞれ自社の工場に残すという、逆の道だった。そもそも、新会社の立て付けを巡ってNECと日立は最初から対立していた。[*26] DRAM事業の規模がはるかに大きかったNECが過半の持ち分と経営支配権を主張したのに対し、微細加工技術で優位性に自信があった日立が対等な出資比率を譲らなかったからだ。

結局設立当初は、広島日本電気（NEC広島）の工場と日立がシンガポールに持っていた工場に製造委託する形態になった。日本に立地していて設備が比較的新しかったNEC広島に集約するのが合理的だったが、そうするとNECの現物出資規模が大きくなり、出資比率を対等にするためには日立側が多額のキャッシュで出資する必要が出てしまう。そこで生産についての結論を先延ばしし、ファブレスでスタートする最悪の妥協案が選ばれた。新会社発足後も、エルピーダ自前の工場として構想していた300ミリウエハー新工場の立地を巡って、日立のシンガポールなのか、NECの広島なのかでもめ続けた。

エルピーダの新工場問題にようやく決着が付いたのが新会社設立から1年もたった後の2000年秋。NEC広島の敷地内に総投資額1600億円で300ミリ新工場を建設すると決定した。[*27] ただし、この時点で両親会社がコミットしたエルピーダへの追加出資額はわずかに100億円ずつで、建屋建設に必要な資金のみの手当てだった。残りの1400億円、特に最もカネのかかる最新鋭の製造装置などの費用については、外部資金調達に大部分を依存するつもりだったようだ。

人員の面でも新会社への分離は中途半端だった。親会社への帰属意識が強く、待遇も心配する社員に配慮して、エルピーダの社員全員が両親会社からの出向だった。社長は両親会社から交代で出し、幹部人事はいわゆるたすき掛けで合意。人員計画は2000年4月に200人、

2001年4月に600～700人にするという、いわゆる戦力の逐次投入の典型例のようなトランジション計画だった。

親会社も社員も、新会社として独り立ちしようという意識には乏しかった。両親会社の経営陣はお互いの主導権争いばかりに気を取られ、韓国勢やマイクロンとの毎日状況が刻々と変わる激烈な競争という外への意識が恐ろしく欠如していたと言わざるを得ない。典型的な「内向き」思考に陥っていたのだ。

ドットコムバブル崩壊で親会社が逃げ腰に

社長就任早々、坂本はそんな内向き意識が広島の現場にまん延していると気付く。

「半ば言い値でエルピーダが買ってくれるわけですから、国際競争に勝とうとかいうマインドはなくなりますよね」

親会社の延長線のままで新会社を回そうとしていたため、ちょっとした投資や技術開発プロジェクトの開始にもいちいち両親会社にお伺いを立てる。新しい型のDRAMを設計する度に、1000ページを超える説明資料を技術者に作らせていたと知って、社長に就任したばかりの坂本は驚愕《きょうがく》したと振り返っている。
３００ミリ新工場計画を発表した翌年の２００１年、ドットコムバブル崩壊で世界は深刻なＩＴ不況に陥り、ＤＲＡＭ市況も崩壊する。これでＮＥＣ、日立の経営陣は自社とエルピーダのＤＲＡＭ工場への投資に後ろ向きになる。２００１年の9月までにＮＥＣも日立も自社工場でのＤＲＡＭ生産から２００４年までに完全に撤退することを決定した。エルピーダの生産を受託しているＮＥＣの広島、日立のシンガポールを含めての撤退方針だった。エルピーダからの生産を受託していたＮＥＣ広島の工場をエルピーダに移管するのか、システムＬＳＩなど他の半導体製品の生産に切り替えてＮＥＣが操業し続けるのかは、後で決めるとした。[*28]
仮にＮＥＣ広島の工場をエルピーダに移管できないとなると、３００ミリ新工場がたとえ計画通りできたとしても、エルピーダの生産能力は２００４年時点でわずか月産2万枚程度。新会社設立時に構想していた世界シェアで3位以内に食い込むという道筋が、全く見えなくなった。親会社が撤退を決めたＤＲＡＭ生産事業に携わるＮＥＣ広島のＤＲＡＭ生産ラインの現場の士気は当然落ちる。
同じ２００１年9月にはその年の12月に予定していたエルピーダの新３００ミリ工場への設備導入を２００２年秋に延期した。「総投資額１６００億円」という話が急速に画餅と化しつつあった。追い打ちをかけるように10月までに２００１年度の半導体設備投資額を期初計画に比べてＮＥＣは6割カット、日立に至っては8割もカットすると決めた。ＮＥＣ広島の設備投

エルピーダメモリの業績推移

設立から実質2期目に当たる2001年度から2年連続で260億円規模の赤字を垂れ流す状況で、経営状況は悪化を続けていた

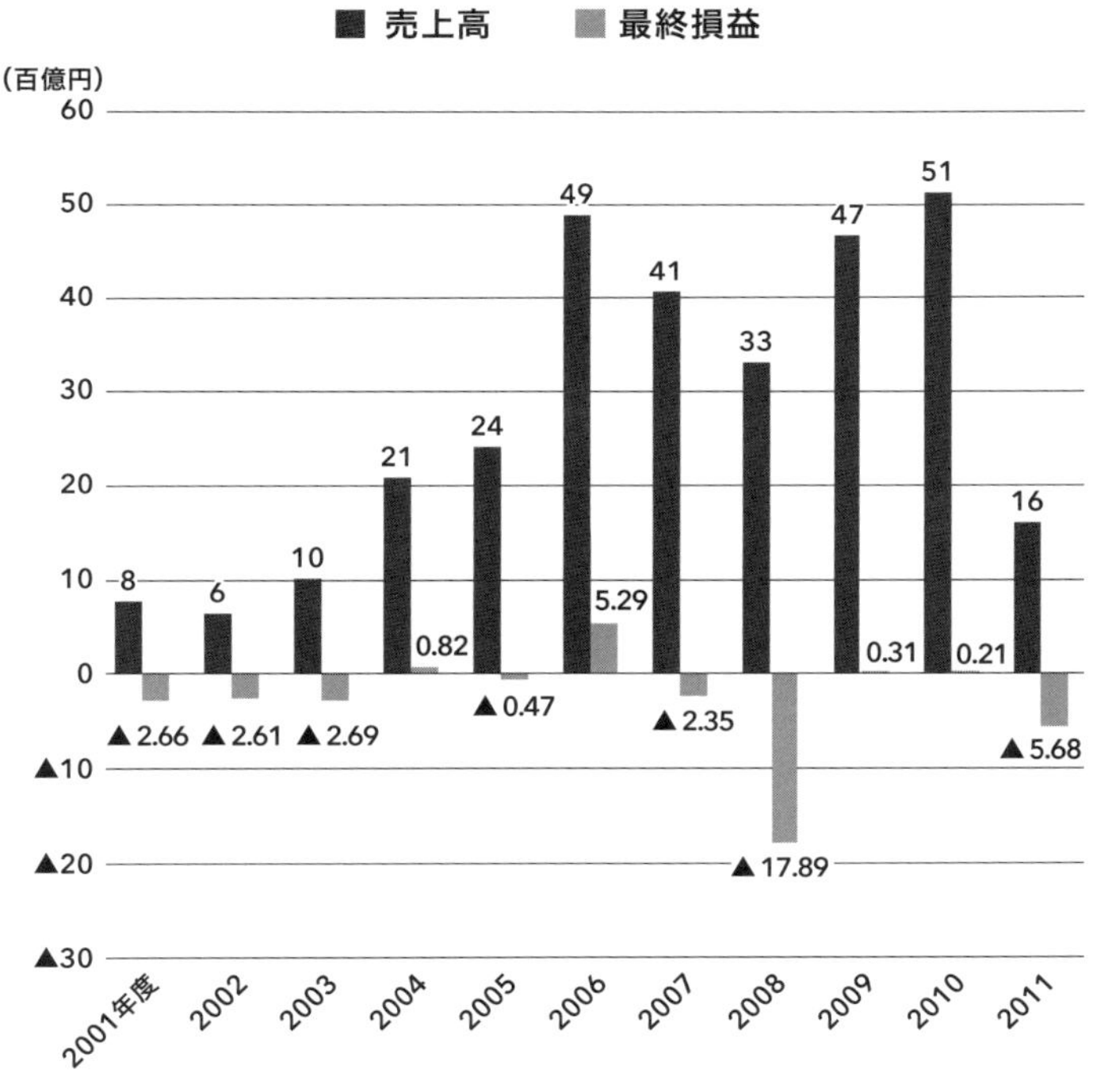

出所：エルピーダメモリの有価証券報告書から著者作成。2011年度は上半期だけの数字

資も凍結が続いた。

結果的に、不況のなか市場シェアも落として売り上げが伸びず、売れても原価割れで赤字を垂れ流す。設立翌年の2000年の9月に社名を「希望」を意味するギリシャ語から取ったエルピーダメモリに変更していたものの、それはほんの気休めで、急速な弱体化が進んでいたのだ。

設立から実質2期目に当たる2001年度に266億円の連結最終赤字で経営内容は悪化を続けていた。坂本が社長を引き受ける直前の2002年3月末の純資産は100億円を下回っていた。2002年度も結局、約261億円の最終赤字を出している。親会社両社が何度か増資に応じ、辛うじて決算期末の債務超過を避けていたのが実情だった。投資を常に怠ってはいけない半導体メーカーとしては、あり得ないほど虚弱なバランスシートだった。

坂本に経営を託すに当たり、NECと日立が2002年11月にエルピーダに注入した追加の出資金はそれぞれたったの130億円だ。坂本就任後の2003年3月末の純資産はまだまだ小さい426億円だった。坂本は社長就任を内諾してから何度かNEC社長の西垣、日立社長の庄山に新工場建設のための設備投資への出資を要請しているが、第3章で振り返ったようにことごとくはぐらかされ、断られる。2001年夏までにDRAM生産からの完全撤退を決めていた両社長は、いまさらDRAM事業に追加投資する発想さえなかったのかもしれない。

日立のシンガポール工場は2001年秋から大減産していたため、2002年秋時点でエルピーダが実質的に当てにできる生産能力はNEC広島の小さくて設備が古い200ミリ工場のみだった。ウエハー処理能力は月産1万〜2万枚でDRAM以外にNORフラッシュメモリー注55などもつくるなども作る混載工場だった。「規模の追求が必須のDRAM企業としては信じられない生産能力の状況だった」と坂本は後に振り返っている。

ないないづくしでも坂本は自信満々

つまり、坂本が引き継いだエルピーダという会社は2002年11月初頭当時、生産設備も資本もなく、親会社からも見捨てられ、顧客も離れつつあって存亡の危機にある、極めて虚で弱い存在だったのだ。使える経営資源といえば設計や微細加工の技術とそれらを開発する技術者だけ。技術者が経営者と寄り集まって事業を起こしこれから資金調達を本格化させる、創業初期のスタートアップ同然だったといえる。

注55 **NORフラッシュメモリー** 電気が流れていなくても記録が消えない「不揮発性」メモリー半導体の一種。1セル単位で読み書きが可能でランダム・アクセス時間が60ナノ〜100ナノ秒とNANDフラッシュの100倍以上高速で、プロセッサーから直接データを読み出して実行可能なため、マイコンなどと組み合わせてプログラム格納用途に使われる。一方、書き込み速度やブロック消去が極端に遅いため、ストレージ用途には向かない。

それでも坂本は、自分の力量を持ってすれば勝ち筋はあると踏んでいたようだ。神戸製鋼所とテキサス・インスツルメンツ（ＴＩ）との合弁ＤＲＡＭメーカーだった「ＫＴＩセミコンダクター」を立て直し、新日鉄セミコンダクターを台湾の聯華電子（ＵＭＣ）が買収して日本ファウンドリーと名付けていた会社を、日本屈指の生産性の高い半導体メーカー、ＵＭＣジャパン（ＵＭＣＪ）に育て上げた。その実績があったからこそ、エルピーダの経営立て直しを頼まれたのだ。困難な役目をあえて引き受けたのは、半導体のプロ経営者としての自負があったからだったに違いない。

２００２年11月１日の就任会見でいきなり明らかにした目標の高さは、そんな自信を物語っていた。

「１年後の２００３年10～12月期に月間売上高を１００億円に増やし、単月黒字に転換する。３年以内に15～20％の（世界ＤＲＡＭ市場での）シェアを確保し、上位３社に入る」

「３００ミリウエハー換算で月産１万枚以上の生産能力がなければコスト競争力が出ない。早期に１万～２万枚の生産能力を実現する」と、設備増強まで明言した。インテルなどからの出資も含めた外部資金の調達でＮＥＣと日立の出資比率を合わせて３分の２に下げる見通しも示した。

直後の日経産業新聞とのインタビューでは、

「私は１００億円までの投資を自分だけで決められる権限を（親会社に）もらった。これでエルピーダが変わらなかったら私の責任だ」とまで言い切った。このインタビューでは1年で結果を出せなければ身を引く覚悟とさえ口にした。[*29]

工場は弱い、設備も古い、顧客に見放され、親会社の支援もない、ないないづくしの状況でなぜ坂本はそこまで自信満々でいられたのか。それは就任翌週に行った社内説明会で示した「当面の経営方針」を見れば分かる。

- 2年以内に新規株式公開（IPO）を実現
- 開発製品の半数で世界トップシェアを取る
- 総生産能力のうち外部製造委託の割合を半分に引き上げる
- パソコン向けの汎用DRAMに加え、携帯端末、デジタル家電、サーバー、グラフィック向けの新ビジネスを拡大する
- ストックオプションや特別ボーナス、合理的な給与体系など、社員にとって魅力的な報酬制度を作る
- 開発、製造、マーケティングがうまくつながる体制を早期に作る
- 出身母体、学歴、性別、年齢にこだわらない人事を実践する

生産能力とコスト競争力の確保、そのための資金調達、単なる価格競争にならない製品の開

発と市場開拓、それらを実現する組織・運営体制……。坂本には最初からやるべきことが全て明確に見えていた。あとは「当たり前のことをきちっとやる」だけだったのだ。

「インテルは経営者サカモトに投資する」

実際、就任直後から坂本は猛スピードでこれらを実行に移していく。

一刻も早い実現が必要だったのが、生産能力の確保と、そのための資金調達だった。就任から10日後には米国出張に出発。ＩＢＭやデル・コンピューター（現デル）など大手顧客企業との商談を進める一方、坂本が社長に就く前から話はあったが交渉が途絶えていたインテルとの出資交渉を再開した。

米国の後は台湾、中国に相次いで出張し、台湾のＤＲＡＭメーカー力晶半導体（パワーチップ・セミコンダクター、社名は当時）に３００ミリウエハー換算で月産1万２０００枚、中国のファウンドリーである中芯国際集成電路製造（ＳＭＩＣ）には２００ミリウエハーで月産1万枚の製造委託契約を大筋でまとめる。ここまでを就任翌月の12月中になし遂げるスピード感である。結果としてエルピーダは、２００３年4月からは３００ミリウエハー換算で月産2万枚を超える生産能力を確保した。これは２００３年1月に稼働した自社の３００ミリ工場の月産３０００

枚、すでに製造委託していたNEC広島の200ミリ工場の月産1万枚程度と合わせた数字である。

同時に手を付けたのは組織運営だ。第3章でも触れた通り、坂本が来るまでのエルピーダでは組織の階層があまりに多く、ほとんど価値を生み出していない多くの中間管理職が組織全体の仕事のスピードを落としていた。11本部、28部、約100もの課があるうえに、本部長と副本部長、部長と副部長にNECと日立の出身者を付けるいわゆるたすき掛け人事をやるなど管理職が多過ぎた。

社長就任からちょうど2カ月後の2003年1月1日、坂本は本部・部・課制と「たすき掛け」人事の全面廃止を断行した。[*30] 品質管理、技術戦略、微細加工技術の研究開発、設計・生産などの機能別の5つの「オフィス」や社長直轄の営業・経理担当部署などに集約した。しかも、歩留まり検討会などの現場のミーティングに社長が直接参加することで、ほとんど全ての社員が、直接社長とやり取りできるようにした。電子メールでの連絡も、社長も含め誰にでも送れるようにし、返信は24時間以内という社内ルールも設けた。坂本はこの組織改革の意図をこう振り返った。

「ただいるだけで何も価値を生まず、努力する姿勢もないような人、NECや日立の出身というプライドばかりかざして、スピードが命の半導体事業には向かないような人は、親会社に引き取ってもらったり、親会社が持つ別の関係会社に移ってもらったりしました。NEC出身者と日立出身者が、色々な言葉遣いを巡って争っていたりしていた問題は、僕が来てすぐ、トップダウンで決めて解決しました。例えば、歩留まりについて一方が『イールド』と呼び、他方が『直行率』と呼ぶとか、言葉遣いから始まってことごとく文化が違ったのです。[注56] こんなものは、上が決めてやればそれで済む話です。それから2003年元日で出身母体を無視して組織をリシャッフルしましたから、もう対立しようと思ってもできなくなったはずです」

設立以来巣くっていた出身母体同士の勢力争いを、社長就任からあっという間に解消したわけだ。もっともこの期に及んでまだ、親会社から「究極の官僚制の弊害」のような後ろ向き圧力をかけられる。

「就任して3カ月もたたない年明け、急に日立の経営企画部門の人が訪ねて来ました。要件を尋ねると、日立はエルピーダを清算したいと考えている。ついては協力してほしいと言い出すのです」

「僕はあっけに取られて、しばらく何を言われているのか理解できませんでした。何しろよろしく頼むと日立のトップである庄山さんに言われて社長に就いたばかりです。僕は、『自分は庄山さんに頼まれてこの会社の社長を引き受けた。そんなに大事な方針変更があったなら庄山さん自身で僕に伝えるべきでしょう。庄山さんから直接なら本気で話を聞きますよ』と言ってお引き取り願いました」

「すると、その後は二度と何も言ってきませんでした。おそらく経営企画や経理・財務の人がエルピーダは清算が妥当だと勝手に机上で結論を出して、坂本に打診して理解が得られたら社長に上げて点数を稼ごうなどと思っていたのでしょう。改めて日本の大企業の社内官僚は恐ろしいものだと、あのときはぞっとしました」

「僕はかねて、日本の大企業を外から見ていて、経営企画部門が企業の経営判断を誤らせるガンになっているなと感じていました。そんな印象が、目の前で現実の出来事となって証明されたのです。エルピーダは2003年の元日に組織改革を実行しました。彼らが訪ねてくる前の話です。その組織改革ではもちろん、経営企画部門は廃止していました。経営戦略は社長と各事業の責任者、営業、経理・財務などが相談し、意思決定は社長がトップダウンで実行するフラットな体制に変えました。市場動向とじかに接する営業と、キャッシュフローを管理する経理は社長直轄部署です」

そんなドタバタをやり過ごしながら、インテルとは繰り返し交渉を重ねた。そして米国がイラク戦争を開戦した直後の2003年3月、インテルがエルピーダに出資する方向で基本的な合意を取り付けた。

注56　**直行率とイールド**　直行率は、製造した品物のうち一発で品質検査に合格した「良品」の割合。一般の業種では「良品率」や「歩留まり」と言う場合は、一度不合格になった品物を修理・改善して最終的に売りものにした品物も良品に含めるので、直行率よりも「良品率」「歩留まり」は高くなる。半導体はウエハーを加工処理した後に修理はできないので、歩留まりと直行率は基本的に同じになる。

坂本は振り返る。

「インテルとの交渉は本当にタフでした。何度も何度もサンタクララの本社に通いました。あらゆるワーストケースシナリオについて、どう対処するのか根掘り葉掘り聞いてくる。あんまりリスクのことばっかり繰り返し議論するものだから僕はとうとう頭にきて、『こんな議論は時間の無駄だ。そんなにリスクが嫌ならDRAM事業なんかそもそもできないだろ！』と、叫んだんです」

「すると、向こうの投資責任者が、一服してメシに行こうと提案しました。サカモトは自分の車に乗ってくれと言います。車の中で2人きりになると、『サカモト、エルピーダを立て直す決意は本気で堅いのだな？　だったら心配するな、インテルはエルピーダに投資する。エルピーダというより、サカモトという経営者に投資する』と明言してくれました」

「インテルという半導体業界のトップ企業が投資してくれることが、全ての資金調達の突破口になると思っていたので、あの瞬間は目の前が開けたような気がして、ホッとしました」

ＮＥＣ・日立との調整に時間をとられ発表は２００３年６月までずれ込んだもののインテルによる1億ドル（当時のレートで約１２０億円）の出資が決定した。ＮＥＣ・日立は結局95億円ずつの追加出資に応じた。[*31] その他の出資や融資で合計１０００億円程度の資金調達にめどがついた。その発表と同時に待ちに待った３００ミリ工場の拡張工事を着工させた。まさに電光石火の勢いでＤＲＡＭメーカーとしての形が音を立てて整い始めたのだ。

「僕がエルピーダに来たとき、社員やNEC広島の生産現場の人たちは、半ばこの事業を見限ったような感じでやる気を失っていたのが見て取れました。だから一刻も早く、この先どんなふうに前に進んでいけるのかという道筋を示す必要がありました。そして、当面必要な資金の調達の見通しがつき、自分たちの工場の設備拡張を始められたときは、みんな大いに喜んで一気に目が輝き出しました。僕としてもあれは本当にうれしかったです」

資金調達で、インテルの次に坂本が照準を合わせたのが日本政策投資銀行（DBJ）だった。

「エルピーダというのは日本のDRAMを集約した会社です。ある種の国策として財務面でDBJに後ろ盾になってもらえば、日本で銀行などからの資金調達がしやすくなるだろうと考えました。DBJにも何度も交渉に通いました。そこでも、やっぱりこんなことになったらどうするのか、あんなリスクにはどう構えるのかと繰り返されました」

「しまいに僕はまた頭にきてしまいまして、政府から天下っていた理事に向かって『あなた方はできないための質問しかしないですね。こんな議論続けていても無意味だからもうやめましょう』と、吐き捨てました。すると先方は『ちょっと待ってください。坂本さんのご期待通りではありませんが、20億円くらいなら出資してもいいというのが、こちらのスタンスです』と明かしてくれました」

結局、出資と融資で合計1700億円の資金調達が2003年の11月に完了する。[*32] インテルは当初1億ドルと言っていた出資額を秋に1億2300万ドル（約147億円）に増額してくれ、DBJは約束通り20億円を「企業再生ファンド」から出資。これらの出資に引っ張られるようにNECと日立が95億円ずつを追加出資した。それに加えて3メガバンクなどが融資に応じた。

インテルによる出資発表に合わせて2003年6月に着工済みであった広島の300ミリ工場の拡張工事は、ウエハー処理能力を月産1万6000枚と想定したものだった。それに必要な資金は約800億円と見積もっていた。実際に集められた資金が1700億円に増えたため、設備投資を1100億円に増額し、拡張計画を月産2万1000枚に積み増した。2004年1～3月期中には製造装置の導入を終えて稼働。1～3月期の生産量は平均月1万8000万枚、4～6月期の生産量は計画通り2万1000枚に上がる。

しかし考えてみると月産2万枚の製造能力は、2000年11月にNECと日立が発表した総投資額1600億円の300ミリ新工場の想定はほぼ同じである。つまり坂本は、NECと日立が途中で投げ出した設備投資計画を、外部からの資金調達を成功させて、当初計画から約2年遅れでようやく実現したのである。

この資金調達の結果、NECと日立のエルピーダへの出資比率は35％に低下した。外部からの出資が入り、エルピーダは独り立ちへの階段を一歩登った。

歩留まりをみるみる上げる坂本マジック

社長就任直後から、資金調達と同時並行で進めたのが、製造委託先だったＮＥＣ広島の工場の強化だった。

これまでも言及したように、ＮＥＣ広島の２００ミリ工場の歩留まりは5割前後しかなく、高コストな製品をエルピーダにそのまま原価で納めていた。親会社が撤退を決めていたＤＲＡＭ生産事業であり、しかも言い値でエルピーダが買ってくれる状況だ。現場は歩留まり改善の努力などとうにやめていたのだろう。

当時のエルピーダはファブレスだったため、量産工程を指揮・管理する生産部門を持っていなかった。だから、いくら生産現場のパフォーマンスに不満があっても、自ら直接指揮することができない。同じ理由で２００３年1月に始まったエルピーダ側の３００ミリ工場の量産稼働も、ＮＥＣ広島に委託してラインを動かしてもらわざるを得なかった。坂本は生産が分かる人材を自分で何人かエルピーダに連れてきていたが、実際にラインを動かすのはＮＥＣ広島の現場スタッフであり「隔靴掻痒《かっかそうよう》」（坂本）な状態がしばらく続いた。

「エルピーダに入ったとき、ＴＩやＵＭＣジャパンで一緒だった生産部長に一緒に来てもらいました。やはりTI出身で当時ソニーにいた大塚周一（後にエルピーダの最高執行責任者やジャパンディスプレイ初代社長を歴任）にも移籍してもらいました。彼らに介入してもらって、NEC広島の歩留まりも上げようとしましたが、やはりNECはあくまで親会社、別会社でそううまくはいきません。結局、目に見えて歩留まりが上がるのは、2003年夏にNEC広島のオペレーションをエルピーダ傘下に統合してからです」

エルピーダは2003年9月1日、生産子会社の「広島エルピーダメモリ」を設立し、自社の300ミリ工場とNEC広島の200ミリ工場のオペレーションを両方自ら管理する体制に変えた。ようやく坂本や大塚の指揮の下、生産現場と生産技術部門とが連動して歩留まりやウエハー処理効率向上による生産性向上に取り組めるようになったのだ。この結果、両工場とも9月から急速に歩留まりが上がっていき、NEC広島側の200ミリ工場の歩留まりは、2003年末までに80%をゆうに超えるようになったと坂本は振り返る。

「当たり前のことをきちっとやれば自ずと結果は出ます。NEC広島の現場の人々は大卒の技術者も高卒のラインオペレーターもそれぞれとても優秀でした。経営はその能力を発揮させればよかったのです」

「歩留まりを上げるには、毎日、毎週、ラインの状況を計測して、その結果をレビューして問題を洗い出し、その解決策を考えて実行するプロセスを繰り返していくしかありません。NEC広島には、毎日オペレーションの問題点をレビューするような習慣もなかった。まして、半導体部門のトップがレビューに参加するなどということは一度もなかったようで、僕が出てきて最初は面食らっていたようです。僕は少なくとも週1回は出張したり、テレカンファレンスで広島の現場のレビューに参加したりするようにしました」

坂本が半導体のプロ経営者としてこれまで実績を上げてきた秘訣は、半導体製造工場のコスト競争力や製品競争力を上げていく方法論にあった。回路設計や微細加工プロセスの組み合わせに対応して製造現場の歩留まりや生産性を上げていくためには、工程のどこにどんな問題があるのか、一つずつ特定して改善・解決していく丹念なチーム作業を繰り返すしかない。これを現場に習熟させ、成功体験を実感させるために、特に最初のうちは現場の歩留まりレビューに自ら参加して問いを発し、議論を促す。坂本は経営者が現場の意識を変えていくための具体的な手法を神鋼やUMCジャパンで実践的に身に付け、実際に工場の生産性や品質を高める成果を上げてきた。エルピーダでもそのやり方を実践したのだ。

自家薬籠中の手法を現場に展開するのはTIやUMCジャパンで坂本の副官となってオペレーションを回してきた経験を持つ何人かの人材である。彼らをエルピーダにスカウトして指揮官とし、やっと手元に来たエルピーダの生産部門のオペレーションを急速に改善させた。その元締め役は大塚である。

DRAMは回路の微細度を上げ、チップ1枚の大きさを小さくし、しかも加工工程が少なくて済むように、回路設計と微細加工技術の改善を日々進め、なるべく頻繁にそれを量産工程に適用させて、生産コストを下げて利幅を確保しなければならない。基本的に常にＤＲＡＭの価格は下がっていくので、コスト低減がそれに追い付かないとたんに赤字が出るビジネスだからである。

坂本社長就任時のエルピーダは、素子の物理構造や材料の物質などの物理化学的な要素技術と、光を使って回路図をウエハー上に転写するリソグラフィー（露光）、その転写部分以外の表面を除去するエッチング、その工程ごとに表面をきれいにする技術など、多岐にわたる加工技術を組み合わせた、いわゆる微細加工プロセスの研究開発部隊はＮＥＣ相模原事業所内に間借りした一角を本拠にしていた。回路設計部隊も同じ事業所内にいた。

微細加工プロセスの開発には試作ラインが欠かせない。だが相模原には２００ミリウエハー対応の試作ラインしかなかった。さらに試作ラインで確立した加工技術は、次に大量生産ラインでの工程や作業手順に落とし込むことが必要になる。相模原で開発した加工技術を広島の量産ラインに移植するには、大人数の相模原技術者が広島に長期出張しなければならないなど、効率が悪かった。

２００３年１月に稼働した広島の３００ミリ工場は、試作ラインと量産ラインの両方を備えていた。このため坂本は、３００ミリ工場が稼働するのを機に、相模原のプロセス技術者全員を広島に異動させた。試作ラインで確立した工程を同じ場所にある量産ラインにすぐに移植できる体制にするためだ。プロセスの研究開発の技術者と量産工程を組み上げ、操業を管理する技術者がリアルタイムで情報と意見を交換しながら量産工程を確立できるため、スピードの上でも品質管理の上でも有利だった。

量産ラインと試作ラインを同じ工場内に作り、試作確立から量産確立の過程を一貫して指揮するリーダーを置く開発のやり方は、実はサムスンが80年代に確立した手法だった。それをようやくエルピーダが日本勢として初めて取り入れたのだ。どこが考えたやり方でも良いものは取り入れる。坂本の徹底した合理志向が垣間見えるエピソードだ。

坂本は最初の1年で「エルピーダがやるべきこと」を休む間もなく、矢継ぎ早に実行していった。そして2004年1月、エルピーダは設立して初めての単月黒字を達成した。坂本の社長就任から14カ月目だった。市況改善という追い風もあったが、とにもかくにも社長就任時に宣言した「1年以内」の単月黒字化という公約は、ほぼ達成されたのだ。

エルピーダメモリ、黒字化までの歩み

坂本幸雄は就任早々米国と台湾、中国に出張し、インテルとは出資を、**中芯国際集成電路製造**と力晶半導体とは製造委託の交渉を始めている。目的は資金面と生産能力の課題の解決で、就任5カ月後の4月には300ミリウエハー換算で月産2万枚を超える生産能力を確保し、8カ月後の6月にはインテルから1億ドルの出資を取り付けた

2002年	9月上旬	NECと日立製作所、エルピーダに75億円ずつ追加出資
	11月1日	坂本幸雄、エルピーダ社長に就任
	11月中旬	NECと日立、エルピーダに130億円ずつ追加出資
	11月中旬	坂本、米国に出張しインテルとの出資交渉再開
2003年	1月上旬	中国・中芯国際集成電路製造（SMIC）に200ミリウエハー換算月産1万枚の生産委託を契約
	1月上旬	広島の自社300ミリ工場が月産3000枚能力で稼働
	3月上旬	台湾・力晶半導体に300ミリウエハー換算月産1万2000枚の生産委託を契約
	3月下旬	三菱電機のDRAM事業を吸収、国内唯一のDRAM企業へ
	5月27日	携帯電話機向け256MDRAMをサンプル出荷
	6月3日	インテルが1億ドルの出資、NEC・日立が95億円ずつの追加出資を発表。合計約1000億円の資金調達にめどがつき、即座に300ミリ工場拡充に着工
	9月1日	自社300ミリ工場を運用する生産子会社広島エルピーダメモリを設立。NEC広島の200ミリラインの運用を引き取り実質吸収
	9月上旬	インテルからの出資額が1億2300万ドル（147億円）に増額と発表
	10月28日	日本政策投資銀行、20億円を産業再生ファンドから出資と発表
	11月上旬	インテル、横河電機、政投銀、NEC、日立などによる660億円出資を含む合計1700億円を調達完了。両親会社の出資比率35%ずつに
2004年	1月31日	設立以来初めての単月最終黒字を達成
	1〜3月	広島工場の300ミリ月産2万1000枚体制稼働

出所：各種資料から著者作成

第7章

エルピーダメモリ消滅まで残り3559日

エルピーダの成長と最初の危機

- 2004年11月、エルピーダメモリは坂本社長就任時の「公約」通り株式上場を実現。公募増資による資金調達を元手に生産能力拡張を進める
- さらなる生産拡大のため2006年、台湾に合弁工場を建設
- ところがパソコン需要伸び悩みと各社の設備投資競争で2007年にDRAM価格が急落、上場以来初の通期赤字という危機に陥る

坂本幸雄がエルピーダメモリの社長に就任し、エルピーダを一気に立て直しつつあった2003〜2004年ごろの日本では、高速インターネットと第三世代（3G）携帯電話の普及が急速に進み、ネットを前提にした生活が広がりつつあった。1999年にスタートしたエヌ・ティ・ティ・ドコモ（現NTTドコモ）の「iモード」は、携帯端末によるインターネット活用に道を開き、2001年にスタートした3Gサービスでますます携帯電話の多用途化が進

んでいた。

2004年3月には携帯電話契約数に占める3Gの割合が2割を超え、同年12月には3割を超えた。[*33] インターネットから3G通信網を経由しての、画像や音声を含むコンテンツの配信がいよいよ本格化していた。カメラ付き携帯電話機で撮った写真を携帯メールで送る、いわゆる「写メ」が3Gで快適な速度になり、人気が爆発していた。そして3G化とカメラ付き携帯電話機の普及は、携帯電話機に搭載される半導体の能力・量を飛躍的に上げていた。

新たな需要、3Gと薄型テレビ

カメラで撮った写真や携帯電話向けサービスからダウンロードした着信メロディー、携帯メールの文字データ、住所録などのデータの保存には、NANDフラッシュが向いていた。小さい携帯電話機には、パソコンで普通にデータの保存に用いられるHDDは大き過ぎて搭載できないからだ。

カメラを操作したり画像を保存したりといった処理そのものを担う頭脳に当たるプロセッサーにも、従来の携帯電話機より高性能品が求められた。パソコンのCPUに当たる、アプリケーションプロセッサーと呼ばれる半導体製品だ。

通信で送られてくるデジタル信号を音声などのアナログ信号に変えたり、話した音声をデジタル化して電波で送ったりする半導体であるDSPの需要も成長していた。画像を処理するGPUもしかりだ。

そして何よりDRAMの役割が大きくなっていた。画像や音声データは文字よりも格段に情報量が多い。各種サービスを動かすアプリケーションソフトのプログラムも大きい。それらをプロセッサーに出し入れするメインメモリーには容量が大きく、入出力速度が速く、それでも消費電力が少なくて済み、サイズが小さくて薄いDRAMの方が都合もいい。つまり、世界的に規格が決まっているパソコン、サーバー向けの汎用DRAMとは異なる仕様のDRAM、つまりモバイルDRAMが求められていた。

モバイルDRAMはDRAMメーカー側にも都合が良い面があった。パソコン向け汎用品のように価格が市況に左右されたり値崩れしたりしにくい製品だったのだ。携帯端末は千差万別なうえ、小型軽量・低消費電力が求められるため、それぞれの端末ごとにプロセッサーと専用DRAMを組み合わせたSoCを作成していた。結果として機種やSoCが求める仕様に合わせ、DRAMにも特注に近い設計や加工が必要になった。仕様が微妙に異なる製品を量産するのは簡単ではないので、DRAMメーカー側が価格決定の主導権を持てる場合も多かった。

高性能サーバー向けなど性能面で汎用品と差異化できるDRAM製品はこれまでもあった

が、数が限られていた。携帯端末は一つの機種を大量生産するので売上を見込めるし、端末がヒットすればさらに数が多くなる。価格決定権を持てれば利益率を高めやすく、うまくいけば大量の発注を獲得できる。

ＡＶ家電のデジタル化も進んでいた。

２００３年12月に地上波テレビ放送のデジタル方式への切り替えが３大都市圏から始まり、画面の表示装置も液晶やプラズマディスプレー（ＰＤＰ）などの薄型ディスプレーへの転換が進みつつあった。デジタル方式のチューナーを備えた薄型テレビや、デジタル映像をそのまま録画できるＨＤＤレコーダーやＢＤレコーダー、ＤＶＤレコーダーが市場に出回り始めていた。

デジタルテレビは、デジタルデータとして送られてくる動画を処理してディスプレーに表示する。レコーダーはデジタルデータである動画ファイルを保存する。つまり、どちらもデジタルデータを加工し、処理する一種のコンピューターのようなものだ。このため、コンピューター同様、プロセッサー、メインメモリーといった各種半導体が必要になり、処理や操作はソフトウエアが担う。つまり、デジタル時代のテレビやレコーダーではＤＲＡＭが必須部品になったのだ。携帯電話機同様、これらの機器にも汎用品ではなく機種別の仕様に合わせたＤＲＡＭが求められた。

坂本は、携帯電話機のマルチメディア化と、テレビ放送の送受信・録画・再生のデジタル化と薄型化を、市況変動に強い収益構造をエルピーダが得るうえで死活的に重要な技術トレンド

広島エルピーダメモリの生産能力

300ミリウエハー換算の生産能力。インテルなどからの投資で建設した「E300エリア1」工場の稼働後、急速に伸ばしている。広島エルピーダメモリはエルピーダメモリの生産子会社で主力工場

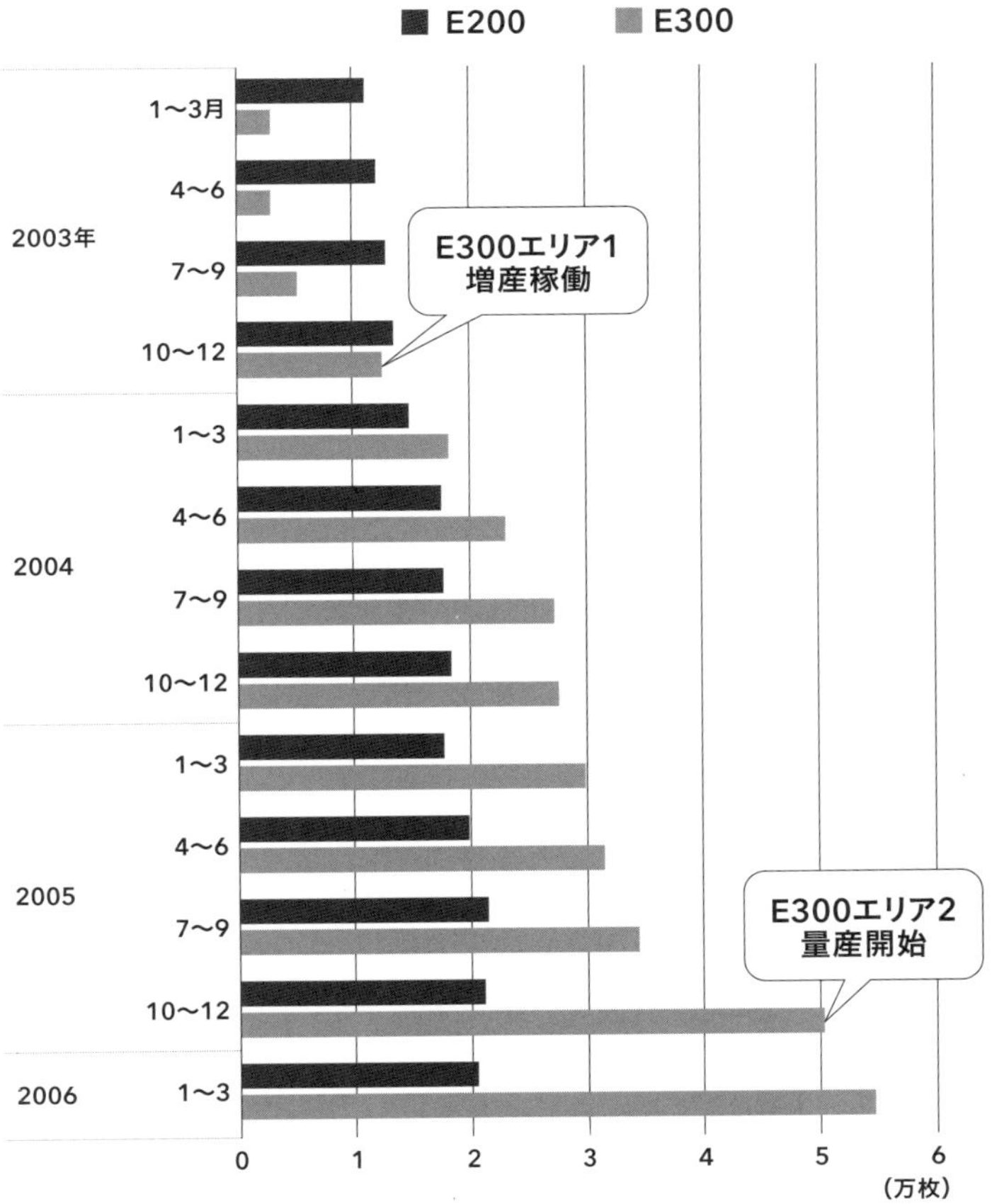

出所：エルピーダメモリの有価証券届出書・報告書から著者作成

とみていた。固定費が高い日本の工場では高付加価値のモバイルＤＲＡＭやデジタル家電向けのＤＲＡＭを作り、汎用ＤＲＡＭ需要には台湾や中国への外部生産委託で応えるというのが社長就任早々に打ち出した当面のエルピーダの事業戦略だった。

２００２年11月の就任早々、相模原の技術陣にはモバイルＤＲＡＭやデジタル家電向けの高速・低消費電力のＤＲＡＭの開発を促していた。これが功を奏し早くも２００３年の5月には世界で初めて記憶容量が２５６Ｍビットのモバイル ＤＲＡＭのサンプル出荷を始めた。[*34] ２００４年夏にはその倍の５１２Ｍ品の量産も始めた。[*35]

最小限の量産体制が２００３年末までに整った２００３年度（２００４年3月期）の段階で、エルピーダのモバイルＤＲＡＭとデジタル家電向けなどの非パソコン向けＤＲＡＭの売上構成比はすでに6割を占めていた。[*36] 坂本の社長就任以降に始まったエルピーダのスタートダッシュは、まずはほぼ狙い通りに進んでいたのだ。

坂本は当時の感触を振り返る。

「エルピーダに来てみて、回路設計や微細加工プロセスの研究開発陣の質が高いのに驚きました。日本の半導体メーカーの技術力は本当にすごかったのだと実感しました。テキサス・インスツルメンツ（ＴＩ）で見てきた米国人技術者を超えていました。米国人は素子の構造や材質などの新しい要素技術を考え出すところまでは得意なのですが、それを実際に量産ができるような微細加工プロセスに落とし込むところは不得手です。エルピーダにいた技術陣は、要素技

当時の広島エルピーダメモリの工場
E300ファブのエリア2、3稼働後。E300のエリア1〜3までの全長が580メートルになった。写真手前が北側

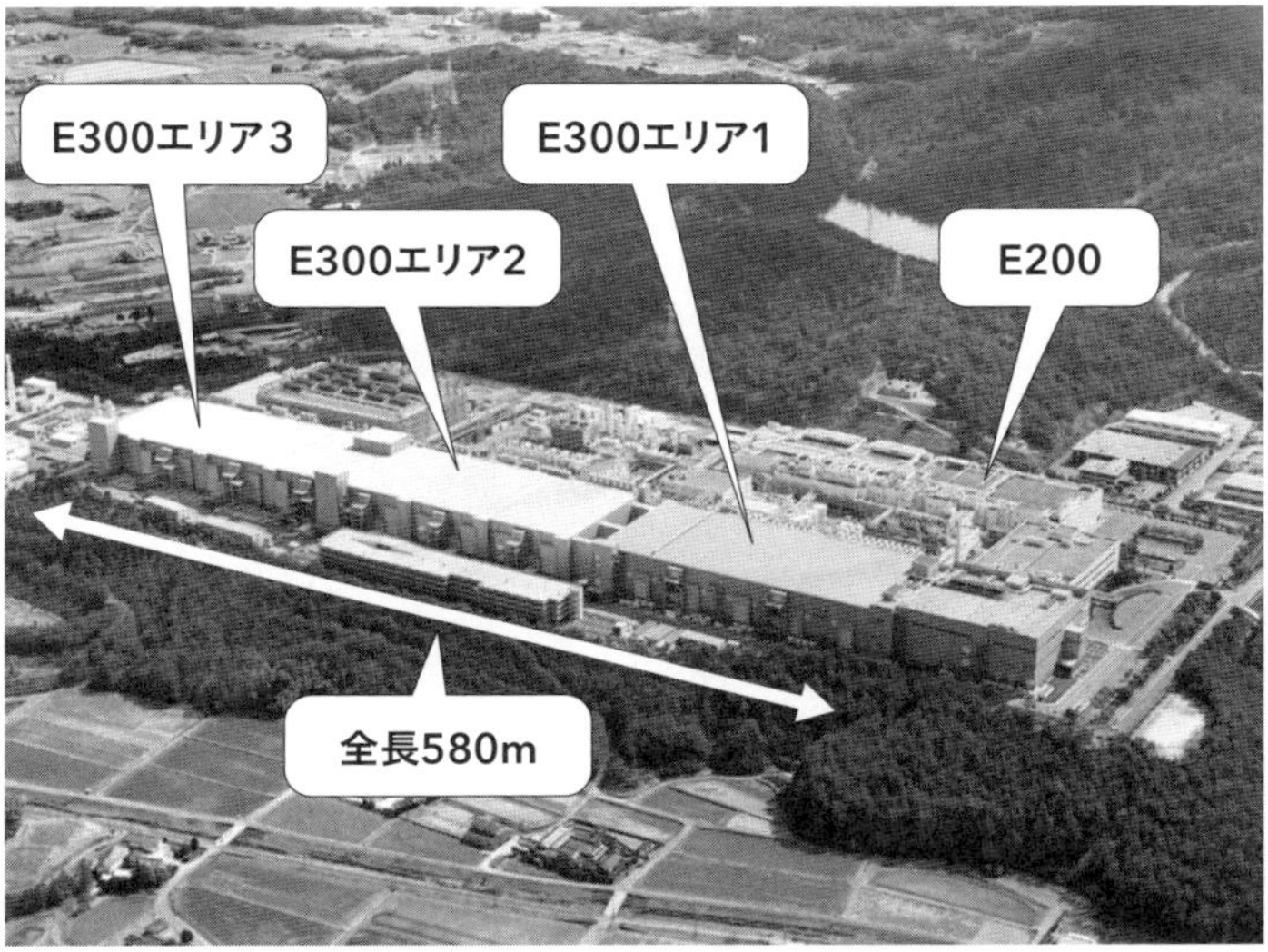

写真：共同通信社、文言は著者が追記

術の革新力もあり、それをプロセスとして完成させる力も優れていました」

「だから他社に先んじて、モバイルＤＲＡＭやデジタル家電向けなどの独自製品を開発し、他社に先んじて量産できました。この技術力なら生産能力さえ確保すれば韓国勢やマイクロン・テクノロジーと十分戦えると確信しました」

その後の坂本は生産能力拡充にまい進する。２００３年11月にインテルと日本政策投資銀行（ＤＢＪ）による出資を核に約１７００億円の資金調達に成功した後、その資金も生かして広島３００ミリ工場の月産ウエハー処理能力を２００４年３月までに２万１０００枚規模へと拡充した。

そして２００４年６月、そこに隣接する敷地に月産６万枚規模の能力を有する新３００ミリ工場を、３年間で５０００億円の投資で建設する工事に着工した。広島県庁で開いた記者会見で坂本はこうぶち上げた。[*37]

「モバイルＤＲＡＭでは当社が圧倒的。デジタル家電向けも需要が強く、今当社が供給できるのは要望の半分くらい。技術的ハードルをクリアできないライバルもまだ多い。今が投資の好機です」

当時、広島工場の敷地の南西の角では、広島日本電気（ＮＥＣ広島）から引き継いだ２００ミリ工場が、月産１万７０００枚規模（３００ミリウエハー換算）で操業していた。この工場は「Ｅ２００」ファブと呼ばれていた。

そして急ピッチで能力を拡大していた300ミリ工場は北西の角にあり「E300」ファブと呼んでいた。今回5000億円の追加投資で着手したのは、その「E300」の東方向にラインを2つ連ねて伸ばすように増設する工事だった。既存ラインを「エリア1」、新設するラインは「エリア2」「エリア3」と呼び、3棟が東西に連なって全長580メートル、日本最大の半導体生産ラインとなる計画で、広島エルピーダメモリの従業員は当時ゴルフに例えて「パー5のホールなみの全長」とうれしそうに説明していた。[*38]

E300ファブのエリア2、エリア3の建設には初期投資だけで1000億円は必要だった。まして総額5000億円の投資を実現するには、多額の資金調達が欠かせない。この計画発表は当然、社長就任時から公約に掲げている2004年中の株式上場が実現することを前提にしていた。

「3年黒字ルール」を破って上場果たす

坂本は当時日本経済新聞の取材にこう語っていた。

「上場すれば資金が入ってくる。ただし当面必要な1000億円はめどがついている」

しかし、エルピーダが上場するハードルは決して低くなかった。坂本は再び捨て身の交渉に出た。そのときのことをこう振り返っている。

「当時、東京証券取引所（東証）1部への新規上場には直前決算期で3期続けての黒字が内規で求められていました。当然我々は条件を満たしません。さらに我々としては利益を出せるようになるためにまず上場による資金調達力が必要でした。何のための株式市場なのかと、東証の担当の課長レベルの方とは侃々《かんかん》諤々《がくがく》の議論をしました」

「もし3年黒字ルールにこだわるならエルピーダは上場できない。上場できなければ資金調達の道が絶たれて潰れる。東証の硬直的なルール運用のせいで日本唯一のDRAMメーカーが潰れましたと説明せざるを得なくなりますよと開き直って説得しました。最後は根負けのよう形で、3年黒字ルールは適用外となりました」

この東証との合意がいつだったのか、筆者は生前の坂本に聞きそびれている。ただ、3年5000億円という大胆な設備投資計画を発表した2004年6月のタイミングには、東証との合意が、少なくともその見通しは立っていたと推測できる。そうでなければさすがの坂本もこんな計画は発表できないだろう。

2004年のエルピーダは日を追うごとにE300エリア1の生産能力が増え、年末まで四半期ごとに営業利益が増えていった。上場するには最適な業績推移といえた。そんな状況でついに10月、上場申請が受理された。まだ1度も通期決算で利益を出したことがない会社による東証1部への大型上場という、例外的な上場承認だった。

2004年11月15日朝、坂本とエルピーダの仲間たちは新規上場セレモニーのため、東証の公開スペース「Arrows」のセレモニースペースにいた。そこには、かつて「場立ち」と呼ばれる人間が株売買の受発注をやっていた頃の立会場のバルコニーにあった「上場の鐘」が、静かに鎮座する。

セレモニーでは新規上場を果たした企業の経営者らが鐘のそばに集まり、記念に5回鐘を打ち鳴らすのが習わしだ。創業者が1人で5回、あるいは幹部が交代で1人1回ずつ計5回打つ場合もあるが、何人かで一緒に木槌《きづち》を握って打ち鳴らし、多くの人で上場の感慨を共有する企業もある。坂本らはこのやり方で大勢の仲間で鐘を打ち鳴らしてエルピーダの上場を祝った。

「みんなで苦労してきたので、感慨を分かち合いたかったのです。心底うれしかったです」

その日の上場初値は、上場に伴って実施した公募増資での株価だった3500円を上回る3610円、終値はさらに高い3750円と、まずまずの株式市場デビューを飾った。終値ベースの時価総額は3516億円。通期決算で黒字を出したことのない会社に、資本市場は期待を込めた「値段」を付けた。

とはいうものの、当時のサムスン電子の時価総額が6兆7000億円強だったのに比べると、吹けば飛ぶような存在だ。DRAM市場での立場が比較的近かったマイクロンの当時の時価総額7700億円強に比べても半分に満たない。同じ土俵で設備投資を競い、そのための資金力が問われることを考えれば、順風満帆どころか、逆風と荒波への前途多難な船出だったといわざるを得ない。

足元だけ見ても、上場に伴う公募増資で調達できたのはたかだか1000億円強。6月にぶち上げていた5000億円の設備投資を賄うには、事業が生み出すキャッシュフローを拡大するとともに、それを信用の基盤とした融資による資金調達を実現していく必要があった。半導体事業は設備規模が大きくなければ十分なキャッシュフローは生み出せないし、十分なキャッシュフローが見込めなければ融資も受けられない。しかし規模拡大には資金が要る。したがって最初のタネ銭は、資本市場からリスク覚悟の資金を調達するしかない。

エルピーダは調達した資本を元手にいかに利益を稼いで次の投資・回収サイクルにつなげるかという、壮大なニワトリと卵を繰り返す自転車レースを運命づけられていたといえる。大きい資金調達をした後の局面で、しっかり利益を稼いで次の投資のための十分な資金を作れないと、レースは続行不能になる。走るのをやめると自転車は倒れるのだ。坂本は上場で得た1000億円に加え、2005年の3月には社債で700億円、銀行融資で200億円を調達した。2005年度に実施した設備投資は合計1900億円に達する。調達した資金をフルに使い切った格好だ。

果敢な設備投資の結果は2005年10月に出る。とうとう300ミリ工場（E300ファブ）

上場のベルを鳴らす坂本幸雄社長と仲間たち

2004年11月15日のエルピーダメモリ新規上場セレモニーの様子

写真：日本経済新聞社

の第2ライン（エリア2）が量産稼働したのだ。これで、広島工場の生産能力はE200とE300を合わせて300ミリウエハー換算で月産7万枚規模になり、ようやくサムスンの1ライン分の月産10万枚規模に近づいてきた。

直後の2005年12月に広島工場の事務棟で開いた竣工式で坂本は、「歩留まりやリードタイムでは世界のどこにも負けない」と胸を張った。[*39] 坂本にとっては、最低限の量産規模が整って、社長就任から3年かけ、ようやく勝負のスタートラインに立てたという心境だったろう。

1兆6000億円を海外合弁で投資

この頃、エルピーダは社内的な経営目標を「DRAM世界3位以内」から「世界一になろう」に変えた。[*40] その道筋として坂本は、すでに国外展開の可能性を見据えていた。翌2006年の7月、エルピーダは上場時以来2年弱ぶりとなる2回目の公募増資で1300億円強の調達に成功する。そして、増資実施直後の日本経済新聞とのインタビューで坂本は、広島工場以外の敷地に新たに生産能力を構築する計画を明らかにする。[*41] 数年間で新たに5000億円規模を投資する見通しを示した。資金については、「公募増資で財務体質を強化できた。今後の業績にも自信があり、株主にも納得してもらえる」と自信をみせた。足りない資金は銀行融資を中心に調達する方針を示した。

同時に「(工場立地が)海外であれば投資額はもっと少なくて済む」とも発言。新たな生産拠点の立地として日本以外を見据えていると示唆した。そして実際、その後のエルピーダは能力拡大の場を海外に求めていく。検討した候補地はかつて親会社の日立製作所がDRAMを作っていたシンガポールと、すでに生産委託先としていた台湾と中国だった

当時の社内での議論を坂本は後にこう振り返った。

「当時、製造委託先だった台湾の力晶半導体(パワーチップ・セミコンダクター)の歩留まりがかなり高く、インフラコストや人件費も低くて収益性が高かった。さらに台湾は半導体事業に対しては法人税率優遇や電力料金優遇など産業育成策が手厚く、地元での300ミリウエハーの供給体制も整っていて、新たに工場を作る立地としては日本より圧倒的に有利でした。一方、中国のコストの安さも魅力的でした。広島工場のE300ファブが2007年から2008年には満杯になることが見えてきて、その先の能力拡大を考えたとき、国内という立地の選択肢はなくなりつつありました」

2006年は、世界的にIT不況からの回復が進み、米国では2004年に株式上場したグーグルの急成長が続き、音楽配信サービス「iTunes」と携帯音楽プレーヤー「iPod」で一般消費者向け市場という新たな事業領域を開拓したアップルが成長軌道に乗ってい

た。アップルの時価総額は２００４年末の２６５億ドルから２００６年末は７３０億ドル（当時のレートで約８兆７６００億円）と、３倍近くに伸びていた。その後ｉＰｈｏｎｅを世に出し、さらに倍々ゲームで時価総額を増やす前の段階ですでに好調だったのだ。

ＤＲＡＭ市況も安定しており、エルピーダ自身の業績は生産能力拡大に比例するように伸びていた。２００５年10〜12月期に５９０億円だった売上高は一年後の同じ四半期、１４２６億円に急拡大し、ＤＲＡＭ市場での世界シェアもようやく10％前後に達した。生産規模が拡大し、量産も軌道に乗ったことで利益率も上がり、２億円未満だった四半期純利益は２５０億円近くに急増した。坂本率いるエルピーダの経営陣はこの頃、最も強気になっていたに違いない。そういう時期に、生産の海外展開のプランは練られていた。

２００６年12月７日、坂本は生産委託先の力晶半導体の創業者董事長（会長）の黄崇仁《フランク・ホアン》と並んで台北市内で記者会見を開き、衝撃的な投資計画を発表する。

それは、エルピーダと力晶が折半出資で合弁のＤＲＡＭメーカー瑞晶電子（レックスチップ・エレクトロニクス）を台湾に設立し、４〜５年かけて合計１兆６０００億円を投資して月産24万枚規模の生産能力を実現するという計画だった。２００８年にエルピーダの広島工場での生産能力が合計10万枚以上になっている計画だったので、新合弁会社がフル生産に入ると、エルピーダの広島と台湾を合わせた生産能力は少なくとも月産22万枚程度、力晶半導体の分も合わせると月産35万枚を超えサムスンと競える規模になる計算だった。夏に５０００億円規模と見通し

エルピーダメモリの株価推移

エルピーダの上場期間中の株価の終値ベースの最高値は、力晶半導体との合弁会社の設立を発表した直後の2006年12月26日に記録した6570円だった

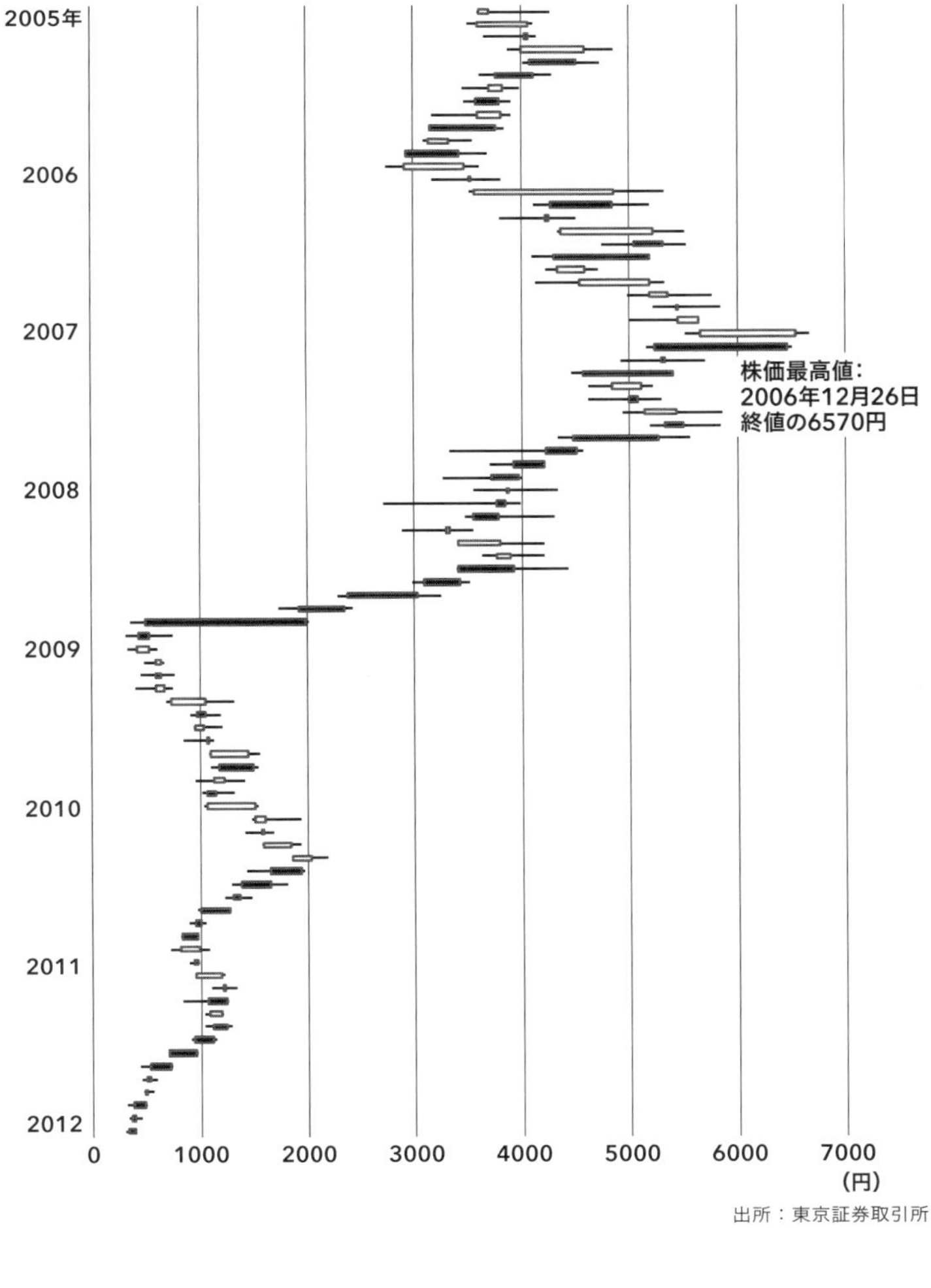

出所：東京証券取引所

ていた新規の投資額は、合弁会社自らのキャッシュフローも当てにしていたとはいえ、総計8000億円規模に膨らんだことになる。

坂本は会見で冗舌だった。[*42]

「力晶半導体とは4年来の（技術供与と生産委託という）提携関係にあり、私と黄董事長の関係は私と妻の関係より密接です。両社はこれまで親戚関係でしたが、きょうをもって家族となります」

「台湾当局は日本より投資誘致で努力しています。しかも（半導体事業をやるための）インフラが充実しています」

「3年以内に（エルピーダと力晶半導体の）2社合計のシェアで（サムスンを超えて）世界首位になります」

この壮大な計画を株式市場は素直に好感した。エルピーダの株価は2006年12月26日に終値ベースで上場来高値となる6570円を付ける。11月の終値5640円から1000円以上高い、時価総額は8489億円に達し、東証1部の時価総額上位200社に入った。[*43] しかし好調な年が明けて2007年に入った途端、エルピーダを取り巻く事業環境は一変する。

期待外れ「Vista」で容赦ない市況へ

きょう、アップルは携帯電話を再発明する——。

2007年1月9日、サンフランシスコの複合展示施設モスコーニ・センター。当時は恒例のアップル・イベントだった「マックワールド」の基調講演に立ったCEOのスティーブ・ジョブズが、キーボードもテンキーもなく折り畳み式でもない、画期的な多機能携帯端末「iPhone」を披露した。

それまで携帯通信会社が仕様を決めていた携帯電話向けインターネットサービスの枠組みを離れて、パソコン同様に利用者が自由にオープンなウェブを利用できる。画面が大きいので、従来の携帯電話機に比べて飛躍的に鮮明になった写真や動画、ウェブサイトを楽しめる。ここから爆発的に普及して「スマホ」と呼ばれるようになる一般消費者向け情報通信端末の、まさに革命の始まりだった。

しばらくたって同じ月の30日。今度は、パソコンOSの王者、マイクロソフトが新型ウィンドウズの「Vista（ビスタ）」を発売する。しかし、こちらは「革命」とはほど遠かった。結論からいうと、ビスタはその前の「XP」に比べて新機能やユーザーインターフェース（U

I）の熟度が低く、評価が低いまま、その後に後継OS「ウィンドウズ7」に取って代わられる、「失敗作」となる。

思えばこのときを境に、人々はだんだんとスマホ中心のネット生活を送るようになり、家庭におけるパソコンの重要度は下がっていく。今から振り返ってみれば2007年1月は、そんな社会変革の起点だったといえる。アップルが時価総額世界一の座に向かう階段の最初の一歩を登り始めたときでもあった。

iPhoneなどのスマホは、従来の携帯電話機とは比較にならないほど、能力の高いプロセッサーと大容量で高速かつ低消費電力のDRAMをたくさん使う。半導体メーカーにとって、新たな巨大市場が広がっていた。その先を見据えれば、モバイルDRAMに力を入れていたエルピーダにとっていよいよ自分たちの時代が来たと思える局面のはずだった。

では足元の現実はどうなったのか。

2007年1月30日のビスタ発売とともに、OSとしてビスタを標準搭載したパソコンも世界中で発売された。この日に向けて、パソコンメーカーは前年からビスタに最適な処理速度のCPUと、最適な処理容量のDRAMを搭載したパソコンを製造してきた。半導体メーカーも「ビスタ特需」を見込んだ生産能力を確保していた。より高機能化したOSを軽々動かせる高速のCPUと、そのCPUにデータ量の大きいプログラムやデータを出し入れできるメインメモリー、つまりDRAMが必要だった。

ビスタに向けた需要拡大を受け、DRAMの需給は2006年を通じて堅調だった。同年夏ごろには一時品不足が起きたほどだった。エルピーダの好業績は、そんな市場環境に支えられていた。ところが、その「ビスタ特需」は半導体メーカーが期待していたほど長く続かなかった。新OSの前評判が芳しくなく、世界のパソコン流通網からの発注が期待したほど盛り上がらない。

さらに、2006年後半、携帯音楽プレーヤー向けなどに需要拡大が期待されていたNANDフラッシュの市況が低迷した。すると、2007年年初からNANDフラッシュ大手のサムスンとハイニックス半導体がNANDフラッシュを作っていた工場の生産品種をDRAMに切り替えた。[*44]

2007年1月30日のビスタ発売直後の新型パソコンの立ち上がりの売れ行きはほぼ期待外れに終わった。つまりビスタへの過大な期待とこれを裏切る需要、DRAM大手2社の増産による供給過剰といった要因が重なってとうとう、DRAMのパソコンメーカー向けの大口取引価格が1月後半、下落を始めたのだ。

もう一つ、特にエルピーダにとって痛手になりそうな現象が始まっていた。デジタルテレビ向けDRAMの値下がりである。2007年1～3月期の大口取引価格が1年ぶりに値下がりした。こちらは主にデジタルテレビそのものの市場で、多くのメーカーが入り乱れての価格競争が激化していたうえ、デジタルテレビ向けＤＲＡＭを供給できるメーカーが増えて、テレビメーカー側の値下げ要求が通りやすくなっていたのが原因だった。[*45]

純利益が前年同期比１５０倍に増え、それまでで最高の２４９億円という好調な２００６年10～12月期決算を発表した直後の２００７年1月下旬、坂本は足元の市況悪化を肌で感じつつも、強気な姿勢を日本経済新聞とのインタビューで強調した。[*46]

「回路の微細化と新鋭設備の増強でコストを削減している。当社は過去にシェアが低かったため、旧世代の設備を廃棄する必要がなく、投資効率が海外のライバルより良い。ＤＲＡＭの市況が悪化するほどコスト競争力を発揮でき、採算割れでライバルが撤退するのを待つことができる。ＤＲＡＭ市場は長期では拡大するので、むしろ（市況悪化は）シェア拡大の好機だ」

しかし、結果的にその後のＤＲＡＭ価格の下落は、坂本の想像を絶する厳しい展開になる。ビスタ搭載パソコンの売れ行きは２００７年夏ごろまで期待値を下回る状態が続き、汎用ＤＲＡＭ価格が下げ止まらない。デジタルテレビ向けＤＲＡＭもセットメーカーの過当競争と汎用ＤＲＡＭ市況悪化の余波で下がり続ける。汎用ＤＲＡＭの価格は4月になるとついに、ＤＲＡＭメーカー各社が採算分岐点として設定していた1個3ドルを割り込む。[*47]

２００７年6月にアップルのｉＰｈｏｎｅが米国で発売されて瞬く間にヒット商品になるとＮＡＮＤフラッシュが不足した。するとサムスンとハイニックスは再び生産ラインをＤＲＡＭからＮＡＮＤフラッシュに切り替えたため、ＤＲＡＭの需給は一時的に引き締まる。ビスタ搭載パソコンへの買い替え需要も軌道に乗り、DRAM価格は下げ止まったかに見えた。
しかし秋になるとすぐ、シェア拡大を狙ったDRAMメーカー各社の生産能力増強競争で供給過剰状態が再燃する。市況悪化局面にもかかわらず、各社の増産投資競争は激しさを増していたのだ。

2007年6月には、台北での発表記者会見からわずか半年で、台湾・台中に建設していたエルピーダと力晶半導体の合弁会社、瑞晶電子のDRAM工場が月産3000枚規模で量産を始めた。年内に2万枚に能力が上がる見込みだったが、その生産品目は市況が崩れていた汎用DRAMだった。[*48] 8月にはハイニックスが5年間で新たな半導体工場を4棟新設する計画を発表。2008年以降に月産能力が毎年数万枚規模で増えていく見通しになった。[*49]

そして2007年10月13日、サムスンが業界に衝撃を与える発表を突然行う。前年比で18%削減としていた2007年の設備投資計画を一気に1800億円積み増して、過去最高の8750億円に増やすと公表したのだ。DRAMだけで月産5万枚規模の増産投資になる。[*50] 将来の計画ではなく、実はこの時点ですでに設備導入などは進んでいたようだ。年初に坂本が言及した、他社の脱落を狙った投資競争がまさしく本格化していたのだ。

年初に6ドル前後だった512M汎用DRAMの価格は12月にはとうとう1ドルを割り込んだ。その時点でのDRAMメーカー各社の損益分岐点は2〜2・5ドル前後とみられており、作るほど損失が出る状態になっていた。[*51] 価格が割高なはずのデジタルテレビ向けＤＲＡＭも、２００７年10～12月期の価格は1個２・５ドル前後まで落ち込んだ。これまで手掛けてなかったＤＲＡＭメーカーが汎用ＤＲＡＭの値下がりに悲鳴を上げ、こぞってデジタルテレビ向け市場に参入したからだ。[*52]

容赦ない設備競争と市況悪化のなか、エルピーダはとうとう10～12月期、四半期赤字に陥り、翌２００８年1～3月期はさらに赤字が膨らむ。結局、２００８年3月期通期の営業損益は上場来初めての赤字になり、最終損益も２３５億円の赤字になる。

２００８年3月期の営業キャッシュフローは前期の９９９億円を下回る８３１億円にとどまってしまった。それに対して設備増強や海外合弁事業などで膨らんだ投資キャッシュフローは前期比2倍近い２６０４億円。おそらくその年度は１５００億円程度の営業キャッシュフローを見込んでいたと思われ、意に反して現金収支で足が出た格好だ。

２００７年はｉＰｈｏｎｅのヒットという明るい変化もあった一方、米国で信用力の低い人に貸す住宅ローンである、いわゆるサブプライムローンの焦げ付き問題が徐々に広がり、米国経済に不穏な空気が満ちつつあった。エルピーダが上場後最初に直面した業績危機は、世界経済の動向にも翻弄されてより深いものになっていく。

第8章

エルピーダメモリ消滅まであと2323日

リーマン・ショックから業界再編探る

- ▼米国のサブプライムローン問題はリーマン・ショックを経て世界金融危機へと広がり、世界的に経済活動が縮小。半導体需要も大打撃を受ける
- ▼DRAM価格低迷でエルピーダメモリは大幅原価割れで売上総損失が出る状態に陥り、キャッシュフローも赤字になる
- ▼業界構造変革と資本増強の一石二鳥を狙い、台湾DRAM再編を後押しするが船頭多くして暗礁に乗り上げる

「来年1～3月期には何社か戦線を縮小せざるを得なくなる。台湾メーカーが組みやすい相手は日本。再編の話があれば、胸を開いて話をしたい」

2007年10月下旬、エルピーダメモリの2007年4～9月期中間決算の発表会見に臨んだ坂本幸雄は、なおも強気の姿勢を保っていた。2007年度の設備投資を300億円上積みし、年末時点の広島工場の生産能力を当初予定の月間9万5000枚から10万枚に拡大する考

えを公表。「２００９年中に世界シェア首位を目指す」と、改めて「サムスン電子超え」にまい進する戦略を強調した。

広島工場の主軸製品は、相対的に価格が高く市況の影響を受けにくいモバイルＤＲＡＭ。その生産能力を高めることで、採算で他社より優位に立って淘汰・再編の「勝ち組」に入ろうという考え方だ。当時、エルピーダはモバイルＤＲＡＭの世界シェアで６割を確保していた。*53 優位に戦える目は十分にありそうに見えた。

すでにドイツのインフィニオン・テクノロジーズのメモリー半導体部門が２００６年に独立したキマンダや、ライバルである米国のマイクロン・テクノロジーが四半期ベースで営業赤字を出し始め、マイクロンと提携する台湾最大手の南亜科技（ナンヤ・テクノロジーズ）も営業赤字に転落していた。坂本の目には、市況悪化が淘汰再編の波を起こし、コスト競争力が相対的に強かったエルピーダへの追い風になると見えていたのだ。

２００７年11月にはグーグルが無償公開型のスマホＯＳ「アンドロイド」を発表。６月にロケットスタートを切ったアップルのｉＰｈｏｎｅへの対抗勢力を自ら主導して形成しようとする構えを見せた。大多数の人がスマホでウェブをフル活用する世界がすぐそこまで来ていた。そんなＩＴのパラダイム転換も、エルピーダへの追い風を予感させていたに違いない。

しかし２００８年は、そんなささやかな追い風などかき消してしまう、マクロ経済の猛烈な逆風が吹き荒れる年になる。業界内でのコスト競争力の優劣など関係なく全てのプレーヤーを赤字に沈める激しい嵐だった。

世界金融危機が経営悪化に追い打ち

2004年から2006年にかけて米国の政策金利が1・25%から5・25%へと大きく引き上げられたのを受け、2006年から米国の住宅バブルがはじけ始めた。信用力の低い層が借りた住宅ローン、いわゆるサブプライムローンの焦げ付きが広がり、多種多様な住宅ローン債権を担保にした証券、およびそのような証券を多数組み合わせた資産を担保とする金融派生商品（デリバティブ）であるCDO（債務担保証券）の価格の下落が、2007年に入ると顕著になっていた。

2007年7月末、米投資銀行5位だったベアー・スターンズ傘下でCDOなどに投資していたヘッジファンド2本の資産価値が実質ゼロになって破綻。直後の8月9日にフランスの金融機関BNPパリバがCDOなどに投資していた傘下のヘッジファンドを凍結して、信用不安の連鎖が広がり始める。2007年9月から米連邦準備理事会（FRB）は利下げに転じるが、住宅価格の下落と住宅ローン関連証券の値下がりの悪循環が止まらない。

年が明けて2008年になると事態はさらに悪化する。シティバンクは1月に発表した

2007年10〜12月期決算においてサブプライムローン関連で235億ドル（2兆5000億円）の巨額損失を計上。メリルリンチは160億ドルのサブプライム関連損失を計上した。3月になるとベアー・スターンズが実質的に経営破綻に追い込まれ、JPモルガンが救済買収する。その後も金融機関の損失の連鎖が欧米に続き日本を含む世界中に波及する。そしてついに2008年9月15日、米投資銀行大手のリーマン・ブラザーズが連邦破産法第11条（チャプター11）の適用を申請。ほぼ同時期に米保険最大手のアメリカン・インターナショナル・グループ（AIG）も実質経営破綻し、連邦政府とFRBが救済に踏み切る。この、いわゆる「リーマン・ショック」が世界金融危機の引き金になる。

実は米国は、前年の2007年12月からドットコム・バブル崩壊時の2001年以来の景気後退に突入していた。リーマン・ショックを経て景気後退は2009年6月まで18カ月も続く。国内総生産（GDP）が5％縮小、失業率が最高で10％に達し、「大不況（グレートリセッション）」と後に名付けられる不況に陥る。[*54] 自動車や家電など、ありとあらゆるモノの需要が縮小し、それらの製品の基幹部品である半導体の需要もダメージを受ける。世界半導体売上高は2008年、2009年と、初めて2年連続のマイナス成長となった。

2007年度後半のDRAM市況改善によるキャッシュフローの拡大を期待していたエルピーダにとって、世界のIT需要の中心である米国経済の戦後最長の景気後退入りと世界的な需要収縮の波は、まさに想定外だった。2007年度は年間1600億円に上る設備投資を広島工場の「E300」ファブで実施し、年度末の2008年3月までにようやく「エリア3」の端まで装置で埋まり、300ミリウエハーの月産11万枚体制が整ったところだった。並行して子会社の瑞晶電子（レックスチップ・エレクトロニクス）へは800億円出資して設備増強を進め、その生産能力は2008年3月までに300ミリウエハー月産7万5000枚に上がっていた。まさに坂本が構想していたサムスン追撃のための生産能力が広島と台中を合わせて整ったのが2008年の年初だったのだ。

一方で、韓国、台湾のDRAMメーカーも2007年から2008年にかけて設備増強をやめなかった。DRAM業界は、ブレーキを踏めば脱落しアクセルを踏み過ぎると死が待っている、設備増強の「チキンレース」状態に陥っていたのだ。このため、需要が弱くなる中、業界全体の供給は減らず、韓国・台湾勢はたまらずだぶついた製品在庫を捨て値で処分してますます市況を崩す悪循環の構造が2007年夏ごろまでに出来上がっていた。

2007年年末にかけて一段とDRAM価格の下落が進んだため、エルピーダの2008年1～3月期は営業赤字に転落していた前の四半期よりもさらに採算が悪化した。営業赤字が拡大しただけでなく、工場で作った瞬間に原価割れで損が出る「売上総赤字」に陥り、設備投資の原資である営業キャッシュフローまで赤字に転落してしまう。いわゆる作れば作るほど損が膨らむ状態だった。

２００８年前半はビスタ搭載パソコンへの買い換え需要がそれなりに盛り上がり、主力品だった容量１Ｇ《ギガ》ビット（１Ｇビット＝１０２４Ｍビット）の汎用ＤＲＡＭの１個当たりの価格は年初の２ドル割れから７月前半には２・５ドル程度まで持ち直した。だが、市況好転もそこでピークを過ぎる。その後のリーマン・ショックからの世界経済の減退と歩調を合わせるように再び値下がりが進む。ＤＲＡＭメーカーの採算ラインは２・７ドル程度であり、多くのメーカーが赤字を続け、２００８年後半にかけて赤字幅が広がっていく。*55

その後、世界的な景気悪化が深刻化し、パソコンもデジタル家電も携帯電話機も需要が減速。ＤＲＡＭ価格は２００８年年末にかけて史上最悪といえる下落局面に入る。主力品だった１ＧＤＲＡＭの大口取引価格は年末に１個０・６８ドルと、ＤＲＡＭ主力品種の価格として史上最安値まで下がる。７月前半の２・５ドル強からわずか５カ月で73％も値下がりした計算になる。それはメモリー半導体の王者サムスンを含め、あらゆるＤＲＡＭメーカーの採算ラインを下回る安値だった。サムスンは２００８年10～12月期、半導体部門が赤字に転落。全体の営業損益も２０００年の四半期決算公表開始以来、初めて赤字に転落した。

翌２００９年１月23日、２００７年から赤字を続けていた当時ＤＲＡＭ５位のキマンダの経営が破綻し、破産法適用を裁判所に申請した。シーメンスの半導体部門が独立したインフィニオンが、さらにメモリー部門を２００６年８月にスピンアウトしてできたばかりのメモリーメーカーだった。独立当初のＤＲＡＭ市場シェアはサムスンに次ぐ２位だったがコスト競争力

世界の半導体売上高推移

1986年の260億ドルから直近の2023年に5270億ドルと約20倍に伸長しており、全体としては右肩上がりの成長をしているが、5〜10年の間隔で「シリコンサイクル」と呼ばれる需要の波がある。シリコンサイクルは市況商品の色彩が濃いDRAMの価格の影響が大きい。リーマン・ショック後の2008年、2009年は初めて2年連続で市場が縮小した

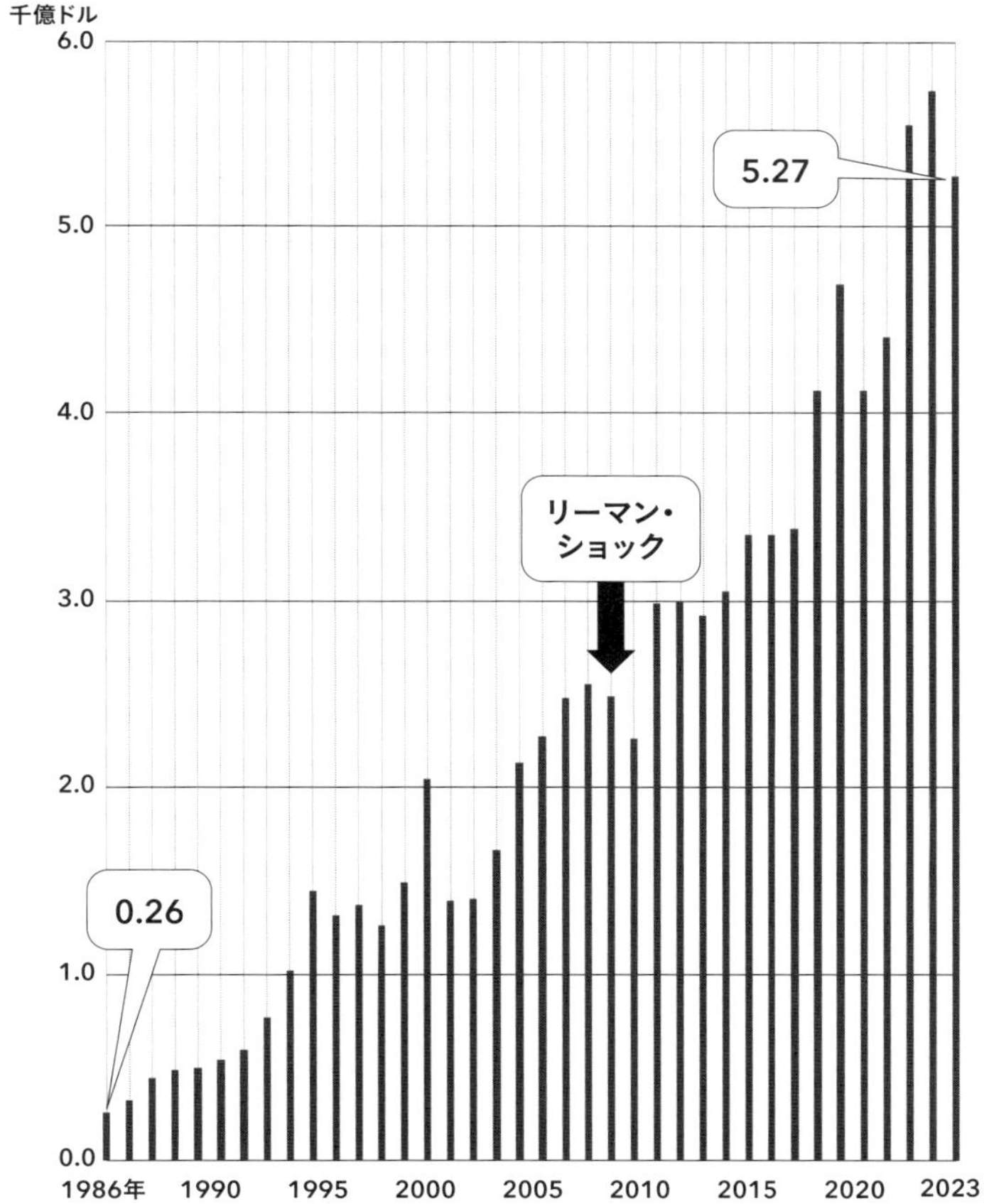

出所：世界半導体市場統計（WSTS）のデータから著者作成

が弱く、独立後3四半期目だった2007年4～6月期に営業損益、最終損益とも赤字に陥る。結局そこからついに水面に浮上することなく倒産した。

チキンレースの末、崖から落ちて淘汰されるプレーヤーがとうとう出た格好だった。逆にこれでエルピーダの市場シェア3位のポジションが固まった。

円高ウォン安のダブルパンチ

エルピーダにはもう一つ日本メーカーならではの逆風が吹いていた。

リーマン・ショック後の世界金融危機では、世界のほとんどの通貨の対ドル為替レートが下落した。しかし、主要通貨の中で日本円とスイスフランだけ対ドル為替レートが上昇したのだ。

市場の混乱を受けて通貨価値が長年底堅い、いわゆる「安全通貨」に世界の投資マネーが退避してきた。加えて日本円については、金融危機前に低金利の円資金を借りて高金利の米ドルなどに交換後に債券などへ投資して利ザヤを稼ぐ、いわゆる「円キャリートレード」が膨らんでいた流れが、FRBの利下げと流動性供給、さらには各種債券のリスク増大で一気に逆流した。

その結果、2007年夏に1ドル＝120円台だった為替レートは2008年12月には一時1ドル＝90円を切るまで急激に円高ドル安が進んだ。ただでさえドルベースの国際DRAM価格

世界金融危機で円とウォンが正反対の値動きに

リーマン・ショック後の世界金融危機では「安全通貨」と見なされた円が買われ、一時1ドル＝90円を切るまで急激に円高ドル安が進んだ。一方のウォンは他の通貨と同様に対ドルで下落した。このことが韓国勢に対するエルピーダの価格競争力をそぐ逆風になった

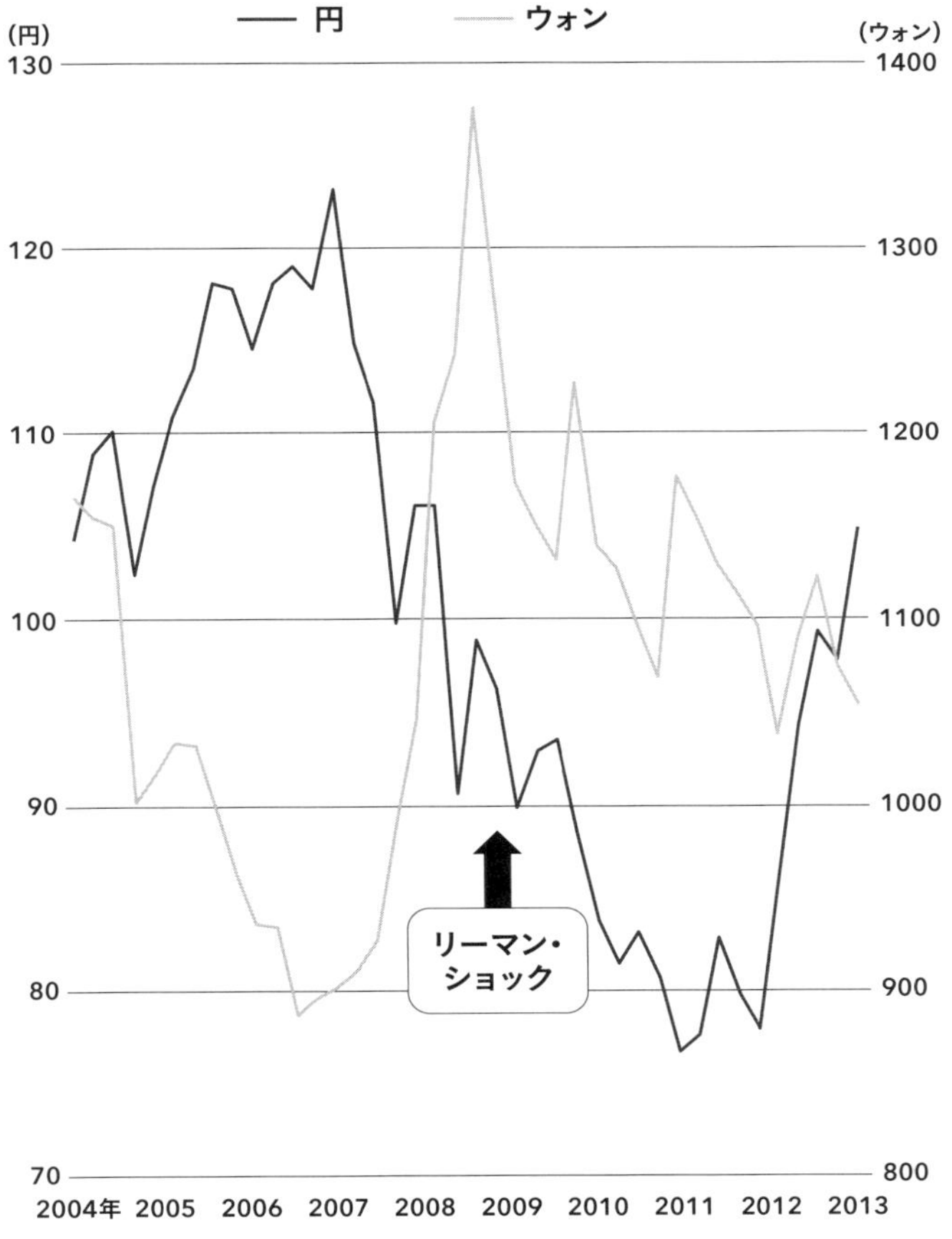

出所：日本銀行などの資料から著者作成。数字は4半期末ごとの対ドル為替レートの推移

が下がっているのに、円に換算するとさらに値下がりがきつくなる。日本のメーカーには大打撃だ。エルピーダにとって1円の円高は年間数十億円の営業減益要因になるとみられていた。

反対に韓国ウォンは、他の通貨同様、対ドルで大きく価値を下げる。2007年は1ドル＝900ウォン程度だったのが、2008年末には1300ウォンを超えるウォン安になった。世界景気後退と市況悪化で苦しかった韓国半導体メーカーからみると、嵐の中で追い風が吹く格好となった。特に半導体や家電完成品でライバル関係にあった日本勢に対しコスト競争で大きく有利になった。

DRAM安と円高のダブルパンチで、エルピーダは2007年10～12月期に最終赤字に陥ってから2009年7～9月期まで丸々2年間、四半期最終赤字が続くという非常事態に陥る。工場で製造した時点で損が出る売上総損益の赤字が2008年1～3月期から翌2009年の4～6月期まで続く。投資の原資となる営業キャッシュフローは2008年1～3月期から2009年の7～9月期までの7四半期のうち、2008年7～9月期を除いて全て赤字、つまり事業上の支出が収入を上回る状態が続き、キャッシュを減らした。

DRAM事業は足元の収益がどうあれ、常に先端の製造装置を入れて先端の微細加工技術を維持しないと、コスト競争力や性能競争力で劣後して競争から脱落してしまう。足元のキャッシュフローがマイナスになり、投資の原資確保の見通しが危うくなるのは危険信号だ。そこで坂本は変則的な資金調達に走る。

2008年10月中旬、2008年7～9月期決算の赤字幅拡大の下方修正を発表したその日に、株価動向次第で株への転換価格が変動する「MSCB」と呼ばれる新株予約権付社債（転換社債＝CB）による500億円の調達を発表した。すると翌日から株式市場でエルピーダ株は投げ売られ、発表前に1300円台だった株価は1カ月で400円を下回るまで急落した。ついには発行条件に入っていた最低株価条項に抵触し「強制償還」を余儀なくされた。せっかく調達した500億円のうちほとんどを、投資家に返すことになったのだ。

坂本は400円を切った株価を目の当たりにした11月中旬、2008年4～9月期中間決算発表の記者会見で「まさかこれほど下がるとは夢にも思わなかった。勉強させてもらった」と素直に判断ミスを認めた。[*56] 八方ふさがり状態に陥った年末、めったに弱音を吐かない坂本が日本経済新聞記者にこうもらしている。[*57]

「40年間このビジネスをやっているが、本当に今が一番つらい」

なりふり構わずあらゆる手段を模索

もちろんこの間、坂本はあらゆる手を尽くしてエルピーダの財務基盤強化の道を模索していた。

まずは何より、現金支出の抑制だ。広島工場の300ミリ工場が2008年の年初までに製造装置でいっぱいになり、最大で月産12万枚の生産能力が実現したこともあり、国内ではそれまでのようながむしゃらな設備投資は必要なくなっていた。そこに来た半導体不況だった。期初時点の2008年度の設備投資計画を前年の2400億円（瑞晶電子への出資を含む）から6割減の1000億円とした。[*58] その後、経済危機の進行に合わせてさらに投資を抑制し、結局2008年度の設備投資は880億円まで抑え込む。

支出をいくら節約しても、肝心の事業で赤字が出ればキャッシュは減っていく。当時、事業採算にとって最大の問題となっていたのが、広島工場の生産品に占めるパソコン向けの汎用DRAMの割合の高さだった。社長就任当初から坂本はエルピーダの生きる道は携帯端末向けやデジタル家電向けなどの非パソコン向け汎用品と位置づけてきた。しかし、パソコン向けとウィンドウズOSで動くサーバー向けを合わせた汎用DRAMの市場は大きい。モバイルDRAMの需要はいくらスマホの普及が急速に進んでいたとはいえ、パソコン、サーバー向けに比べまだまだ規模が小さかった。このため、300ミリウエハー月産10万枚規模を超えてきた広島工場の稼働率を維持するには、どうしても汎用DRAMを作らざるを得なかったのだ。

このジレンマを解消するために坂本は、広島工場のモバイルDRAM以外の生産能力を、DRAM以外の半導体製造に振り向けようと試みた。

まず2008年3月、台湾2位のファウンドリー、聯華電子（UMC）と提携し、ロジック半導体の製造受託事業に乗り出すと発表した。[*59] 次いで6月にはNECエレクトロニクスと液晶表示装置のドライバーLSIの開発・設計・販売を手掛ける合弁会社を作り、エルピーダが製造を受託する計画を発表する。[*60] 7月にはスイスのメモリー半導体メーカー、ニューモニクスからNORフラッシュの製造を受託する話をまとめた。[*61] いずれも、広島工場の中に残っている旧世代の製造装置をDRAM以外の半導体製造に活用しようというアイデアだった。デジタル家電向け特定用途向けIC（ASIC）や液晶ドライバーLSIなどはいずれもDRAMより古い世代の製造装置で製造可能だったからだ。

ただ、自社のDRAM向けの製造ラインをロジックやフラッシュといった違う製品向けに設定し直すには時間がかかる。また、相手とのビジネスモデルの座組みを詰める交渉にも時間がいる。つまり、製造受託で広島工場全体の採算が向上する効果が出るには1～2年という時間を待たねばならず、足元の業績改善に即効性はない。結局NECエレクトロニクスとの合弁会社計画は同年12月に凍結され、製造受託の取引だけが残った。[*62] 実際に液晶ドライバーの量産を始めたのは翌2009年の7月になってからだった。[*63]

UMCの技術を生かしたロジック半導体の製造受託は、大きい商談がなかなかまとまらなかった。日本の総合電機メーカーからの受託を想定していたが、彼らの多くはまだ自前の半導体ラインを持っていたため、コストや回路微細度の優位性に基づく需要が商談にまで結びつきにくかった。

坂本は2008年夏にもう一つ、さらに大胆な策を打ち出す。

2008年8月、中国・蘇州市が出資する投資会社と合弁で、同市にDRAM工場を建設すると発表した。初期投資額が7億2000万ドル（当時のレートで約780億円）でそのうち39％、約300億円をエルピーダが出資する。それを含め、数年で総額50億ドル（約5400億円）を投資して、300ミリウエハー月産8万枚規模の工場を建設するという構想だった。[*64]

蘇州市の工場で生産したDRAMは全てエルピーダ製品として販売するという立て付けだった。発表と同時に坂本は、「共同事業なので事業リスクを分担することができる」と、マイノリティー出資で投資を抑えながら生産能力を確保できる案件の有利さを強調するコメントを発表した。[*65] このときエルピーダは大赤字が続く危機のまっただ中だ。現預金は千億円を割り込み、営業キャッシュフローは赤字。設備投資を前年度から大幅に減額してキャッシュを温存し、市場への供給増加を防ごうとしていたところだ。そんな中での新規工場建設の方針は、無謀に見えた。中国への投資決定の合理性について8月下旬、坂本はこう説明している。[*66]

「（中国を生産立地とすることで）標準的なDRAMが1個2ドルでも利益を稼げる体制を作るのです。DRAM各社の業績は軒並み悪化し、最後の戦いに突入している。自らが積極的に動き、ライバルをギブアップさせた方が長期的には損失が少なくなるはずです」

「中国はハイテク投資への優遇措置が充実しています。法人税は10年ほど免除され、建屋の建設や従業員の訓練までしてもらえる。韓国メーカーも政府の優遇措置を受けています。我々も優遇がなければ戦えません。優遇措置のない日本での工場新設は考えられません」

つまり、自社のコスト構造の変革と同時に、チキンレースにおけるライバルの振るい落としも狙った大胆な決断だったというわけだ。同時に、政府が多様な優遇策を用意する韓国や台湾、中国と比べた日本政府の無策ぶりが半導体産業の立地としての日本に死活的なダメージになっていると訴えた。

しかし、リーマン・ショックを経て、DRAM価格は1個2ドルどころか、1ドル割れに向かって急落する。金融危機は、あらゆる企業の資金調達も難しくした。結局、この案件はわずか3カ月後の2008年11月、計画実行の「延期」で双方が合意する。[*67] 事実上のキャンセルだった。

台湾DRAM統合に賭ける

そんなとき、その後のエルピーダの命運を左右する案件が浮上する。苦境にあえいでいた台湾のDRAMメーカーを再編・統合し、エルピーダと日・台連合を形成しようという動きが、台湾行政院（政府）主導で始まったのだ。これが「台湾記憶体公司（台湾メモリー）」構想だ。

坂本はこう振り返る。

「台湾にはDRAMメーカーが6社もあり、過剰な設備投資競争のなか軒並み赤字で存亡の危機に陥っていました。2008年11月ごろ、当時、台湾・副総統だった蕭萬長《ショウ・バンチョウ》から知恵を貸してほしいと相談を持ちかけられました」

「それから2週間に1度は台湾に通い、副総統や経済部（日本の経済産業省に相当）などと議論を進めました。6社もある台湾のDRAMメーカーを一つにまとめたうえで台湾当局が資本増強を支援し、微細加工技術で先を行くエルピーダと連合を組んでサムスンに挑もうという構想が育っていきました」

坂本が渇望していた業界再編・集約を、自らが軸となって進めるチャンスが到来したのである。

それまで坂本は繰り返し、プレーヤーが多過ぎて無益な設備投資競争と安売り競争が起きるDRAM業界の構造変革を唱えていた。特にプレーヤーが多かったのが台湾だ。2008年10月にエルピーダの瑞晶電子への投資が台湾当局に表彰されることになり台北を訪れた際、総統の馬英九《マー・インチウ》による表彰の場でその持論を再び訴えていた。[*68] それが蕭の記憶に残り、改めて具体論の相談となったようだ。

台湾のDRAMメーカーは2007年の4〜6月期または7〜9月期から赤字を出し続け、実質債務超過になったり目先の社債償還の資金繰りに窮するメーカーがあったりするなど危機的状況にあった。

坂本は台湾を頻繁に訪れ、蕭や経済部の関係者と議論を重ねる。すると台湾当局主導の動きが具体化する。2008年12月末、台湾行政院長（首相）が記者会見で、世界金融危機の中、苦境に陥っているDRAMや液晶パネルなどの戦略産業の企業の支援に総計5500億円程度を用意する考えを明らかにしたうえで各戦略産業ともメーカー数が多過ぎると指摘。支援は再編・統合を条件にする考えを示した。[*69] 副総統や経済部幹部への坂本の提言が反映されており、思惑通りの方向に事態が動いていたかに見えた。

ところが、ここから話は二転三転する。

台湾当局は当初、国内DRAM最大手の南亜科技を含むオール台湾の再編統合を目指していた。ところが南亜は米国のマイクロンと提携関係にあり、DRAM6社の一角である華亜科技（イノテラ・メモリーズ）にマイクロンと共同出資していた。一方で微細加工技術ではエルピーダが進んでいたため、エルピーダを連合の技術的な核にしたい狙いも当局にはあった。そこでエルピーダ、マイクロンと台湾6社の「日米台連合」の構築を言い出したのだ。マイクロン抜きでグループを作りたい坂本の構想を覆そうと、南亜の親会社で台湾最大の企業グループの一つ、台湾塑膠工業（台湾プラスチック）とマイクロンも経済部に翻意を働きかける。当局は迷い、再編案制定をズルズルと遅らせる。

台湾当局は2009年3月になってようやく、官民共同出資でDRAM統合新会社（台湾メモリー）を設立してDRAMメーカー6社を傘下に入れ、エルピーダかマイクロンかのどちらか1社と資本・業務提携を結んで技術供与を受けるという再編計画を発表する。台湾メモリー設立準備責任者にUMC名誉副董事長（会長）の宣明智《ジョン・シュアン》を指名し、具体化へ向けたその後の調整を任せた。[*70]

ところがこの人事が裏目に出る。

準備責任者に就任早々、宣は記者会見で「現在のDRAM不況を乗り切れないなら税金を投入しても意味がない」と発言し、各社への公的資金支援を否定。そもそも公的資金と引き換えだったはずのDRAM再編計画の前提をひっくり返す発言をする。しかも、台湾メモリーは提携先となるエルピーダかマイクロンから供与された技術を傘下の各社にライセンスし、各社は台湾メモリーにその技術で作ったDRAMを納入し、台湾メモリーが販売するビジネスモデルにするとぶち上げた。これではDRAM各社は下請けで製造受託する製造子会社的な位置づけになる。

6社の協力機運を吹き飛ばすような宣の方針に、DRAM各社のトップは猛反発。エルピーダ連合の一員であり、台湾メモリーの中心メンバーになると思われていた力晶半導体（社名当時）の董事長・黄崇仁は3月下旬にわざわざ記者会見を開き台湾メモリーには参画しないと宣言。台湾プラスチック傘下の南亜とマイクロンの連合も構想離脱を宣言する。[*71] 慌てた宣は2009年4月1日、台湾メモリーの技術提携先にエルピーダを選んだと発表するが、マイク

エルピーダメモリの財務状況の推移

現預金と自己資本比率の推移。2008年9月のリーマン・ショックとその後の世界同時不況で一気に自己資本比率が低下し、財政危機に陥っていく

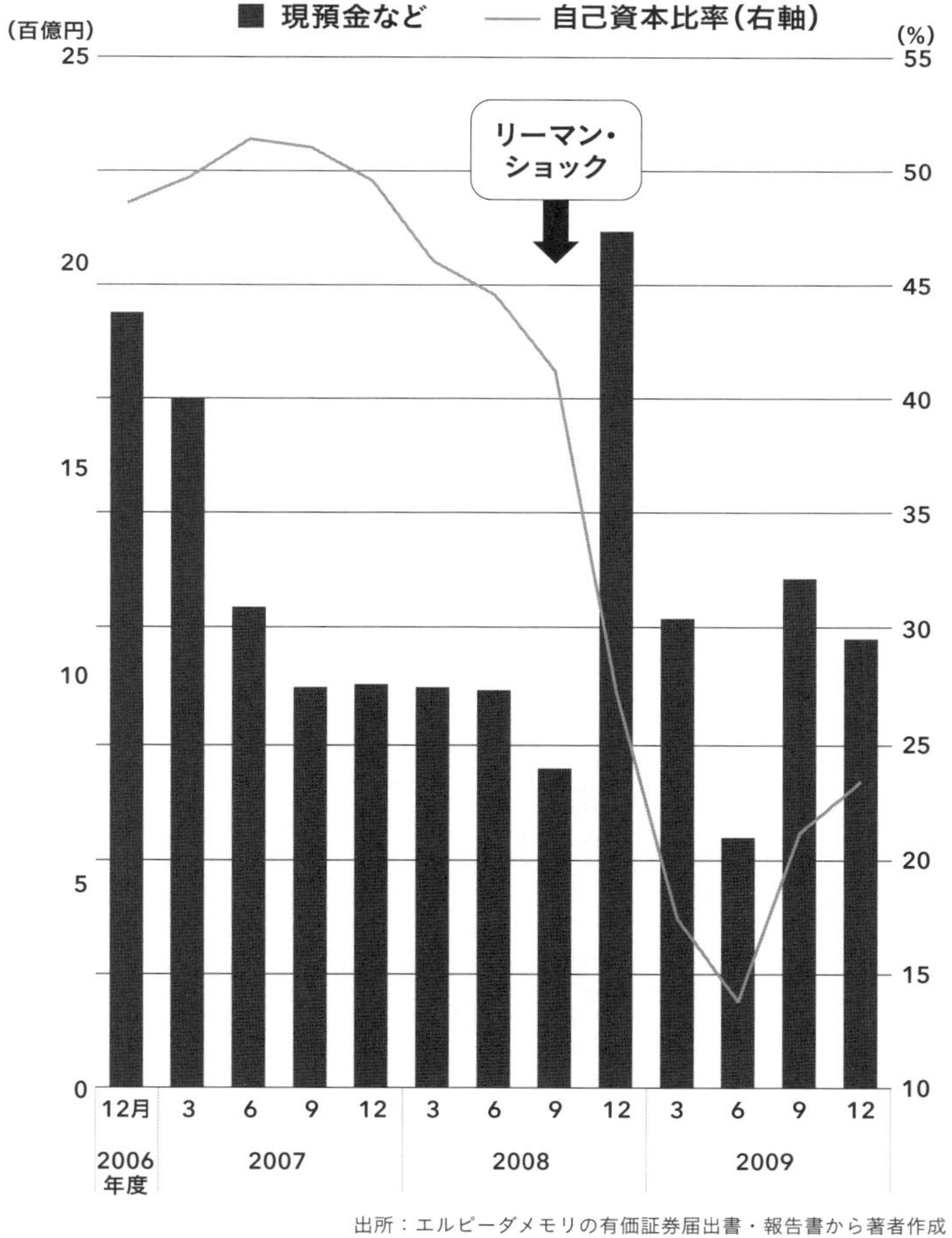

出所：エルピーダメモリの有価証券届出書・報告書から著者作成

ロンとの提携の可能性も引き続き探るとも発言。またもや再編の着地点が見えなくなった。[*72]台湾・経済部も7月になって突然方針を変更。エルピーダ系連合とマイクロン系連合の2グループに分かれても支援すると言い始めるが、混迷は深まるばかりだった。[*73]

そうこうしている間にDRAM価格が回復基調になり、再編への関心は徐々に薄れる。10月には南亜が支援要請を撤回し、再編構想から完全に離脱。[*74] 11月には立法府である立法院が当局による出資に反対する決議を可決して台湾メモリー構想はついえた。[*75]

坂本が一連の騒動を述懐する。

「理想は6社がまとまって台湾メモリー傘下に収まり、エルピーダの技術にそろえてコスト競争力と性能に優れるDRAMを作る道で、台湾の経済部ともその点では意見が一致していました。しかし、DRAM各社は自社ブランドを維持したいと譲らない。もちろんブランドは一つにそろえた方がいい。ではどうするのかなどと擦り合わせの議論をしていたのです。ところが宣さんの爆弾発言で全部ぶち壊しになりました」

「くせ者ぞろいの各社トップはそう簡単に一国一城の主の地位を諦めません。ただでさえ、5社も6社もまとめるのは難しかったのです。それでも政府が出てきて台湾メモリーを作って、その下で各社の社名も残しつつまとまるという形が見えてくると、政府の支援の方針がそれなら仕方ないなという機運になったのです。せっかくまとまりかけていたのに、宣さんが潰れるところは潰れればいいなどと言ったので各社のトップが怒った。南亜の親会社の台湾プラスチックのトップも怒り心頭でした」

「あのとき台湾DRAMの再編・統合ができていたら、今の半導体業界地図は全く違うものになっていたはず。見てみたかったです」

エルピーダにとって台湾のDRAM再編に絡むことは、業界の過当競争構造を変える効果のほかに、自らの資本増強にとっても重要な意味を持っていた。2007年中は5割前後を維持していた自己資本比率は赤字拡大で2008年になると下がり始め、2008年10月の変則CBによる500億円の調達の失敗による強制償還が2009年1月にあったこともあり、2009年3月期末には20%を割り込んだ。あらゆる手段で自己資本を拡充する必要があり、台湾当局からの資本注入が期待できるDRAM再編計画は、財務面からも是非とも成就させたいプロジェクトだったのだ。

頼みの綱の台湾メモリー構想が迷走し、キャッシュは日々流出する。エルピーダはもっと本格的な資本拡充の手立てを確保する必要があった。

リーマン・ショック後の世界不況と円高で窮地に立っていたのはエルピーダだけではない。実はこのとき、それら日本の輸出企業を救う国の新制度の準備が進んでいた。軸となったのは経産省と自民党で、企業に対して公的資金による緊急避難的な期間限定の資本注入を可能にする。それが産業活力再生特別措置法（産活法）の改正案だった。

広島工場増強から台湾メモリー計画まで

東京証券取引所第１部への上場で財政基盤の強化に成功。得た資金で一気に設備投資を進め、台湾メーカーとの提携などで「打倒サムスン」態勢を整えていく。ようやく全てのピースがそろった矢先に起こったのがDRAM市場の暴落とそれに追い打ちをかけるリーマン・ショック後の世界不況だった

2004年	6月	広島エルピーダ、総投資額5000億円で第2、第3の300ミリ製造ライン（E300エリア2、3）に着工
	9月	NEC広島の資産を買い取って名実ともに「自社工場」に
	11月15日	東京証券取引所第１部に株式上場。公募増資で約1000億円調達
2005年	10月	広島工場のE300エリア２量産稼働
2006年	10月	日立製作所から秋田県の後工程工場を買収
	12月7日	台湾・力晶半導体と台中に合弁DRAM事業会社の瑞晶電子の設立で合意
2007年	4月	旧NEC広島から引き継いだ200ミリ製造ラインの製造装置を中国・成都成芯半導体製造に売却
	6月	瑞晶電子の第１工場量産稼働
2008年	3月まで	広島工場のE300エリア２量産稼働。300ミリウエハー生産能力が月産11万枚に
	6月11日	キマンダとDRAM共同開発提携契約
	8月6日	中国・蘇州での合弁工場計画発表
	9月15日	リーマン・ショックが発生、以降は金融危機・世界不況に
	11月6日	中国・蘇州での合弁工場計画を凍結
	11月11日	キマンダとの提携凍結
2009年	3月5日	台湾当局、DRAM6社を再編統合する台湾記憶体公司（台湾メモリー）計画を発表
	3月16日	瑞晶電子を連結子会社化

出所：各種資料から著者作成

第9章

エルピーダメモリ消滅まであと1899日

公的支援とiPhoneで息を吹き返す

▼リーマン・ショック後の金融危機で苦境に陥る国内企業を支えるため、政府・自民党は金融機関でない企業にも公的資金で資本注入できる制度を作る
▼エルピーダメモリは新制度適用第1号となり、300億円の公的出資を日本政策投資銀行から受ける
▼同じ頃、初めてiPhoneに採用。スマホ時代になってもモバイルDRAMでは業界をリードする

「世界経済は日々急激に悪化している。回復の兆しは全く見えない状況だ」

2008年12月17日、恒例の年末記者会見に臨んだホンダ社長の福井威夫は厳しい表情で世界不況の状況を説明した。[*76] 年末会見では異例の、2009年3月期通期業績予想の下方修正を発表したのだ。下期の営業損益が1900億円もの赤字になり、通期では8割の営業減益になる見込みだとした。市場、社会に衝撃が走った。

翌週の12月22日、今度は日本最強の企業、トヨタ自動車が電撃発表をする。2009年3月期の連結営業損益が1500億円の赤字と、戦後初の営業赤字に転落する見込みだという。秋以降、北米を中心に販売台数が急減していたうえ、急速な円高が円換算の利益を目減りさせていた。[*77] 発表記者会見で社長の渡辺捷昭は、「経済悪化が予想を上回るスピード、広さ、深さで進行している。今回の危機はこれまでとは質が違う」と、想定をはるかに超える需要縮小と円高のダブルパンチのショックを隠さなかった。[*78]

トヨタはわずか1カ月前の11月6日に通期営業利益の予想を1兆6000億円から6000億円へ下方修正し、翌日の株価がストップ安となり、日経平均株価が600円を超える下落となる「トヨタショック」を市場に巻き起こしたばかりだった。赤字転落発表後の株式市場での株価下落は11月のときほどではなかったが、「トヨタでさえ赤字」のショックは社会や政治にも大きかった。

そして年が明けて2009年1月22日、ソニー（現ソニーグループ）が通期連結赤字への転落の見通しを発表する。[*79] ホンダ、トヨタ、ソニーという日本を代表するグローバル企業が半期や通期で赤字を出す、異常事態だった。赤字転落見通しを受けソニーとトヨタは希望退職などによる人員削減も発表。[*80] いよいよ不況色が強まった。

2008年9月に発足したばかりの麻生太郎内閣はリーマン・ショックを受けてもともと早期の実行を目指していた解散を封印していた。10月、12月と経済対策を打ったが、年を越してなお雇用不安が優良大企業にまで広がり、自民党内にはさらに強力な経済対策を求める声が高まる。海外を見ると、米国は保険最大手のアメリカン・インターナショナル・グループ（AIG）やシティバンクなど金融機関の救済に加え、自動車のゼネラル・モーターズ（GM）とクライスラーに当面の破綻回避に政府によるつなぎ融資を2008年末に実施。フランスも企業支援を打ち出すなど、政府が信用不安による企業破綻を回避するため、緊急避難的な公的資金を供給する流れができつつあった。

公的資本注入を政府に迫ったリーマン危機

麻生内閣もその流れに乗る。2009年1月27日、政府は金融機関ではない一般事業会社に公的資金で資本注入する制度の創設を発表する。産業活力再生特別措置法（産活法）を改正し、同法に基づく認定を受けた企業に日本政策投資銀行（DBJ）や民間銀行が期限つきで出資し、その大部分を政府が保証するというスキームだった。緊急避難資金を政府が供給して、世界的な信用収縮による不要な企業破綻を避ける、欧米に追随する政策だった。[*81]

直後の衆議院代表質問で麻生はこう宣言した。[*82]

「100年に1度の世界的な金融危機で、世界が同時にかつてない不況に入りつつある。異常な経済には異例な対応が必要だ」

エルピーダメモリは2009年1月9日、10月に発行した500億円の新株予約権付社債（転換社債＝CB）のうち株式に転換されずに残っていた440億円の強制償還を余儀なくされ、自己資本比率が2割を切ってきた。いよいよ資本増強策が必要だった。そんな折に出てきたのが、公的資金による資本注入だった。必要な産活法改正案の法案を麻生内閣が2月3日に閣議決定すると早速、新制度の適用申請に向けた準備作業を始める。[*83]

エルピーダが改正産活法の公的支援の申請に動いていることは報道で周知の事実となった。2009年4月中旬、経済産業省事務次官の望月晴文は定例記者会見でエルピーダについて記者に問われると、「産業政策上たいへん重要です。国内に1社しかないDRAMメーカーで、需要側からみれば非常に重要。全体の供給から見ても重要な企業です」と答え、産活法による支援を前向きに検討していると示唆した。[*84] エルピーダへの公的資本注入の流れは固まりつつあった。

改正産活法は2009年4月22日、国会で成立し、同月30日に施行された。

施行された改正産活法が公的支援の条件の一つに設定していたのが、2008年10月から2009年9月までのいずれかの四半期決算での前年同期比20％以上の売上高減少だった。エルピーダは2008年10〜12月期決算で前年同期比3割を超える売上高減少を記録していたのでの条件は〝楽々〟クリアしていた。

もう一つの条件が3年間で有意に企業価値を上げられると見込める再建計画の策定だった。こちらは台湾のDRAM再編構想が大きな後押しになった。台湾当局が出資して設立を準備していた統合会社である台湾記憶体公司（台湾メモリー）の準備室が、技術提携先にエルピーダを選定したと2009年4月1日に発表したので、少なくとも産活法認定の申請では再建計画に台湾メモリーとエルピーダを核とする日本・台湾DRAM連合が形成されると書き込めた。

2009年6月下旬、エルピーダは改正産活法の資本注入を正式に申請する。そして6月30日の朝、坂本幸雄は当時経済産業大臣だった二階俊博から産活法適用の認定証を受け取る。二階は「DRAM供給の確保は国民生活や経済産業活動を支える観点から極めて重要だ」と記者公開の認定証授与で宣言した。「政府も重大な責任を痛感しながら第1号案件として成功させたい」とも語った。[*85]

認定を受けた後に記者会見に臨んだ坂本幸雄はこう語った。[*86]

「DRAMの競争は最終レースに入った。投資余力と技術開発余力がないと振るい落とされる。次の微細加工技術への世代交代を超えてキャッシュポジションと技術をつなぐために公的資金の導入を選んだ。ほかの銀行に与える影響を考えると公的資金を入れるのがベストと考えた」

「3年後のDRAM業界は世界で2、3社に集約されるとみている。韓国1社、日台連合1社、米台連合が１社だ。再編統合が起きれば市況は落ち着く。台湾勢はそう遠くない時機にエルピーダかマイクロン・テクノロジーのどちらかの連合に色分けされるだろう。台湾メーカーは１社か２社に集約する必要がある」

このとき、坂本は国内唯一のＤＲＡＭメーカーであるエルピーダを、国策として支える決意を国が固めたという印象を強く持ったに違いない。それが、ときの政権のその時点での方針にすぎなかったことを、坂本は後々痛感することになる。また第８章で述べた通り、台湾のＤＲＡＭ再編構想は「絵に描いた餅」（坂本）に終わる。つまり坂本が期待していた業界再編は起こらず、小さな島に６社も下位ＤＲＡＭメーカーがひしめき、ちょっと価格が上がると増産に走り、ＤＲＡＭ市況全体を壊すＤＲＡＭ業界の構造問題はその後も温存されるのだ。

ともあれ２００９年夏の時点では、産活法認定でエルピーダは資本増強の道筋を立てることができた。折しも２００９年春からＤＲＡＭ価格がようやく底入れしていた。６月には２００８年秋以来久しぶりに１Ｇビット換算で１ドル台を回復し、８月には１・５ドルまで回復する。[*87] エルピーダにとっては、台湾子会社の瑞晶電子（レックスチップ・エレクトロニクス）を含めた連結ベースでようやく採算が取れるレベルになってきた。

２００９年８月31日にはＤＢＪによる３００億円の出資が実行され、坂本は一気呵成《いっきかせい》にさらなる資本増強を決意する。２００９年９月１日、エルピーダは最大７８４億円を公募増資で調達する計画を発表した。[*88] ２０１０年３月期中に社債償還などで返済が必要な債務が

事業再構築計画認定証を受け取る
2009年6月30日、経済産業大臣・二階俊博から産業活力再生特別措置法の適用認定証を受け取るエルピーダメモリ社長の坂本幸雄

写真：日本経済新聞社

1200億円あり、産活法絡みで調達できる1400億円だけでは、最低限必要な研究開発や設備投資ができない。そこで、市場の反発を承知で公募増資に踏み切った。発表翌日エルピーダ株は投げ売られストップ安に。その後も値を下げ、9月14日に決まった発行価格は一株1152円と、8月下旬の株価だった1500円近辺より大幅に安くなった。それによって手取りで調達できる金額は601億円にとどまった。*89

それでも公募増資は実行され、この年度は総額2000億円の資金調達に成功することになった。2009年7～9月期は2007年7～9月期以来2年ぶりの営業黒字に転換。エルピーダはようやく存亡の危機から抜け出した。

「iPhone 3GS」のビッグウェーブに乗る

2009年6月26日早朝、東京の表参道にあるソフトバンクモバイル（当時、現ソフトバンク）の旗艦店の前には、徹夜組を含めて200人を超える行列ができていた。iPhoneの新モデル「3GS」が午前7時に日本で最初にここで発売されるのを待ち構えていたのだ。販売が始まると親会社のソフトバンク（当時、現ソフトバンクグループ）社長の孫正義と、ソフトバンクモバイルの広告キャラクターに起用されていた女優の上戸彩が店先に登場する。孫は興奮気味に集まった購入客に呼びかけた。[*90]

「iPhoneを使えばインターネットが生活の一部になります。モバイルインターネット革命が起こるのです」

報道でこの光景を見た坂本は力が湧く思いだったという。この3GSからついに、iPhoneのDRAMサプライヤーの一角にエルピーダが入り込んでいたからだ。その理由と意義について後にこう語っている。

「テキサス・インスツルメンツ（TI）時代に『ティーチャー（師匠）カスタマー』という考え方を学びました。市場のリーダー的存在の顧客の要求を必死になって満たし、共同開発のようにして製品を設計し作り込むことで、その顧客のトップサプライヤーになる。リーダーなので難しい要求を突き付けてきて、価格要求も厳しいのですが、そこを耐えてサプライヤーになると、自然にその用途での品質や性能、供給力などへの信頼が生まれ、同業他社からも同じ製品の注文が入ります。その用途での一種の標準品の地位を得られるんです。なので、最初は採算が厳しくても、必要なことを教えてくれる師匠であるリーダー顧客についていくことが、半導体ビジネスでとても大事だという考え方でした」

「モバイルDRAMを強みとしていたエルピーダにとって、iPhoneによってスマホという新たなIT機器のカテゴリーを創り出し、新型を出すごとに大ヒットさせていたアップルは、まさにティーチャーカスタマーにすべき存在でした。3GSでiPhone向けのモバイルDRAMの受注を初めて獲得したのですが、そのときの価格は社内が騒ぎになるほど低かった。いくらロットが大きくても、とても採算が取れない価格でした。でも、僕はとにかく採用されることが大事で、後は自ずと道が開けると確信したので、『そのうち分かるよ』と言ってみんなを説得しました」

「実際、当時iPhoneのDRAMには色々技術的な課題があって、他社に先駆けてエルピーダがそれらの問題を解決していったのです。それでアップルには随分褒められて高評価が固まりました。設計を変更したりして、こちらもコストをかけながら問題解決に取り組みました。アップルが難しい課題を設定して、まさに師匠のように鍛えてくれたといえます」

「アップルは同じ部品を複数メーカーから調達して、常に品質や納期、性能などを比較評価して教えてくれます。エルピーダのDRAMはそういうわけで、最初に採用されたときから常にトップクラスの評価でした。するとその後は、厳しい価格交渉抜きに発注が来るようになり、利益が出る価格で納入できるようになります。何しろロットが巨大ですから、アップルはエルピーダにとって最重要顧客になっていきました」

「また、iPhoneに採用されると、こちらが営業にさえ行ってない携帯端末メーカーからモバイルDRAMへの引き合いが来るようになりました。しかもアップルより良い価格です。iPhoneの新モデルが発売されると、専門家が分解して部品をあれこれ分析した記事があちこちのウェブに掲載されますよね。そういった記事で、『DRAMにはElpida（エルピーダ）ってロゴがある。Elpidaって何だ？』などと紹介されます。すると、広告費や営業経費ゼロで世界中にエルピーダ製DRAMの名がとどろくのです。これぞティーチャーカスタマーに必死になってついていった効果でした」

2007年にiPhoneを発売して、「スマホ市場」を創造したアップルは、リーマン・ショック後の大不況が覆った世界とは全く異次元の宇宙に生きていた。売上高は2009年9月期通期が31％成長、3GSがフルに寄与した2010年9月期は53％も急成長。営業利益は6～8割という驚異のペースで伸びていた。2008年末に760億ドルだった時価総額はわずか1年後の2009年末には3倍超の1900億ドルに急増。さらに1年後の2010年末にはそこからさらに2倍の2970億ドル（当時のレートで約24兆円）にもなっていた。しかもこれは、その後の時価総額世界一への道のりの、ほんの序章でしかなかった。

iPhone 3GSは発売からわずか3日で100万台を売る大ヒット商品となった。特に人気だったのはその動画機能で、動画共有サイトのユーチューブへの投稿数が爆発的に伸び、通信会社のネットワークがトラフィックの急増で遅くなる現象が起こったほどだった。孫の言う通り、iPhoneは消費者が受信にも発信にもインターネットを使いこなす、インターネット革命を起こしつつあった。

この頃、エルピーダでモバイルＤＲＡＭの開発・設計のリーダーだったのが、後に坂本の後を継いで会社更生中のエルピーダの社長兼管財人となり、マイクロンによる統合が完了してからはマイクロンのＤＲＡＭ生産日本法人の社長を務めることになる木下嘉隆だった。木下はこう回想する。

「当時我々技術陣はモバイルＤＲＡＭの技術に関しては、業界トップのサムスン電子にも負けないという絶大な自信があった。実際、２０１０年の初めに設計を工夫して、チップサイズを従来の半分くらいに小さくできるやり方を見つけたんです。回路線幅40ナノの世代です。それで、世界一小さいモバイルＤＲＡＭ、パソコン向けの汎用ＤＲＡＭよりも小さいチップが作れると言ったら、坂本さんがびっくりしちゃって、すぐには信じてくれなかったのです」

「僕のいないときにチームの技術者に『木下がクレイジーなこと言っている。あり得ないだろう。本当に大丈夫なのか？』と、聞き回っていたそうです（笑）。モバイルＤＲＡＭは、記憶素子以外の部分に余計な回路が必要で汎用ＤＲＡＭに比べて大きくなるというのが当時の常識でした。その常識をひっくり返してしまったのですから、信じられないのも無理がありませんでした」

「こちら側としては、確たる勝算があったのでどんどん開発を進めました。そして本当に開発に成功しました。サムスンに完勝でした。開発成功は２０１０年5月に発表したのですが、一番驚いたのはサムスンだったと思います。エルピーダにチップサイズで負けるなんて彼らにとってみれば衝撃だったでしょう。その後、２世代くらいはチップサイズでサムスンをリードしていたと思います」

50ナノよりも細かい微細加工には、フッ化アルゴンエキシマレーザー（ArF）という、波長の短い特殊なレーザー光を水中でウエハーに照射して回路を転写する「ArF液浸」と呼ばれる最新技術を使った露光装置が必要だった。それ以前の露光装置の価格が1台数億～20億円だったのに対し、ArF液浸の露光装置は1台40億～50億円もした。

エルピーダは2008年に1年間かけてオランダのASML、日本のキヤノンとニコンのArF液浸露光装置を性能評価して、結局ASML製を選定。業績悪化で資金も苦しかった2009年3月に最初の1台を購入した。[*91] 2009年夏に産活法適用やそれに伴う協調融資、さらには公募増資で合計2000億円の資金調達に成功すると、ようやく2010年3月期中に複数台のArF液浸露光装置を導入できるようになった。[*92] 40ナノによる世界最小モバイルDRAMはまさに、ギリギリの資金調達が可能にした技術開発競争のたまものだった。

iPhone効果と日台5社連合で立て直し

2009年夏からはリーマン・ショック後の世界不況にも底入れ感が出てきた。日本は

2009年4~6月期の国内総生産(GDP)が5四半期ぶりのプラス成長に浮上。米欧は7~9月期にプラス成長に転換した。さらに、10月にはマイクロソフトが新OSの「ウィンドウズ7」を発売。事前から引き合いが好調で、夏からのパソコン生産増、DRAM需要拡大の流れを作った。汎用DRAM価格は2009年末まで上昇を続け、12月前半には1Gビット換算で1個2・5ドル近辺に達した。これでDRAMメーカーは各社とも利益が出るようになった。2010年に入っても汎用DRAM、モバイルDRAMの需要は強く、春にはパソコンメーカーや携帯端末メーカーが希望量を仕入れられない「メモリー不足」とさえ言われる状況になった。[*93]

この頃の坂本はことあるごとに、モバイルDRAMについて「需要の半分しか供給できていない」などと機会損失を嘆いていた。[*94] 業績悪化で特に序盤までは存亡の危機にあった2009年度にキャッシュ温存のため設備投資を前年の半分未満の年間440億円に抑えた結果、先端技術を要するモバイルDRAMの生産能力拡大が十分にできなかったことが響いたのである。

それでもiPhone効果や経済環境の好転、DRAM市況の好転で、エルピーダの業績は上向いていた。2009年10~12月期には四半期最終損益が2007年7~9月期以来9四半期ぶりに黒字に転換。その後も利益は増え、2010年1~3月期には四半期純利益の過去最高を更新した。エルピーダの存続期間中の四半期ベースの最高益は、最終利益が2010年1

～3月期の336億円、営業利益は4～6月期の444億円だった。

この間、台湾の力晶半導体（パワーチップ・セミコンダクター）との合弁DRAMメーカーの瑞晶電子への出資比率を2009年10月に64％に引き上げる。[*95] 続いて11月には同じく台湾の茂徳科技（プロモス・テクノロジー）、華邦電子（ウィンボンド・エレクトロニクス）と相次いで生産委託契約を締結して瑞晶、力晶半導体、茂徳、華邦とエルピーダの5社連合を形成した。[*96] 2010年3月末時点で、瑞晶の生産能力が300ミリウエハー月産8万枚、力晶への委託生産が1万～2万枚、華邦が1万枚となった。茂徳は2010年中に3万5000枚規模でエルピーダの技術による生産体制を整える計画だった。[*97]

前に述べた通り、台湾当局主導によるDRAM再編構想は2009年秋に立法院で出資反対決議がなされて完全に頓挫していた。このためエルピーダは2010年3月、産活法認定の際に提出した再建計画に、「台湾のDRAM統合会社からの200億円程度の出資受け入れを協議中」と書いていた部分を修正し、「台湾の民間DRAM企業との提携を進める」と書き換えて再提出している。[*98]

エルピーダを軸とする5社連合の形成は、無益な増産投資競争に走る台湾メーカーを減らす効果を狙っていた。この時点で台湾DRAM産業は、エルピーダ系5社連合と、台湾プラスチック傘下でマイクロンと連合を組む南亜科技（ナンヤ・テクノロジーズ）系2社の2グループに集約された。その結果、世界のＤＲＡＭ業界は、サムスン、ハイニックス半導体、エルピーダ系連合、マイクロン系連合の大きく分けて４グループにまで再編・集約が進んでいた。だがそれでもなお、需給逼迫で価格が上がると過剰設備投資で需給が緩み市況が崩壊する悪循環に陥る構造は解消していなかった。各社はそれをすぐに痛感することになる。

エルピーダの有価証券報告書によると２０１０年４月20日、子会社の瑞晶電子は、台北エクスチェンジの新興株市場である興櫃（エマージング）市場に店頭登録。子会社が設備資金の一部を自力で株式市場から調達できる体制が整った。エルピーダ自身は２０１０年、米国のスパンション（当時、２０２０年にインフィニオン・テクノロジーズに買収された）とＮＡＮＤフラッシュの共同開発と製造受託から成る提携契約を締結。市況変動が激しいＤＲＡＭ一本足打法からの脱却の足がかりもつかんだ[*99]。

つまりエルピーダは２０１０年夏までに、高付加価値のモバイルＤＲＡＭや非ＤＲＡＭ品の製造受託の比率を広島工場で高め、価格変動しやすいパソコン向けの汎用ＤＲＡＭに頼らなくて済む効率的な生産配分に向かって進める体制を理論上は整えた。業界再編も進め、産活法適用で提出した３年以内の収益基盤強化計画は達成に向け順調に進んでいるかに見えた。

政権交代で吹き始めた逆風

ただし、エルピーダを取り巻く社会情勢は決して好ましい展開ではなかった。

まず、それから数年間の日本の経済社会の命運を大きく左右する結果になった2009年8月30日の衆議院選挙である。自民党が1955年の結党以来初めて第1党の座を明け渡す歴史的惨敗を喫し、鳩山由紀夫を党首とする民主党と社民党、国民新党による連立政権への政権交代が決まった。

連立協議に2週間かけ、2009年9月16日に発足した鳩山内閣の顔ぶれは、自民党政権での閣僚経験のある小沢一郎グループの藤井裕久や国民新党代表の亀井静香のような閣僚もいたが、社民党党首の福島瑞穂や赤松広隆など、旧社会党の流れを汲む左派政治家も混ざっていた。民主党連立政権では、相当程度「反大企業」「反財界」的なイデオロギーを持った政治家の影響力が働くことを覚悟しなければならない。そんな現実を印象づける組閣人事だった。

公的資金による資本注入と、それを論拠として銀行団による協調融資を受けたエルピーダにとって、国産DRAMメーカーを確保するという国策の存在は死活的に重要だった。

ＤＲＡＭ一本足打法を脱却し、事業の多角化による収益の安定、収益力強化による自己資本の拡充、資本の拡充に基づく資金調達力の強化といった、一連の収益基盤強化の途上では、後ろ盾が必要だったのだ。収益基盤が強くなる前では、いったいいつＤＲＡＭ市況や為替レートの変動で大赤字を出し、財務危機に陥るか分からない。市場変動の荒波に耐えられる収益基盤を確立できるまでは、簡単にハシゴを外してもらっては困るのだ。経済環境は刻一刻と変わり、必ずしも計画通り業界構造、事業構造の変革が進むとは限らない。もともと、改正産活法で定めた経営再建期限３年と関係なく、国策として支援企業を支えていく覚悟が求められる決断であったはずなのだ。

改正産活法という政策をリーマン・ショック後の金融危機下で立案した経産省の幹部も国のそのような役割をよく分かっていたはずだ。国策企業だといって単に無条件に保護するのではなく、市場の荒波に耐えられる収益構造を確立するための時間的猶予を与える立て付けにしたのも、まさに収益基盤の構築を政策目標としていたからこそだった。

経産省で改正産活法立案の中核となっていた、商務情報政策局審議官の木村雅昭は坂本と多くの議論を重ね、ＤＲＡＭ業界構造の再編やエルピーダの生産品種の多角化など、必要な要素を全て理解していた。このため、２００９年春の台湾当局主導の台湾ＤＲＡＭ再編構想でも、坂本とともに台湾のカウンターパートである経済部幹部との議論・交渉に参加していた。その辺りの経緯は、坂本自身が自著『不本意な敗戦 エルピーダの戦い』（日本経済新聞出版）

で詳述している。[*100]

ただし、このような産業政策の奥義ともいえる思考が「政官財の三角形」を悪の枢軸のように捉える左派政治家が混ざった民主党連立政権で通用する保証は全くなかった。そして実際、この政権交代は最後にエルピーダ自力再建の道を閉ざす大きな要素となる。

もう一つ、すでに2008年のリーマン・ショック後の危機のときから顕在化していたエルピーダにとっての社会情勢の逆風は、日本銀行（日銀）のタカ派的傾向だった。

デフレ克服のために実施していた「ゼロ金利政策」と「量的緩和」という非伝統的金融政策を福井俊彦が総裁だった2006年、金融政策の正常化を急いで拙速に解除。さらに2008年4月に総裁に就任した白川方明は、リーマン・ショックという世界的な非常事態にもかかわらず、主要7カ国（G7）中央銀行が2008年10月に実施した協調利下げに加わらず、その前日に開かれた日銀金融政策決定会合でさっさと政策金利維持を決めるなど、かたくなにタカ派姿勢を示していた。

その後の急速な円高進行にも常に金融政策による対応を出し渋ったうえ、円高をいわば放置する。プラスのインフレ目標の設定も拒否し続け、為替レートを金融政策の政策目的にしないという原則論を貫いたのだ。円高による実体経済への影響が再び深刻化する2010年後半になって、ようやくゼロ金利政策と量的緩和を恐る恐る再開した。だが、そのときにはすでに、デフレの悪化による実質金利の高止まりという、円高の構造要因が外為市場に根付いてしまっていた。

民主党政権とタカ派日銀という日本のマクロ政策をつかさどる体制の異変はその後のエルピーダの命運を大きく左右していく。

第10章

エルピーダメモリ消滅まであと1257日

供給過剰と円高の二重苦再び

▼DRAM需給の逼迫《ひっぱく》と価格の安定は一瞬で終わり、2010年夏から再び汎用DRAM価格の急落が始まる
▼2010年の外為市場では欧州金融危機などから円だけが上がる独歩高が進み、2008年末を超える円高がDRAM採算悪化をより深刻化
▼汎用DRAM依存からの脱却が遅れ、市況変動への耐性でライバルからの劣後が目立ち始める

「不況と言ってもよい」

2010年9月後半、坂本幸雄は日本経済新聞の取材にこうもらした。*101 ついこの間の5月はDRAM不足が世の中の話題だったはずだが、風景は夏の間に一変してしまっていた。

2009年10月に発売された「ウィンドウズ7」を搭載したパソコンの販売好調が息切れしてきたのはちょうど春の半導体不足のときにパソコンメーカーの多くが部品在庫を増やした矢

先だった。汎用ＤＲＡＭの需給は２０１０年の６月、７月と月を追って緩んでいった。６月に天井感が出ていた大口ＤＲＡＭ価格は７月前半になると早くも６月末比で３～４％も下落し、下落局面入りが鮮明になった。[*102] ９月には値下がりが加速し、５月末に２・６ドルを超えていた１Ｇビット品の価格は２ドル前後まで下がってしまった。[*103] エルピーダメモリの採算ラインは１ドル台前半と見られていたのでまだ余裕はあったが、この先には明るい見通しが描けない状況だった。

見通しを悲観せざるを得なかった大きな要素は、またぞろ始まっていた供給過剰だ。ＤＲＡＭが引く手あまたで需給が逼迫《ひっぱく》していた２０１０年前半、供給圧力の元になる設備投資も加速していたのだ。２０１０年５月、最大最強のライバルであるサムスン電子は２０１０年の研究開発費と設備投資の全社総額を年初の計画より４割も増額し、過去最高の２兆１０００億円にすると発表した。そのうち半導体設備投資は８９００億円にも上る。[*104] エルピーダもほぼ同じタイミングで２０１０年度の設備投資額を前年度の２倍以上の１０５０億円程度とする計画を打ち出す。[*105] ＡｒＦ液浸露光装置など、40ナノを超えて30ナノ台の微細加工技術を視野に入れた装置の購入に充てる計画だった。

そのわずか２カ月後の７月下旬、サムスンは早くも回路線幅30ナノ台と最新型のパソコン、サーバー向け汎用ＤＲＡＭの量産を始めた。発表より前から設備投資の加速を進めていたのであろう。微細化を他社より一段進めた結果、ウエハー１枚から取れるチップの数が従来品に比

DRAMの大口取引価格の推移
パソコン大口需要家向け1Gビット品の2009年1月から2010年12月までの価格推移

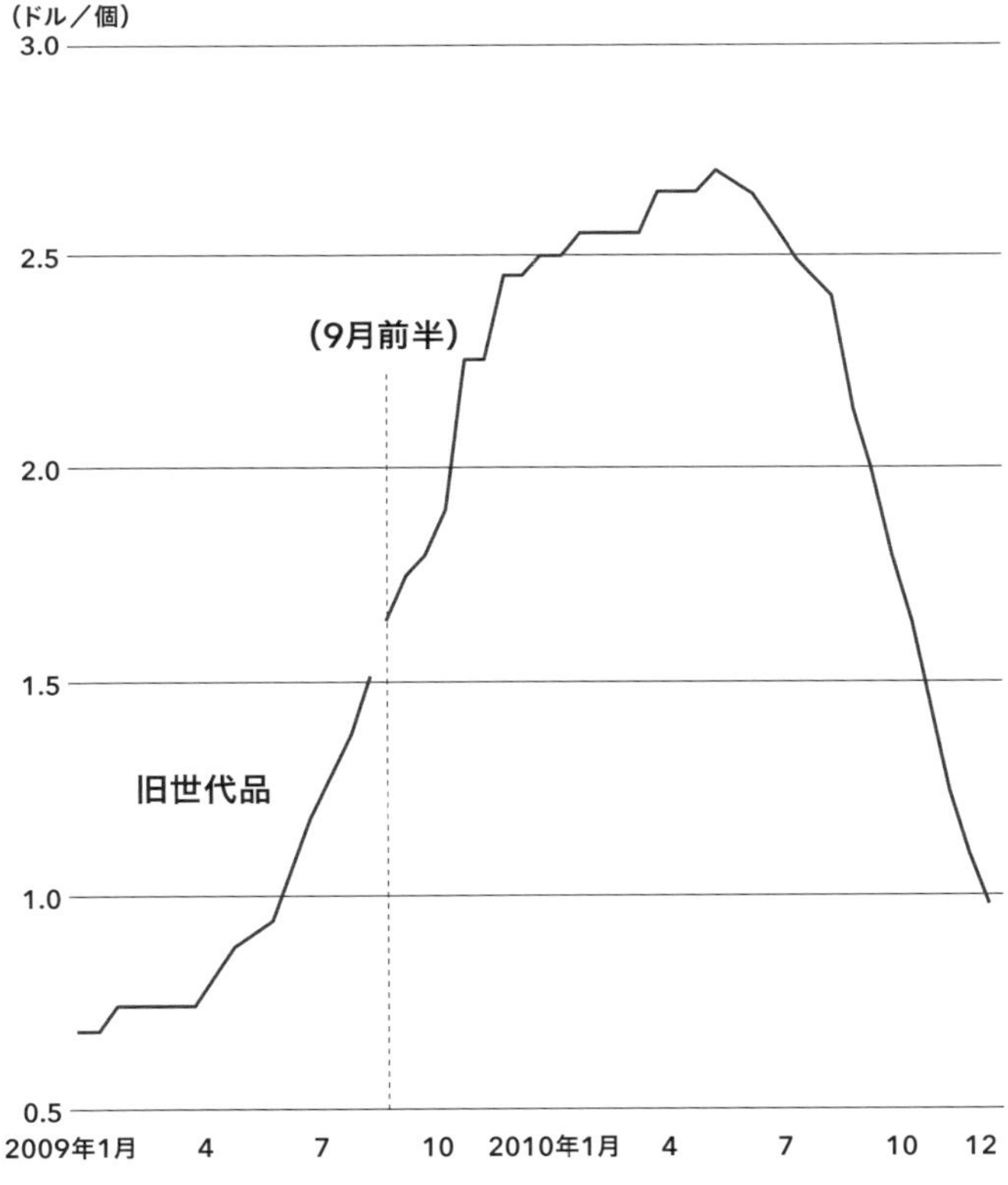

出所：日本経済新聞調べ。2011年1月7日付け日本経済新聞電子版掲載

べて1・5倍以上に増える。増産効果でコスト競争力が高まる見込みだった。[*106]

同じ頃、台湾DRAM最大手の南亜科技（ナンヤ・テクノロジーズ）、南亜とマイクロン・テクノロジーの合弁DRAMメーカーである華亜科技（イノテラ・メモリーズ）が2社合計の設備投資額を従来計画比で2割増額し、2400億円程度にすると発表する。[*107] 春先の堅調な市況を反映して、各社がまたぞろ増産モードに入ってきたのだ。供給が増えると見通したパソコンメーカーなど需要側は、価格交渉で強気に出る。そうしてパソコン向けDRAMの価格はまるで2008年秋の再現のように下落していく。とうとう2010年12月後半には2009年6月以来1年半ぶりに再び1Gビット品1個の価格が1ドルを割り込んでしまう。[*108]

もう一つ、リーマン・ショック後のときよりも一層深刻さを増していたのが、円高だった。2008年秋に1ドル＝90円を切るまで円高が進んだ後、ドル円レートは90円台で落ち着いたかに見えた。ところが2010年春以降、再び円高が加速する。しかも、今度は6月に1ドル＝90円を突破してもなお、じりじりと円高が進行し、前回をはるかに超える深刻な円高が進んだ。10月には1ドル＝80円台を付けるようになり、円高は最大の政治問題になり、日銀にも金融緩和を求める強い圧力がかかる。

円高に後手踏むタカ派白川日銀

一方、韓国ウォンは、2008年末の超ウォン安に比べれば水準を戻したものの、1ドル＝1100ウォン前後と割安な水準を維持していた。エルピーダや東芝といった韓国勢と競争する半導体メーカーへのダメージが大きくなっていた。2010年10月以降、エルピーダとライバルのサムスンは対照的な動きに出る。

エルピーダが2010年11月4日に発表した7～9月期決算では営業利益率16％と、前の四半期の25％から急減。リーマン・ショック以来2年ぶりに減産する計画を明らかにした。広島工場、台湾子会社の瑞晶電子（レックスチップ・エレクトロニクス）の両方で、価格下落の厳しい汎用DRAMの生産量を減らすとした。年内にも実行を検討していた瑞晶の第2工場建設も延期の検討を始めた。[*109]

決算説明会で坂本幸雄はこう話した。[*110]

「パソコンそのものの需要が鈍ったうえに、（小型ノートパソコンへの需要シフトやコスト競争で）搭載するDRAMの容量も減っている。2011年の1月くらいまでパソコン向けは厳しい状況が続く。（2010年）10～12月期は何とか黒字を目指すものの、相当にきつい」

「他社に先駆けて減産する。現状は（業界全体で）10％供給過剰とみている。パソコン向けの生産能力を23万枚から17万枚に26％減らす。これ以上の価格下落を何とか避けたい。DRAM業界は生産過剰による価格下落で何度も痛い目にあっており、その学習能力が試されている」「需要が四半期ごとに2割拡大しているモバイルDRAMに注力する。スマホ向けは年85％増を期待できる。広島工場をモバイルDRAM拠点に変え、需要増に応えたい」

「1ドル＝80円近辺という為替水準はいかんともし難い。韓国、台湾は何らかの方策で自国の通貨を弱く（為替が安くなるように）誘導しているようだ。米国も金融緩和を通じて事実上のドル安政策を採っている。日本だけ何もしていない。このままでは日本の（生産や研究開発などの）オペレーションを縮小し、海外に出ていかざるを得ない。輸出産業は1ドル＝80円でやっていくのは非常に難しい。2年後には（企業の海外移転という）明確な形として（影響が）出てくるだろう」

この少し前の2010年10月上旬、エルピーダは新たに新株予約権付社債（転換社債＝CB）を発行し600億円を調達する。これからくる嵐に備えた資本増強であり、広島工場で汎用DRAMの減産が始まるタイミングでモバイルDRAM向けの製造装置に入れ替える設備投資に200億円を充てるためだった。[＊三] さらに2010年11月25日、エルピーダは台湾証券取引所にも株式を上場する方針を発表する。実際の上場は約3カ月後の2011年2月。上場に伴う公募増資で119億円を調達する。嵐が本格化する前に資本増強に打てる手は打った。

一方、供給過剰を避ける「業界の学習能力」への坂本の期待は、あっけなく空振りになる。

サムスンは2010年7〜9月期、半導体部門で過去最高の四半期営業利益を上げる。発表直後の10月31日には、この年2回目となる半導体設備投資の上積みを明らかにする。回路線幅40ナノ台より小さい微細度の製品の比率を上げ、コスト競争力を強めながら増産する構えだった。ウォンの相対的な対ドルレートの安さが効いていたのは明らかで、ここぞとばかりにエルピーダを追い落としにかかってきたようだった。[*112]

為替政策を巡る坂本のコメントは、輸出企業の経営当事者としての嘆き節にも聞こえたが、実際問題として、中国、韓国、台湾の東アジア各国が為替介入で自国通貨の対ドル上昇を防いでいるというのは、金融市場の一致した見方だった。韓国の中央銀行幹部は「ウォン相場の急激な変動は為替介入によってなだらかにする」と、公言してはばからなかった。[*113]

もう一つ、日本のマクロ・金融政策そのものが円高を自ら招いていた要素があったのも間違いない。

国内景気や欧州金融不安の影響、円高の影響などについて経済界に比べて楽観的な姿勢を崩さなかった日銀総裁の白川のリードで、円高が進行していた2010年8月10日の定例政策決定会合で日銀は金融政策の変更を見送った。すると円高はますます進行。経済界からの悲鳴、世論に押された政治からの要求を後追いする形で、同じ月の30日に臨時政策決定会合を開いて、資金供給を増額する追加緩和策の実施に追い込まれる。

それでも円高は止まらない。そこで9月15日、財務省は6年半ぶりに円売り・ドル買いの為替介入を実施するが1日限りの単発だった。日銀総裁の白川はこの期に及んでもなお、「低金利が将来にわたって継続するとの予想は、バブル発生の必要条件である」と、介入翌日の9月16日の講演で、デフレや円高どころか資産インフレ過熱への警戒感を強調する、いわば「馬耳東風」の緩和懐疑論を展開した。[*114] 為替市場はそんな白川・日銀のタカ派スタンスを見透かしたようにさらに円を買い上げていく。

日銀は2010年10月5日、市場の圧力に負けて政策金利を0・1％から実質「ゼロ金利」を意味する0～0・1％にとうとう引き下げる。4年4カ月ぶりに事実上のゼロ金利政策に戻すとともに、国債や上場投資信託（ETF）、不動産投資信託（REIT）など多種の資産を買い入れる「包括的な金融緩和政策」を決める。実質的なゼロ金利政策と量的緩和政策の同時再開で、これまでの小出しの、ポーズに近い緩和策とは違った本格的な金融緩和政策がようやく出てきたといえた。[*115] 名目上はデフレ圧力の高まりと景気悪化に対応した金融政策変更としていたが実態としては、白川が最も避けたかった為替変動に対応を迫られる形での金融政策変更となってしまった。これでようやく円高には歯止めがかかり、12月にかけて1ドル＝84円台まで戻す場面も出てきた。

しかし、エルピーダにとってはDRAM価格の下落も続くなか、1ドル＝90円を切る円高が続いていては採算を取るのは難しかった。日銀の金融緩和後の円高に歯止めがかかっていた局面で、坂本があえて日本の外為政策を批判したのは、韓国と台湾が自国企業を守ろうと他国の批判を恐れずに為替をコントロールしている中で、日本政府の外為政策がいかにも自国企業を見放すものだと感じていたからだった。

２０１０年10～12月期、エルピーダは再び、工場で作った瞬間に損が出る売上総損失を計上する状態に陥り、一気に２９６億円という大きな四半期最終赤字を計上する。自社の減産だけでは効果が限られ、汎用ＤＲＡＭの価格は12月に１ドルを割り込んでいた。加えて円高で円換算した単価の下落はさらにきつく、エルピーダ全体の円換算の平均販売単価は前の四半期から一気に３割下がった。それに加えて、在庫の値下がりの評価損も加わり最終赤字が膨らんだ。

ＤＲＡＭ安と円高の二重苦の嵐が再びやってきたのだ。

ＤＲＡＭ一本足打法のリスク

今回の半導体の不況局面の始まりだった２０１０年10～12月期のメモリー半導体各社の決算で、改めてはっきりしたことがあった。メモリー半導体大手の中でエルピーダの業績悪化が突出していたのだ。

サムスン、東芝、ハイニックス半導体、マイクロン、エルピーダの5社を比べると、NANDフラッシュに特化していた東芝のメモリー半導体事業の売上高は前の四半期比で4・3％減と比較的減収率が緩やかで、営業利益率も16％とまずまずの採算を確保していた。DRAMとNANDフラッシュの両方を手掛けていたサムスンのメモリー半導体売上高は前四半期比15・8％減、ハイニックスが11・7％減、マイクロンが9・7％減だったのに対し、DRAM専業のエルピーダの売上高は32％も減った。[*116]

ハイニックスとマイクロンの営業利益率はまだ15〜17％を確保。DRAM、NANDのメモリーに加え、スマホ向けプロセッサーなどのロジック半導体も手掛けていたサムスンの半導体事業全体の売上高は9・4％減にとどまり、その営業利益率は20％近くを確保していた。半導体事業で営業赤字に転落していたのは、DRAM専業という業態で円高の直撃も受けたエルピーダのみだったのだ。

この業績性向の違いから次のことが分かる。

■急成長するスマホやタブレット向けの比率が大きいうえ、デジタルカメラや携帯音楽プレーヤー、外付けメモリーなど用途が多様なNANDフラッシュと、パソコン、サーバー向け汎用品の需要に価格が大きく左右されるDRAMでは、需給と価格の変動サイクルが異なる

■スマホやタブレット向けのロジック半導体は供給者が限られ、メモリーに比べて市況変動

が少なく利益率が高い

■これらの品種を全て手掛けるサムスンの市況変動耐性が一層鮮明になり、エルピーダと東芝の単一品種専業という業態の脆弱性がはっきりしてきた

NANDフラッシュとDRAMの価格変動を比べると、用途の多様性の違いからNANDフラッシュの需給と価格の方が変動は穏やかになる傾向が出ていた。また当時は、同じ生産ラインをDRAM製造向けとNANDフラッシュ製造向けに切り替えて使えた。そのため両方を手掛けるサムスンなどは需給状況に合わせて実際にラインを切り替えて使っていた。

この当時、普及はまだこれからという状況だったとはいえ、スマホやタブレットで画像や音声データの保存（ストレージ）媒体にNANDフラッシュを採用する路線はほぼ固まっていた。ノートパソコンのストレージもHDDからNANDフラッシュに切り替わる可能性が見えており、NANDフラッシュの今後の高成長は間違いない状態だった。収益源の複線化と高成長市場の果実を狙って、00年代中盤には、サムスンと東芝の寡占状態にあったNANDフラッシュ市場に新たに参入する半導体メーカーが相次いだ。その代表が、2004年に量産を始めた韓国のハイニックスと米国のマイクロンだった。いつしか、大手DRAMメーカーの中でDRAM専業なのはエルピーダのみになっていたのだ。

坂本はエルピーダの社長就任直後のインタビューで、将来的にはNANDフラッシュを含む

他のメモリー半導体を手掛ける「総合メモリーメーカーに発展させたい」と語っている。DRAM一本足打法の不安定さは十分分かっていたのだ。[24] しかし、実際はその後、NANDフラッシュへの多角化は封印する。まず何より、目の前の唯一の事業であるDRAMの生産体制を整えるのに資金調達力や技術力といった経営資源を全てつぎ込んでギリギリ上位3社に食い込める程度の体制が整備できる状態だった。2004年に上場してからも広島工場の敷地を使い切るDRAM生産ラインの構築に、持てる経営資源を全部注ぎ込む勢いだった。

生産体制がかなり整ってきた2006年ごろ、坂本はメディアのインタビューで何度かNANDフラッシュ参入の可能性について聞かれている。それに対し、「製造品種を増やすと研究開発や営業などのコストが余計にかかり効率が下がる」[117] と言ったり、「DRAMの成長に必要なら（NAND）フラッシュなどDRAM以外のメモリーにも乗り出す」[118] と言ったりしており、坂本にしては珍しく発言にブレがある。坂本自身の中でも心が揺れていたのだろう。

坂本がNANDフラッシュ参入をためらった理由の一つはエルピーダの大口顧客の1社だった東芝との相互依存関係だ。東芝は自社製のNANDフラッシュとエルピーダから購入したDRAMを1パッケージにしたメモリーモジュールを携帯電話機向けなどに販売していた。仮にエルピーダ自身がNANDフラッシュを手掛けると、東芝と競合してしまう。自社に技術の蓄積のないNANDフラッシュはパートナーで賄いたいという発想もあった。実際、2006年8月の日本経済新聞のインタビューではこう語っている。[119]

「今後は携帯電話機など向けにＤＲＡＭとＮＡＮＤフラッシュを一緒に組み込んだ複合メモリー事業を伸ばしていきたい。もっとも現時点では自分たちでＮＡＮＤフラッシュを作るつもりはない。信頼できるパートナーを探して提携・調達したほうが効率的だと考えている」

だが、２００８年のＤＲＡＭ大不況に直面し、さすがに純粋なＤＲＡＭ専業路線に限界があることも坂本は悟った。２００８年からＮＯＲフラッシュやロジック半導体の製造受託事業を始めたのはその第一歩。２０１０年春には前年３月に経営破綻して経営再建中だった米国のスパンションのフラッシュメモリー事業の買収を試みている。[*120] 結局買収は資金の問題などから実現せず、スパンションとはＮＡＮＤフラッシュの共同開発と製造受託で２０１０年７月に合意。９月には共同開発の成果で新型ＮＡＮＤフラッシュの回路設計と製造プロセスの開発に成功した。しかしエルピーダは結局、ＮＡＮＤフラッシュの量産立ち上げには至らなかった。

このような経緯で、試行錯誤はしたものの事業の複線化に至らないまま、２０１０年秋にＤＲＡＭ不況局面が始まった。エルピーダはまたしてもほぼＤＲＡＭ一本足打法のまま、不況に突入することになったのだ。

実は進んでいなかったモバイルＤＲＡＭ転換

製品構成についてはもう一つ気がかりなことがあった。社長就任以来、エルピーダの競争力の源泉と位置づけていたモバイルＤＲＡＭの売上構成比がなかなか上がっていなかったのだ。携帯端末向けという分類での売上高は継続的に開示されていなかったので、代わりにパソコンとサーバー、つまりモバイルＤＲＡＭやデジタル家電向け以外のコンピューター向け汎用ＤＲＡＭの販売額の連結売上高全体に占める割合を見ると、生産能力が一通り整った２００５年度の約6割に対し、２００９年度から２０１０年度にかけては7割にむしろ上がっている。

ここから推測されるのは、広島工場をモバイルＤＲＡＭなど高付加価値品中心にシフトしていくという坂本の長年の計画が、実際の設備投資では実行できていなかった可能性だ。坂本の当時の主張とは違って、ｉＰｈｏｎｅの大ヒットによって急速に進んでいたスマホの普及によるモバイルＤＲＡＭの大波を、エルピーダは捕まえ切れていなかったのだ。２００９年前半に坂本が「需要の半分も供給できない」と嘆いていたのはモバイルＤＲＡＭを作りたくても作れない現状の吐露だった。２００９年後半から２０１０年前半に記録した好業績は「ウィンドウズ7」搭載パソコンへの買い換え需要の盛り上がりによる汎用ＤＲＡＭの販売好調が主なドライバーだったと見るべきだ。

エルピーダメモリの汎用DRAMの売上構成比

パソコン、サーバー向けの汎用DRAM販売額の連結売上高全体に占める割合を見ると、生産能力が一通り整った2005年度が約6割だったのに対し、2009年度から2010年度にかけては7割にむしろ上がっている。ここからモバイルDRAMへの移行が実は進んでいなかったと推測される

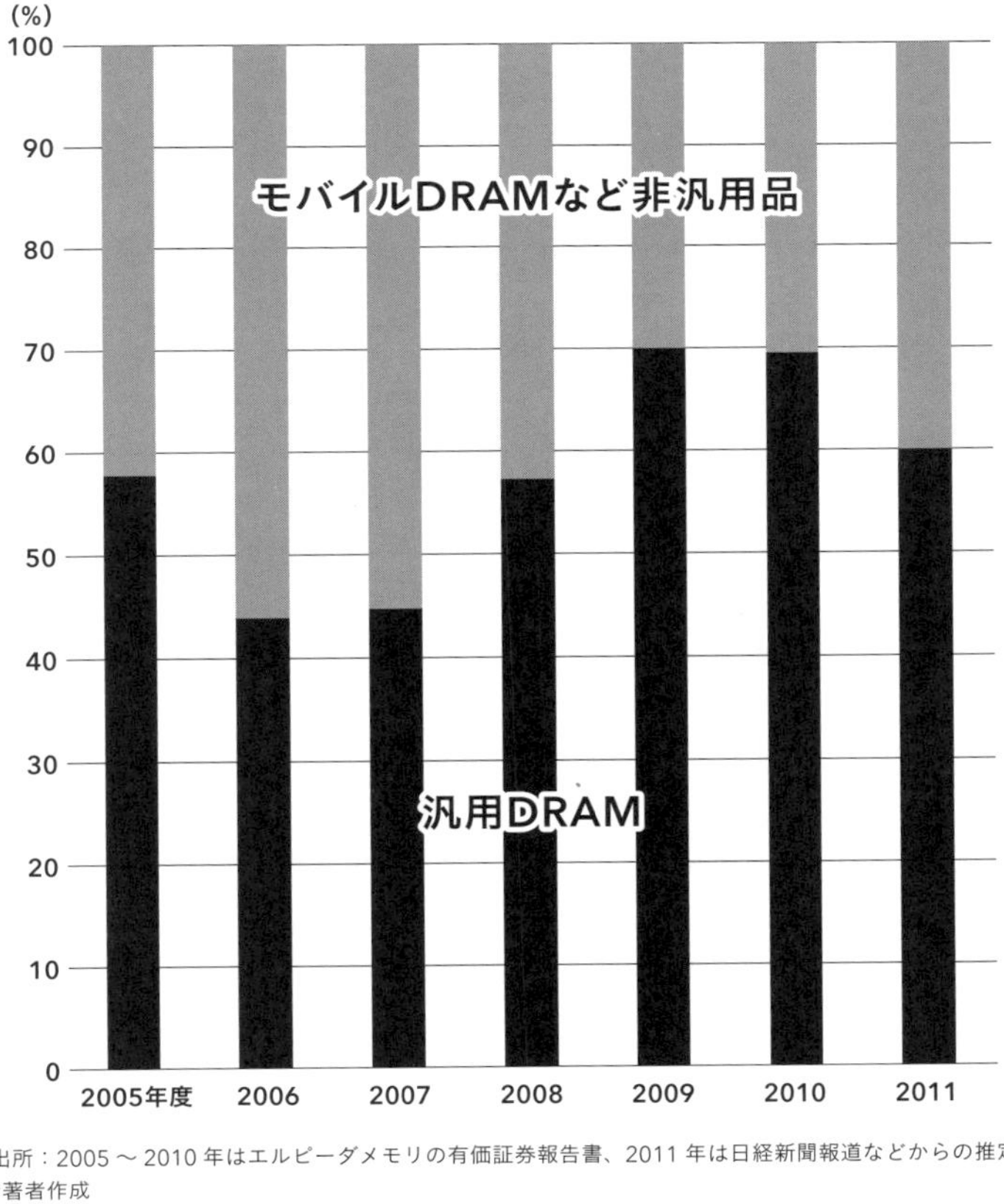

出所：2005 ～ 2010 年はエルピーダメモリの有価証券報告書、2011 年は日経新聞報道などからの推定で著者作成

2010年のスマホ世界出荷台数は前年比7割増の3億台弱、2011年は6割増の4億7000万台に達し3億5000万台だったパソコンを初めて追い抜いた。そういう局面にあってエルピーダのモバイルDRAMの販売額はそこまで急増していなかった。iPhoneをはじめとする主要なスマホのブランドでシェア半分程度は維持できていると当時坂本は主張していたが、実際は徐々に最大のライバルであるサムスンにシェアを奪われていた可能性が大きい。

この頃まで多くのメディアは、モバイルDRAM市場ではエルピーダが常に先行してきたため半分程度のシェアを握っていると推定していた。だが実態は違ったのだ。熊本大学教授の吉岡英美が2024年3月に発表した論文によると、韓国情報通信産業振興院が2011年にまとめた報告書が伝えた2010年10～12月期のモバイルDRAM市場のシェア構成はサムスンが45・7%、エルピーダが21・9%、マイクロンが5%、ハイニックスが2・5%だった。[*17]

エルピーダは2010年秋、汎用DRAMの減産を生かし、広島工場の生産ラインの「大部分」を携帯端末向けに振り向ける計画をようやく開始する。その時点の広島工場の月産生産能力は300ミリウエハー換算で13万枚程度だったが、そのうちモバイルDRAMは2～3割にとどまっていた。[*121]

モバイルDRAMの生産を増やすには最新のArF液浸露光装置を増やす必要があったからだ。設備投資によるキャッシュアウトを最小限に抑えて収益を稼ごうと、2009年後半から汎用DRAM市況が好転したときに最新装置の導入を遅らせてパソコン向けを増産したことで、結果的にモバイルDRAM比率の引き上げも遅れてしまったのが実情だったと見てよさそうだ。

何より高価な製造装置が必要なモバイルDRAMのための設備投資を実行できるだけの資金が不足していたのが致命的だった。サムスンの2010年の半導体設備投資額はざっと9200億円で、エルピーダの1175億円の8倍近かった。この間に、モバイルDRAMの供給能力でかなりサムスンに差をつけられたのだろう。

採算が取れない汎用DRAMの生産を減らし、モバイルDRAMの生産能力を増やすライン変更は業績改善だけでなく、別の理由からも急務だった。アップルからのiPhone向けDRAMの受注を増やす格好のチャンスが来ていたからだ。

ジョブズの怒りが思わぬ追い風に

2007年にアップルが発売したiPhoneは、サムスンのハードウエア技術によって製品化が可能になったといっても過言ではない。iPhoneの「頭脳」に当たるCPUは、英国のアームから基本設計のライセンスを受けてサムスンがデジタル家電向けに作っていたプロセッサーを基に開発、供給したからだ。ＣＰＵに画像処理機能などを組み合わせて１枚の半導体チップにしたＳｏＣを、わずか半年という驚異的な開発期間で設計開発し、何とか間に合わせたという。[*122] ｉＰｈｏｎｅ向けには、そのＳｏＣとＤＲＡＭを１個のパッケージにしたＰｏＰ（パッケージ・オン・パッケージ）と呼ばれるモジュールをサムスンが組み立てて供給していた。画像や音声などのデータを保管するストレージに使うＮＡＮＤフラッシュも初代ｉＰｈｏｎｅはサムスン製だった。[*123]

２０１０年６月に発売した４代目の「ｉＰｈｏｎｅ４」[*124]でアップルは、頭脳のＳｏＣを自ら設計した「Ａ４」に切り替えたが、その製造はサムスンに委託していた。[*125] ＳｏＣと組み合わされるモバイルＤＲＡＭにはエルピーダ製やマイクロン製が混ざるようになっていたが、ＳｏＣモジュールのサプライヤーであるサムスン自身のＤＲＡＭの比率がやはり大きかった。サムスンにとってアップルは間違いなく最重要顧客の一つだった。

ところが、もともと携帯端末を主軸事業の一つに育てていたサムスンは２００９年から、グーグルが無償公開していたアンドロイドをＯＳに使い、タッチスクリーン上のアイコンを指で操作するｉＰｈｏｎｅ的なスマホを「ギャラクシー」のブランド名で発売。２０１０年６月には「マルチタッチ」と呼ばれる２本、３本の指を同時に使う、ｉＰｈｏｎｅによく似たユーザーインターフェイス（ＵＩ）を採用した「ギャラクシーＳ」シリーズを発売する。

アップルを率いていたスティーブ・ジョブズはこれに強く反発する。マルチタッチや画面上を指で払うスワイプと呼ばれる動作などを組み合わせたタッチスクリーンのUIはアップルの歴史的な発明であり、似たようなUIを採用したスマホは特許を侵害していると考えていたからだ。ウォルター・アイザックソン著の伝記『スティーブ・ジョブズ』によると、マルチタッチ型のアンドロイド・スマホを2010年初めに発売した台湾の宏達国際電子（HTC）がまずジョブズの逆鱗に触れた。同年3月にアップルはHTCを特許侵害で提訴。その直後にジョブズはアイザックソンのいる前で、グーグルのアンドロイドに対して「熱核戦争を戦う。死ぬまでの最後の一息まで使ってこの不正を正す」と息巻いたという。*126

そんな中でのサムスンのギャラクシーSの発売だった。アップルは訴訟をちらつかせ、サムスンとアップルはライセンス交渉に入る。アップルは年間数億ドルのライセンス料を払うようサムスンに要求した。だが、サムスンの法律顧問は、むしろアップルの方がより多くサムスンの特許を侵害しているとして、逆にアップルにライセンス料支払いを要求。交渉は決裂した。こうして2011年4月、アップルは複数の国の裁判所でサムスンを特許侵害で提訴し、総計2億ドルの損害賠償を要求。これに対しサムスンは逆提訴して応じた。両社は、何年もかかる法廷闘争に突入したのだ。

ここからアップルはiPhoneへのサムスン製部品の調達を最小限に絞り始める。各種報道によると、２０１１年10月発売のｉＰｈｏｎｅ ４Ｓから、サムスン製のＤＲＡＭやＮＡＮＤフラッシュの調達量を抑え、エルピーダ、マイクロン、ハイニックス製のメモリーの調達を増やし始めたようだ。[*127]

あくまで著者の推測ではあるが、エルピーダは遅くとも２０１０年にはアップルからｉＰｈｏｎｅ向けＤＲＡＭの供給増強を打診されていたに違いない。汎用ＤＲＡＭの市況も下がり始めていたため、パソコン向けに使っていた旧型の製造装置をモバイルＤＲＡＭ向けの新しい設備に入れ替えるちょうど良いタイミングが２０１０年に来ていた。そこで、減産とモバイルＤＲＡＭ強化を２０１０年秋からしきりにアピールし始めたのだと思われる。モバイルＤＲＡＭの比率が増え始めると、採算がやや改善する。２０１１年2月には台湾上場も果たし、モバイルＤＲＡＭシフトをさらに推し進める体制もまがりなりに整った。

エルピーダを巡る逆風が収まりようやく追い風が吹き始めたかに見えてスタートした２０１１年。しかしエルピーダはこの年、想像を絶する外部環境の逆風に直面することになる。

公的支援から東日本大震災まで

リーマン・ショック後の不況と円高で業績不振に陥っていたエルピーダメモリは2009年に改正産業活力再生特別措置法の適用第1号となって公的支援を受ける。これによる財政基盤の強化とDRAM市況の回復、iPhone需要などで態勢を立て直し、日台5社連合の設立など環境整備も進めつつあった

2009年	1月9日	2008年10月発行の転換社債(CB)440億円を強制償還
	4月	2008年3月期に1789億円の巨額最終赤字を計上を発表
	6月30日	改正産業活力再生特別措置法の適用第Ⅰ号認定。日本政策投資銀行が政府保証で300億円を出資へ。台湾メモリー出資も想定
	8月	キマンダの画像処理向けDRAM事業を継承
	8月31日	日本政策投資銀行の300億円出資実行
	9月	公募増資で601億円、銀行融資で1100億円調達
	10月	瑞晶電子への出資比率を引き上げ完全経営権を取得
2010年	3月	台湾メモリーによる出資の交渉を打ち切り
	3月	2010年1～3月期に四半期ベース最高の最終利益336億円を達成(存続期間中で最高益)
	4月	キングストン・テクノロジーによる追加出資で117億円、CBで70億円を調達
	4月20日	瑞晶電子が台北エクスチェンジ興櫃(エマージング)市場に店頭登録
	7月22日	スパンションからNANDフラッシュメモリーの生産受託で合意
	10月8日	CBで600億円調達
2011年	2月	力晶科技製DRAM全量買い取りで合意
	2月25日	エルピーダ、台湾証券取引所に株式上場、現地公募増資で120億円を調達
	3月11日	東日本大震災が発生

出所:各種資料から著者が作成

第11章

パーフェクトストーム

エルピーダメモリ消滅まであと１１５４日

▼東日本大震災を受けた超円高、ＤＲＡＭ市況悪化が進んだ２０１１年後半、エルピーダメモリは再び、「作るそばから赤字」の状態に
▼産業活力再生特別措置法の再建計画の期限を２０１２年３月に控え、銀行団は融資の継続に難色を示し始め、民主党政権は関心を示さず
▼東芝やマイクロン・テクノロジーとの経営統合案も頓挫。米国のある企業から残念な通知を受けた朝、万策尽きた坂本幸雄は会社更生法の申請を決断

２０１１年秋。エルピーダメモリ社長の坂本幸雄は港区浜松町の東芝本社に、当時社長だった佐々木則夫を訪ねた。東芝のＮＡＮＤフラッシュメモリー事業とエルピーダを統合して、総合メモリーメーカーを作ろうというアイデアを提案するためだった。もちろん東芝による買収となる。

東芝は２００２年４月、米バージニア州のメモリー半導体製造子会社だったドミニオン・セ

ミコンダクターの工場とDRAM向け製造設備を現金と株式の合計3億8600万ドル（当時のレートで約500億円）でマイクロン・テクノロジーに売却し、汎用DRAM事業から撤退していた。[*128] その後東芝は半導体事業を段階的にNANDフラッシュに集中していく。ところがDRAM撤退から時間がたつにつれ半導体部門の現場はDRAM事業の重要性に気付き始めた。

「パソコン、サーバー、スマートフォンなど、およそあらゆるコンピューティング・デバイスの性能を決める中核部分はCPUとメインメモリーです。メインメモリーであるDRAMをやっていると、常に顧客企業の製品ロードマップ上、どういうCPUを導入しようとしているのか、そのためにはどんなメインメモリーが必要になるか、逐一分かります。もっというと、IT産業がどんな方向に進んでいくのかも分かる。ところが、DRAMをやらないでNANDフラッシュだけやっていると、そういうIT産業の肝になる議論から蚊帳の外に置かれてしまうのです。そのためNANDフラッシュを含む半導体、その他のデバイス、完成品のプロダクトの戦略も立てにくくなる。やはりDRAMはとても大事な事業なのだと改めて痛感していました。だから、エルピーダの坂本さんからメモリー統合の打診があったとき、半導体部門の現場は『大いにありだな』と感じ、前向きに受け取ったのです」

当時の東芝側の状況をそのように語るのは、ある東芝OBだ。NANDフラッシュはデータの保管場所にすぎず、外付けでもいいくらいの位置づけだ。DRAMはCPUのなるべく近くに配置され、CPUとのデータのやり取りの速度、容量が重要視される。コンピューティング・デバイスの性能が決まってくる基幹部品なのだ。サムスン電子、ハイニックス半導体、マイクロンのように、メモリー半導体メーカーはDRAMとNANDフラッシュを両方手掛けるのが理にかなっているという認識で、エルピーダも東芝の半導体部門の現場も一致していたのだ。

坂本はこう回想する。

「総合メモリーメーカーを作りましょうと提案すると、佐々木さんは半導体に詳しい人間を呼ぶから彼と話してくれと言い出すのです。僕は、『またこのパターンか』と思ってがっかりしました。それまでに何度か、トップ同士で話をつけるつもりで何かを提案して、相手も乗り気な反応するのに、すぐに部下に振ってしまい、結局前に進まないという経験をしていたからです」

「東芝の現場の人は随分前向きで、社内で動いてくれましたが、佐々木さんは首を縦に振りませんでした。最初に直感したとおり、佐々木さんがすぐに話を部下に振ったのは、自分には強い関心も意志もなかったからだと思います」

佐々木は原子力一筋の技術屋であり、東芝で初めての原子力部門出身の社長となっていた人物だ。パソコン出身だった前任の西田厚聡は変化が速く「ドッグ・イヤー」（犬の時間感覚）で動くといわれたIT産業に「土地勘」があったのに対し、20～30年かけて投資を回収する原子力の世界しか知らない佐々木には、毎年1000億円規模の投資が必要で週が替われば事業環境もがらりと変わるようなメモリー半導体事業で新たなリスクを取っている自分など、想像さえできなかっただろう。

坂本がこの時期あえて、無理筋ともいえる東芝・佐々木のところに統合案を持っていったのは、経営環境の悪化で日々の赤字が膨らみ、いよいよＤＲＡＭ専業という業態のままでは独立存続が難しいと感じていたことを意味する。それほど、２０１１年のＤＲＡＭ事業環境は厳しいものだった。

大震災、超円高、タイ洪水

２０１１年3月11日午後2時46分、岩手県沖から茨城県沖までの南北５００キロメートルに及ぶ広大なエリアを震源域に、マグニチュード９・０という日本の観測史上最大の巨大地震が発生した。東日本大震災である。最大震度は宮城県栗原市の震度7。宮城、福島、茨城、栃木の4県で震度６強を観測した。東京でも震度5強を観測し、建物内の天井崩落で死者が出たほか、長周期地震動によって超高層ビルが大きく揺れ、東京タワーの先が曲がった。

本震の30分から1時間後には大津波が東北から茨城の太平洋岸を襲う。この震災の死者と行方不明者を合わせた犠牲者は2万2000人を超えたが、その大部分が津波にさらわれたり、逃げ遅れて溺れたりした人たちだった。地震による停電で外部電源を失った福島第1原子力発電所は大津波で非常用発電設備も壊れ、原発にとって最もあってはならない「全電源喪失」に陥る。核燃料の冷却ができなくなりしまいには炉心溶融（メルトダウン）が発生。水素爆発で建屋の壁や天井が吹き飛び放射性物質が大気に放出されるという、未曽有の大規模原発事故に発展する。

半導体産業も大きな影響を受けた。シリコンウエハー世界最大手の信越化学工業、2位のSUMCOの工場が東北地方にあり、震災後は操業を3週間停止。車載半導体の最大の供給元だった茨城県ひたちなか市のルネサスエレクトロニクス那珂工場も大規模に被災し3カ月近くにわたって創業停止した。エルピーダも秋田市内に後工程を担う生産子会社の秋田エルピーダメモリを持っており、地震による停電で操業停止を余儀なくされたが5日後に復旧。大きな直接被害は免れた。しかし、大震災の影響はグローバル市場を経由してエルピーダの経営に及んでくる。

まず震災後すぐに発生したのが急激な円高ドル安だった。ドル建て資産を円に換金して本国に送金する円買い需要が保険会社などを中心に膨らむのではないかとの思惑から投機筋が円買いに走り、震災翌日から円高が急速に進む。3月17日には一時1ドル＝76円25銭まで上がり、それまでドル円レートの最高値だった1995年4月の79円75銭をあっけなく超えた。

2010年から2012年のドル円レートの推移

2011年4月に一時1ドル=85円近辺まで弱含んだ円は5月から再びジリ高基調に転ずる。7月に再び80円を割り込み、8月には3月の震災直後に付けた史上最高値を更新。その後も円高は止まらず、10月31日には1ドル=75円32銭の史上最高値を記録する

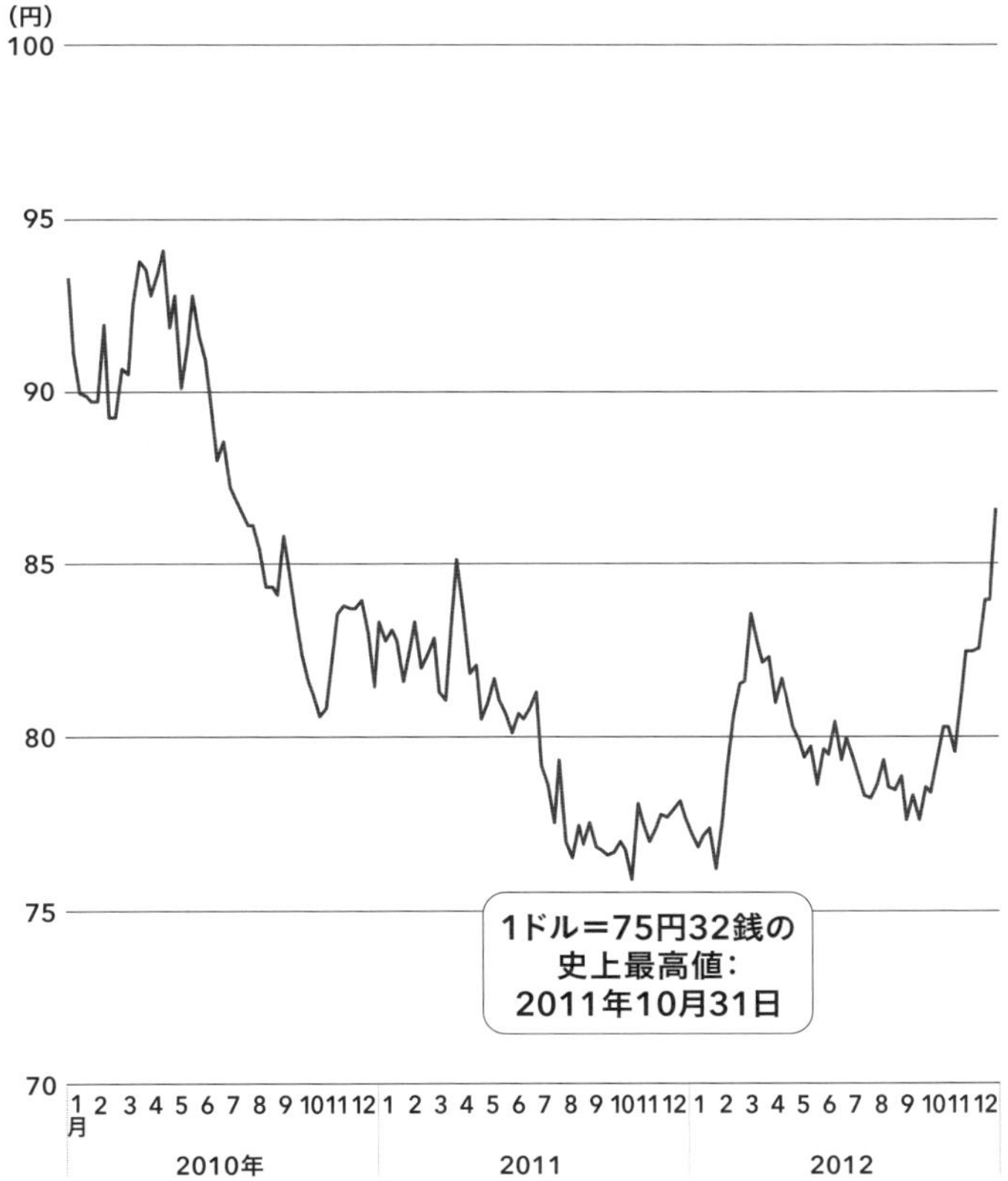

出所：日本銀行

巨大地震、大津波、原発事故に追い打ちをかけるような通貨市場の混乱にG7は緊急財務相・中央銀行総裁会議を3月18日にオンラインで開催。共同声明まで出して全7カ国で円売りドル買いの協調介入を実施するという、近年まれに見る市場安定化策に出た。これで円は1ドル＝80円台まで押し戻し、際限の見えない円高進行の流れには一応、歯止めがかかった。

だが、このときの円高修正は、2010年夏から続いていた円高進行の途中のブレにすぎなかった。2010年の秋以降、基本的に為替レートは1ドル＝85円を下回り、円がじりじりと強含んでいたのだ。坂本は後年当時の状況を振り返る。

「当時現場は、1ドル＝90円なら何とか利益が出るが、85円を下回る為替レートだと何をどう工夫しても利益が出ないと悲鳴を上げていました。前の年からことあるごとに言っていたのですが、韓国や台湾は自国通貨高を色々な手段で阻止しているのに、なぜ日本政府は放置しているのか。国益を守ろうとしない姿勢に理不尽さを感じました」

現実はエルピーダにとってさらに厳しい方向に動いた。

米国ではリーマン・ショック後の債務危機が尾を引き、欧州では低格付け国の債務危機が深まり、欧米ともに金融緩和が進んでいた。すると世界の投機マネーが安全通貨としてスイスフランと円に流入する構図が再び強まった。スイスは緊急避難的に、一定レートに達したら中央銀行が無制限にフラン売り介入をする、事実上の為替レートのキャップ制を敷いた。それに対し、白川日銀は資産買い入れ基金の増額を発表するなど「小出し」の緩和策に終始。デフレ対

2011年から2012年前半のDRAM価格推移

パソコン大口需要家向けDRAM1Gビット品と2Gビット品の2011年1月から2012年6月までの推移

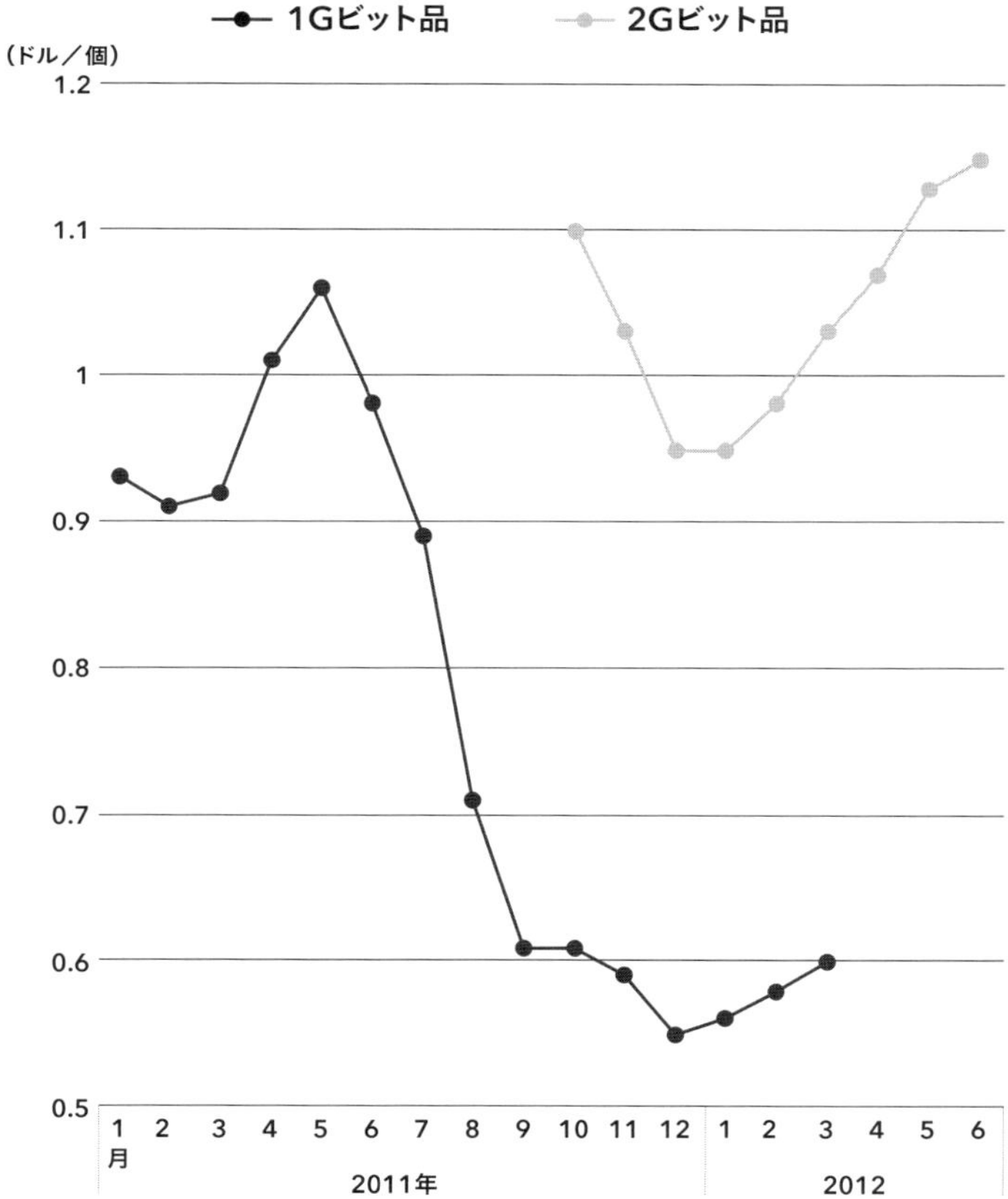

出所：日本経済新聞の報道から著者作成

策として金融政策の効果は乏しいという持論を繰り返すなど、デフレと円高の修正に積極的に動こうとしない。この結果、２０１１年４月に一時１ドル＝85円近辺まで弱含んだ円は5月から再びジリ高基調に転ずる。7月に再び80円を割り込み、8月には3月の震災直後に付けた史上最高値を更新。その後も円高は止まらず、10月31日には１ドル＝75円32銭の史上最高値を記録する。

「何を工夫しても利益が出ない」レベルを大幅に超える円高に加えもう一つの震災の悪影響がエルピーダを襲う。汎用ＤＲＡＭの市況悪化だ。

震災を受けて、パソコンメーカー各社は反射的に、サプライチェーンの混乱を恐れて部品を市場から買い集め、部品在庫を積み増した。このため、震災直後は市場の需給が逼迫《ひっぱく》し、主力の１Ｇビット品の価格は１ドルを超えるところまで回復した。ところが、思ったよりパソコンの需要が弱く、積んだ在庫がなかなかはけない。パソコン各社は調達の手を抑えたため汎用ＤＲＡＭの需給が緩んでしまう。結果として２０１１年5月をピークに、再び価格は下がっていく。実は、メーカー各社が思ったよりパソコンの需要が弱かった背景には、スマホの販売の急拡大があった。個人のインターネット利用端末の主役になりつつあったスマホが、パソコンの需要を食い始めていたのだ。

秋になってもう一つ、想定外の逆風がエルピーダに吹く。

タイ北部で夏から秋にかけて大雨が続き、川の上流から下流に向かって徐々に川が氾濫し、洪水被害が広がった。２０１１年10月になると日本や米国の製造業の現地生産拠点が集まる中部の工業団地が次々と被災した。なかでも世界的に影響が波及したのがＨＤＤの部品や組み立ての工場だった。世界最大手で市場の3割を握るウェスタン・デジタルの工場が被災し、同社の生産量が半減。日本のＨＤＤメーカーも、被災した部品工場からの供給がストップし減産を余儀なくされた。このため、ＨＤＤを組み込んだパソコンも世界中で減産せざるを得なくなり、パソコンの基幹部品の一つであるＤＲＡＭの需要を減速させた。

これらの影響で２０１１年11月にはそれまで主力だった１Ｇビット品の価格がとうとう０・6ドルを割り込み、新たに主力品になりつつあった２Ｇビット品の価格も12月に早くも１ドルを割り込んだ。

大震災に洪水、超円高とＤＲＡＭの未曽有の値崩れ……。エルピーダの事業を取り巻く外部環境はまさに、〝パーフェクトストーム〟といってよい状態に悪化していたのだ。

存亡を懸けて緊急対策に奔走

坂本は市況低迷と円高進行の二重苦がいっこうに解消されない中、存亡を懸けた緊急対策を夏から打ち始めていた。まず資本増強だ。
２０１１年8月初旬にあえて公募増資で４０７億円、転換社債で２７４億円の調達を断行する。円高とＤＲＡＭ市況悪化は始まっていたが、決算などで業績悪化が決定的になる前にエクイティファイナンスを実行したのだ。株式市場はそんな意図を感じ取った。増資後一週間で株価は公募価格から3割も下落。決算会見で坂本は「株価については申し訳ないと思っている」と、素直に投資家に謝った。[*129]
もう一つが、生産能力の海外移転の検討だ。85円を超えるような円高では、汎用ＤＲＡＭについてはどうやっても日本では採算が取れない。このため、拠点を台湾など海外に移すしかないだろうという議論だった。いよいよ採算が悪化していた２０１１年8月から真剣に検討し、9月15日、３００ミリウエハー月産12万枚の広島工場の生産能力の4割、約5万枚分の汎用ＤＲＡＭ向け製造設備を1年かけて、台湾子会社の瑞晶電子（レックスチップ・エレクトロニクス）に作る新建屋に移設する「円高緊急対策」を発表した。建屋と内部のクリーンルームの新設に２００億円程度かけるという計画だった。[*130] ただこれも、かねてから進めると公言してきた広島工場のモバイルＤＲＡＭ特化の過程の一環ともいえた。逆に言うと、２０１１年4～6月期まで、モバイルＤＲＡＭ向けへのラインの改修はあまり進んでいなかったのだ。実際、7～9月期の汎用品の比率は1年前の7割よりは下がったものの、まだ6割前後あったとみられる。[*131]
２０１１年10月27日、エルピーダは売上高が前年同期比で半減、最終損益が５６７億円の赤

エルピーダメモリ最後の2年間の業績

四半期ベースでは存続期間中最高の最終利益336億円を出した2010年1〜3月期からわずか3四半期後に赤字転落し、以後は黒字浮上できなかった

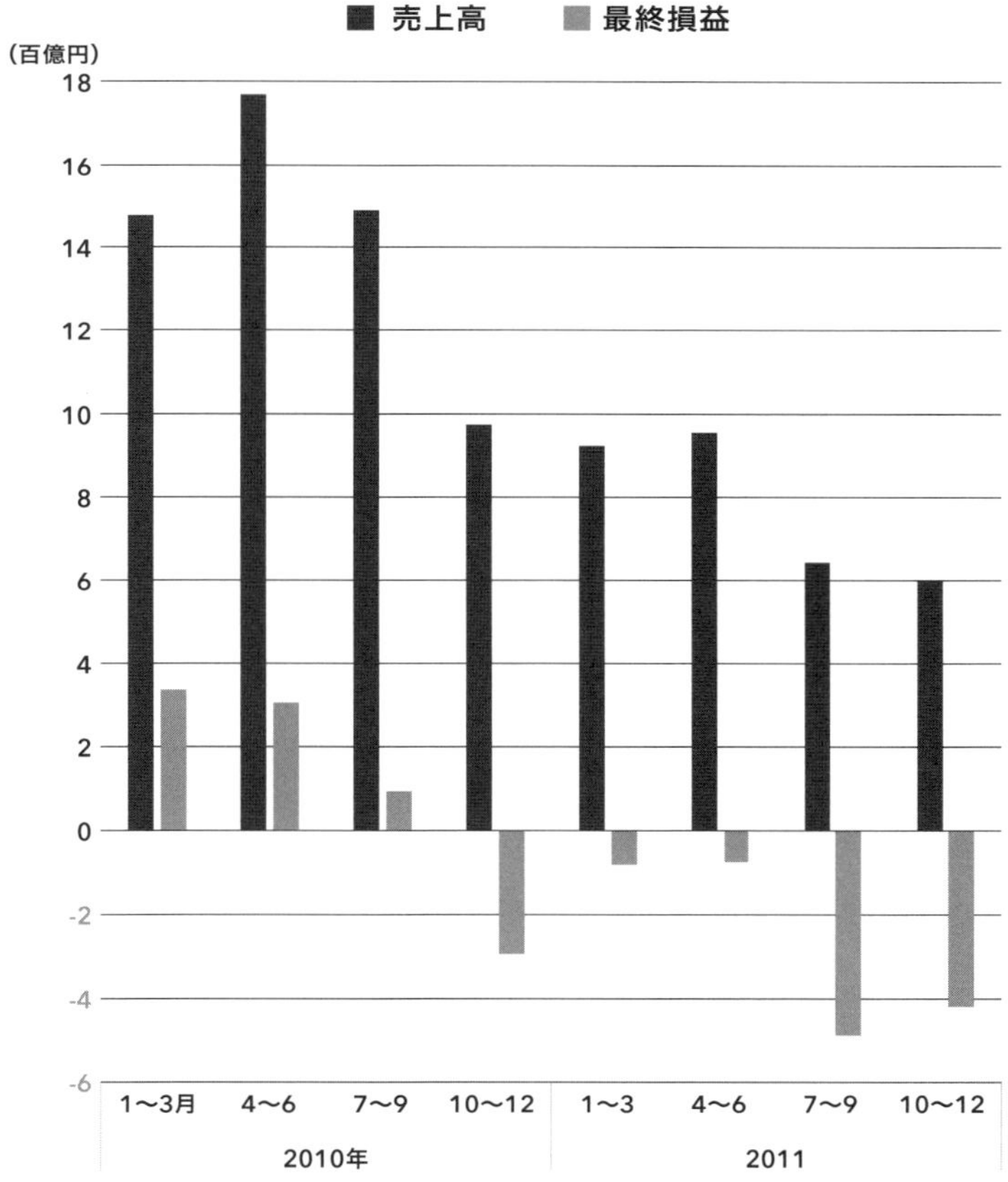

出所：エルピーダメモリの有価証券報告書・四半期報告書から著者作成

字と半期で過去最悪という2011年4〜9月期中間決算を発表した。販売単価が下落する中、生産能力の25％の減産を進めた結果、大きな減収になったうえ、値下がりによる在庫評価損がさらに損益を悪化させた。[*132] 市場が案じた通り、8月のエクイティファイナンスはぎりぎりのタイミングだったことになる。同日行った決算発表の記者会見で坂本は、非常事態宣言ともいえる対策を打ち出す。運転資金や台湾への設備移転費用などのために、DRAMの顧客企業に資金支援を要請したというのだ。[*133] 会見では以下のように語った。

「(ウォンに対する円高は)今まではボディーブローだったが、今回はアッパーカットを食らったようだ。韓国メーカーはかなりの部分をウォン安に支えられている。(今の円高では生産設備の)海外移転しか考えられない」

「(設備の海外移転には)百数十億円くらい費用がかかるだろう。これについては値上げなどを通じて台湾の生産会社である瑞晶電子などの移管先に負担してもらう」

「今のままではDRAMメーカーはサムスンだけになってしまう。(パソコンメーカーなどの)顧客はこれを危惧している。お客さんに対しても資金を負担してもらうことを考えている。DRAM代金の前払いか、株式による出資かは未定だが、(資金を)出してくれると信じている」

2011年8月のエクイティファイナンスの結果、9月末の現預金は辛うじて1000億円強を確保していた。しかし、翌2012年1月に300億円、3月に150億円の社債償還が控え、4月2日には2009年の改正産業活力再生特別措置法(産活法)適用の時に銀行団が実行してくれた協調融資のうち、770億円の返済期限が来る。

さらに、日本政策投資銀行（DBJ）による300億円の出資は、2012年3月を期限とする経営再建計画とセットであり、再建計画の延長が認められない限り「返済」が求められる特殊な出資だった。本来の頼みである事業からのキャッシュフローは7〜9月期、わずか5億円弱にとどまっており、しかも市況悪化の進行で事業採算はさらに悪化していた。もし改正産活法上の再建計画の期限が延長されるか新たな計画への更新が認められ、DBJの出資継続と協調融資の借り換えが実現しないことになると、資金ショートの公算が大きくなる。

取引先からの資金協力は、恥も外聞も捨て、できることは何でもやって資金を確保する必要があったからこその窮余の一策だった。実際、取引先の一部はDRAM代金の前払いや決済の前倒しなどに応じ、2011年10〜12月期のエルピーダの営業キャッシュフローは100億円を超える黒字になる。とはいえ、必要な資金規模は千億円単位だ。よりドラスチックな対策が必要だった。

東芝へのメモリー事業統合を打診したのはそんな状況の中だった。東芝社長・佐々木の無関心でいったん話が打ち切りになったところに、今度は他社との資本業務提携がどうしても必要になる状況が生まれる。DBJから支援継続の条件を通告され、それが現実にはあり得ないほど厳しい内容だったのだ。

坂本はこう振り返る。

「それまで毎月のように銀行団には経営再建の進捗を報告するミーティングを開いていました。その中で、我々がいかに血のにじむような努力を続けているか、足元の経営環境がいかに異常で、それが故に収益が悪化しているか、という点について理解を得られていると思っていました。２０１２年春の期限のタイミングでＤＢＪの出資の延長と銀行団の協調融資の借り換えに応じてくれると思っていたのです。銀行団は少なくとも２０１１年9月ごろまでは、借り換えには応じると言っていたのです。少なくとも僕はそう理解していました」

「ところが２０１１年10月ごろから、急にＤＢＪの態度が変わりました。現状のままでは借り換えには応じられないと言い始めたのです。２０１１年12月上旬のミーティングで、ＤＢＪの担当者が１枚の紙を突きつけて来ました。そこには、２０１２年２月末までに提携先を見つけて１０００億～２０００億円の資本を増強せよと書いてありました。それができなければ支援は継続できないとも示唆されました。率直に言って僕は、『ウソでしょ?』という反応でした」

「残り時間はあと3カ月もありません。そんな短期間の間に千億円単位の資本業務提携を合意まで持っていくのは常識的にはほぼ不可能でしょう。ＤＢＪやその背後にいる財務省や経済産業省の考え方が急に大きく変わったのだと僕は感じました。実際、そのミーティング直後にＤＢＪの幹部に改めて説明を求めても、とにかくそれしか選択肢はないという要領を得ない言葉しか出てこなくなりました」

大物経産官僚がまさかのインサイダー取引

政府やＤＢＪはなぜ突然態度を変えたのだろうか。実は「融資は継続すると言っていた」という坂本の振り返りは、部下から上がってくる間接情報に基づく勘違いだった可能性がある。当時エルピーダの担当者として、ＤＢＪを核とする銀行団と融資のロールオーバー(借り換え)について交渉に当たっていた人物によると、交渉のために２０１１年夏に作成した新しい経営再建計画の説明資料を持って行っても、銀行団の代表らは「中身を見ようともしなかった」という。融資返済期限延長や借り換えの可能性の議論さえ、銀行団はしたがらなかったのだ。坂本はそんな厳しい交渉の場にはいないことが多かった。つまり結果として銀行団の態度が正しく伝わっていなかった可能性は否めない。

坂本が言うように、２０１１年秋にＤＢＪは突然態度を変えたのか。それとも、それ以前から3年限定という改正産活法による支援の延長を検討する気が経産省やＤＢＪにはさらさらなかったのを、坂本が読み違えていたのか。財務省、経産省、ＤＢＪの間で改正産活法上のエルピーダの扱いを巡って実際にどんな議論があったのか、あるいは議論さえなかったのか、証言してくれる人は見つからなかった。

ただ実はこの時期に発覚したある不祥事によって、民主党政権や政府官僚が当時のエルピーダや政府支援への態度を大きく変えた節はある。

2011年6月、現職の経産省官僚が金融商品取引法違反（インサイダー取引）容疑で証券取引等監視委員会の強制調査を受けた。調べを受けたのは担当審議官として産活法の改正や台湾メモリー再編構想などでエルピーダ支援を推進した木村雅昭である。

2009年にエルピーダが認定第1号となる改正産活法の法案作りで大きな役割を果たし、台湾メモリー再編構想でも台湾当局と政府間の歩調を合わせる折衝に当たっていた、いわゆる豪腕の官僚だったが、何とその間に妻名義でエルピーダ株を買っていた疑いだった。木村はその後、2012年2月に東京地方検察庁特別捜査部に起訴され、裁判に臨む。裁判では「公表事実」に基づく株購入だったとして無罪を主張し、最高裁まで争ったが2016年11月に上告が棄却され、有罪が確定した。

2011年7月に木村に対する強制調査についてメディアが報道すると、国会でも議論になった。答弁に立った首相の菅直人は「事実であれば大変けしからん話だ」と、不快感をあらわにした。[*134]

この事件はおそらく民主党政権からみた改正産活法によるエルピーダ支援という案件自体の位置づけを変えた。自民党による政官財の癒着政治を象徴するネガティブな案件になったのだ。2011年8月に菅内閣が総辞職し、9月2日に新たに野田佳彦内閣が発足。経産大臣は海江田万里から枝野幸男に交代していたが、その認識はおそらく変わらなかったはずだ。また当時の経産官僚の証言によると、枝野はそもそも反財界、反大企業の考え方が強く、企業を政府が支援するという政策そのものに基本的には後ろ向きだったという。

産活法のスキームを変えずに政府のエルピーダ支援を継続あるいは強化するという発想が、当時与党だった民主党になかった。それを分かっている経産省の現場もそのような提案を上げようという機運にならなかった。そもそも、震災後の原発問題で民主党政権も経産省も大混乱が続いており、個別企業の支援のようなきめ細かい産業政策案件に割くエネルギーは与党にも経産省にも乏しかった。

それまでエルピーダを国策で支えるという枠組みを推進していた頼みの木村はインサイダー疑惑で自宅待機状態。体を張ってエルピーダ支援の枠組み作りに奔走する官僚は他にいない。つまり、エルピーダを取り巻く政治状況もパーフェクト・ストームを形成する逆風の一つとなっていた。

ＤＢＪの最後通告ともいえる条件提示は、そういう状況の中でなされた。そう考えると辻つまは合う。

坂本は振り返る。

「何を言ってもＤＢＪの方針は変わらないと分かりました。そこで一刻を惜しんで提携先探しを全力で始めました。まず真っ先に頭に浮かんだのはマイクロンでした」

「（マイクロンCEOの）アップルトンとの付き合いは、マイクロンがテキサス・インスツルメンツ（TI）のDRAM事業を買収した1998年に遡ります。当時僕はTIを辞めて神戸製鋼所に移っていましたが、買収に伴って神鋼とTIとの合弁DRAM事業だったKTIセミコンダクターの合弁相手もマイクロンに替わることになり、製品の卸値などの条件を決め直す交渉が必要だったのです。そのとき、無理難題を突き付けてくるアップルトンに対し、神鋼を代表してひるまず反論し、お互いタフ・ネゴシエーターだという印象を強く持ったのです」

「僕がエルピーダの社長になってからは、今度はライバル企業の社長同士です。それぞれがメディアを通じて批判を口にするなどの駆け引きはありましたが、神鋼時代のタフな交渉を経て醸成されていたある種の信頼関係は壊れなかった。実は2004年にエルピーダが上場するかしないかという頃から、アップルトンとは統合の可能性を折に触れて議論していたのです。2009年の台湾メモリー大再編のときも、大同団結を持ちかけられていました。そのときは、技術的に遅れていたマイクロンと対等のような立場で組むのは得策ではないと判断して見送りました。今度は、こっちの尻に火が付いています。そこで早速こちらからマイクロンに連絡を取りました」

「すでにマイクロンはDRAMとNANDフラッシュの2輪走行体制になっていました。もし一緒になれば、DRAMとNANDフラッシュを組み合わせた事業構造にエルピーダの事業を組み込めます。以前からエルピーダの技術力を高く評価していたマイクロン側はとても前向きに交渉に入ってくれました。そして２０１２年１月にはマイクロンの交渉団が東京に来て膝詰めで交渉し、エルピーダがマイクロンの傘下に入るという基本線でおおよその合意が成立しました。彼らも話がついて良かったといって、明るい表情で帰っていったのです」

ところが、坂本を信頼して前向きに交渉を進めていた当のアップルトンが２０１２年２月３日、自ら操縦する小型飛行機の墜落事故で急死してしまう。アップルトンの趣味はプロペラ機の曲芸飛行でその最中の事故だった。急なトップ交代を余儀なくされたマイクロンは、エルピーダとの交渉を中断する。

タイミングはエルピーダにとって致命的だった。２０１２年１月に３００億円の社債償還をこなしていたうえ、事業採算が悪くキャッシュが流出していた。２０１２年２月２日の10〜12月期決算発表時点でエルピーダの手元にあったキャッシュは５００億〜６００億円程度まで減っていた。[*135] ３月にはさらに１５０億円の社債償還があり、産活法の支援継続がなければ４月２日に３００億円のＤＢＪ保有優先株の買い取りと協調融資の８００億円弱の返済に応じなければならない。提携先探しはいよいよ待ったなしだった。

待ったなしの提携先探し、万策尽きそして……

前年末からマイクロンとの交渉と平行して進めていたのが、東芝との統合の再交渉と、グローバルファウンドリーズへの広島工場売却交渉だった。[*136]

当時の経産官僚によると、産活法に基づく支援スキームの延長・更新には動けなかった経産省の現場だったが、思いとしてはニッポンDRAMメーカーを残したかった。このため、東芝とエルピーダの統合を〝一推し〟の選択肢と位置づけて側面支援していた。2012年2月から、坂本、東芝幹部、経産省幹部がひそかに千代田区大手町のオフィスビルの一室に集まり、計画を練るようになる。気付かれぬよう、それぞれが違う入り口から入る念の入れようだった。

だが、東芝は2010年から3年間でNANDフラッシュに4000億〜5000億円を投資して生産能力を増強する計画を進めている最中。社長の佐々木からすればより市況リスクの高いDRAMに1000億円規模の投資をするというアイデアにはやはり無理があった。このため、東芝との統合話はいっこうに前に進まない。

グローバルファウンドリーズは、日本のシステムLSI業界の再編・統合とその生産拠点の確保を模索していた産業再生機構と組んで、エルピーダとの交渉に臨んでいた。広島工場を高く評価し、ロジック半導体のファウンドリー事業にも使えるとの結論に近づいていた。だが、1000億円規模の資産買収には念入りなデューデリジェンス（資産査定）が必要だ。早期の決着を要求する銀行団の時間軸に合わせるのはどだい難しかった。

坂本は、アップルトンの急死でしばらく止まっていたマイクロンとの統合交渉を2012年2月中旬に再開させ、せめて基本合意だけでもすぐに結べないかと模索する。ところが、銀行団は基本合意だけでは融資には応じられないという。坂本は交渉が決着しないまま3月末を迎えれば、資金ショートで事業も技術も社員の雇用も全てがなくなる会社清算に追い込まれかねないとの懸念を強める。

2012年2月14日。関東財務局に提出し東京証券取引所（東証）の開示システムを通じて開示したエルピーダの四半期報告書には、「継続企業の前提に関する事項」というタイトルの注記が記載されていた。いわゆる「ゴーイングコンサーン条項」だ。企業の財務諸表は、無期限に運営が続いていくことを前提に作られているが、その前提である事業の継続が危ういかもしれないと投資家に注意喚起するものだ。提携交渉はいっこうに前に進まず、坂本は会社更生法の適用申請を現実的な選択肢として考えるようになる。2012年2月24日までに、現預金を協調融資とは関係ない銀行に移して、会社更生法の適用申請が受理された瞬間に債権者による差し押さえの試みなどから保護されるように準備した。

運命の２０１２年２月27日月曜日。午後に開催した緊急取締役会で決議したエルピーダは、東京地方裁判所に会社更生法の適用を申請する。当日の朝にグローバルファウンドリーズから最終意思決定にはもっと時間がかかるとの連絡があり万策が尽きたと判断、申請を決断したと坂本は回想録『不本意な敗戦』で明かしている。*100 ２０１１年３月期決算時点での負債総額は４４８０億円だった。申請が東京地裁に受理された後、夕方に記者会見に臨んだ坂本はこう語った。*137

「多大なるご迷惑とご心配をかけることになり心よりおわび申し上げます。ＤＲＡＭ価格の下落や歴史的な円高水準、タイ洪水の影響による受注減などで、産活法の認定当時から（経営環境が）大幅に悪化しました。会社更生法に基づき、事業再建を図ることが関係者にとって最良と判断しました。更生手続き開始以降も従来通り事業を続けて参ります」

「（会社更生法の適用申請は）最終的にきょう午後３時に決めました。３時までに（資本・業務提携先との交渉についての）オファーが得られることになっていたが、『いつまでに契約を完了する』というような具体的な形では出てきませんでした」

「３月末までは資金繰りは大丈夫だと従来は考えていたのですが、その先は（資金が）かなりショートすることもあり、リファイナンス（金融機関からの借り換え）が難しいと分かった今が、（適用申請に）ベストなタイミングだと判断しました」

再建の方向性についてはこう語った。

頭を下げる社長の坂本幸雄

エルピーダメモリの会社更生法適用申請の記者会見にて（2012年2月27日夕方）

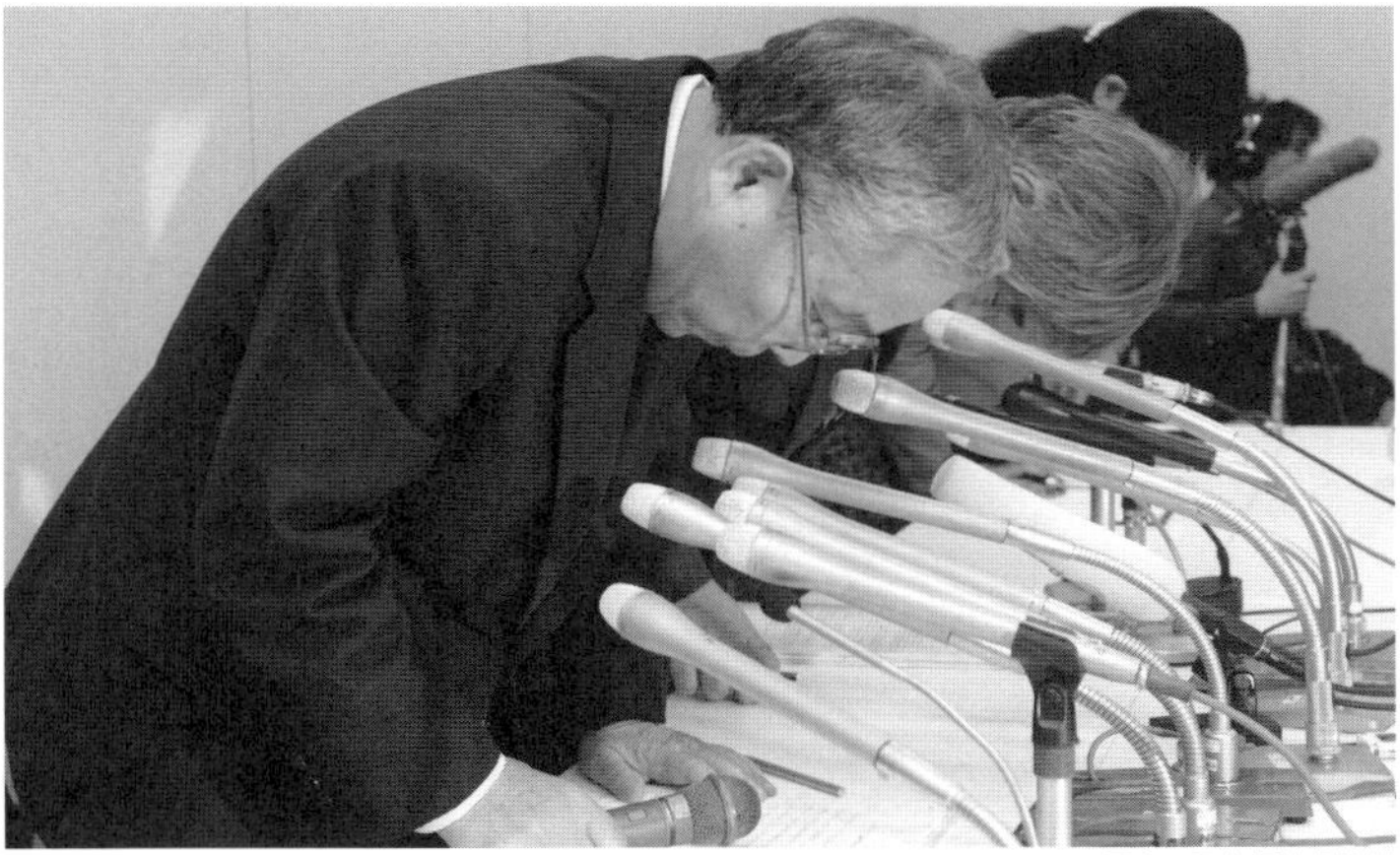

写真：日本経済新聞社

「(世界)シェア30％を頭に描いています。投資規模は年間400億円くらいでできるでしょう。ローコストのDRAM製品が開発できるようになっており、今後大きな設備投資が必要だとは考えていません。やり方によっては1年後にもそれくらいのシェアが取れる可能性があると思っています」

日本でDRAMを続ける合理性について問われると、こう答えた。

「為替の先行きが分からないのに性急な議論はできません。ただ、(半導体回路の線幅が)20ナノのDRAMが製造できるのは世界に(サムスンとエルピーダの)2社しかありません。30ナノくらいから技術が変わっており、顧客からはうちの技術がなければ製品ができないという声をもらっています」

なおエルピーダへの政府支援を打ち切る方向に進めた当事者である経産相の枝野は次のようにコメントしている。[*138]

「大変残念な事態です。想定を上回る急激な円高に加えて、震災やタイの洪水によって、需要の低迷や価格の大幅下落などによって厳しい事業環境にある中、エルピーダメモリがこのような判断を行ったことはやむを得ない措置だったのでしょう」

日本にDRAMメーカーを維持するという国策はこのような形であっさり放棄され、エルピーダは倒産したのだ。

第12章

エルピーダメモリ消滅まであと732日

「エルピーダ」消滅と坂本の自省

▼アップルから大量受注で会社更生法の適用申請から半年後には収益が急回復し、「持参金を持って嫁に行ける」状況に
▼マイクロン・テクノロジーは実質わずか600億円で手に入れたエルピーダメモリを成長のバネに変えた
▼坂本が自ら挙げた敗因は、財務戦略の知見不足と汎用DRAMへの過剰投資だった

2012年2月27日のエルピーダメモリによる会社更生法の適用申請は、銀行団にとっては不意打ちだったようだ。24日までに預金が他行に移されていたが、エルピーダの資金繰りにはもう少し時間的余裕があり、エルピーダ側から倒産手続きに動く可能性はまだ小さいと判断していたとみられる。会社更生法申請はスポンサー企業が固まってから手続きに入るのが定石という思い込みもあった。

このため、27日にエルピーダが会社更生法適用を申請すると、協調融資をしていた銀行から反発の声が上がったようだ。[*139] しかしそもそも非常事態ともいえるような経営環境の悪化の中でエルピーダを、その中期的な事業競争力も見極めずに資金繰りで八方ふさがりの状況に追い詰めたのは自分たちであり、客観的にみれば自業自得と言うべきだろう。

エルピーダは、坂本幸雄を含む経営陣がそのまま残留し、指揮を執り続けて更生計画を立てる「DIP型」と呼ばれる更生手続きを申請していた。これに対して銀行内部には責任を取って経営陣はすぐに辞めるべきだと反対する声も出たが、債権の回収率を最大化するには現経営陣が最適だと悟り、容認する。結局2012年3月23日、東京地方裁判所は坂本と弁護士の小林信昭とを管財人とするDIP型更生手続きの開始を決定した。[*140]

完全に消えた東芝・エルピーダ統合

これを受けて、エルピーダは事業再建に向けた「スポンサー」企業、すなわち買い手を募るため、関心ある企業に大まかな希望買収金額を提示してもらう「1次入札」を2012年3月30日に実施した。会社更生法の適用申請前にすでに提携先候補として話をしていた東芝、マイクロン・テクノロジー、グローバルファウンドリーズに加え、直前の2月に韓国の大財閥であるSKグループの傘下に入り資金が潤沢になっていたSKハイニックス（旧・ハイニックス半導体）、南亜科技（ナンヤ・テクノロジーズ）を擁する台湾塑膠工業（台湾プラスチック）グループ、中国の投資ファンドなど、11主体が応札した。[*141] 引っ張りだこである。

ここで、かなり残念なことが起こる。東芝の入札額が「箸にも棒にもかからない」（坂本）低額で、入札した瞬間、落選したのだ。東芝関係者によると、社長の佐々木が容認した額がたったの50億円でどんなに繕ってもとても競争力のある金額では入札できなかったという。だが、東芝の半導体部門の現場は諦めきれない。そこで、1次入札に参加していたハイニックスに2次入札への共同応札を打診する。前向きに検討する姿勢を見せたハイニックスだが締め切り直前に入札撤退の方針を決定。東芝も降りざるを得なかった。こうして、2011年秋からくすぶっていた東芝・エルピーダ統合構想のわずかに残った可能性が完全に消えた。[*142]

結局2次入札にはマイクロンと米中投資ファンド連合の2主体が応札。提示金額はほぼ同等だったが、エルピーダが提示していた事業、拠点、雇用、技術を全て維持するという条件をほぼ全面的に受け入れたマイクロンを管財人は選んだ。マイクロンの入札の概要は総額2000億円。まず600億円でエルピーダの全株式を買収し、残りの1400億円は分割払いというものだった。加えて当面の設備投資資金の支援も約束した。[*143]

マイクロンは同時にエルピーダ台湾子会社の瑞晶電子（レックスチップ・エレクトロニクス）の買

収案も提示した。実現すれば、広島エルピーダメモリと瑞晶を合わせて300ミリウエハー換算で月産20万枚の生産能力を手に入れることになる。前年のエルピーダとマイクロンのDRAM市場でのシェアを単純に足すと約24%を超え、約23%だったハイニックスを抜いて、約42%のサムスンに次ぐDRAM世界2位に浮上する計算だ。*144 10%前後のシェアで低迷していたマイクロンにとっては大躍進となる。ただし、この時点ではこの足し算が実現する保証はまだなかった。買収手続きが完了するまでエルピーダの事業が本当に継続できるのか、危うい状況だったからだ。

マイクロンとエルピーダが会社更生法に基づくスポンサー契約を正式に結ぶ前に、債権者を特定してその債権を確定する必要があり、何週間もかかる。その間、エルピーダは「倒産企業」なので、通常の「掛け売り」には応じてもらえない。つまり、その間は現金で材料を仕入れて製品を作り、売り上げ収入で入った資金でまた材料を仕入れるという、完全な現金商売で事業を回していかねばならない。エルピーダの事業継続にとってここが最大の正念場だった。

坂本は会社更生法の適用申請直後の緊張感をこう振り返る。

「エルピーダは倒産して人材もいなくなったから生産を続けられないなどと、ライバル企業からネガティブなデマも流されました。顧客企業には生産を続けており必ず納品するから大丈夫と安心させるのに苦労しました。一方、原材料の調達元には当たり前ですが現金払いを要求されました。一時はキャッシュが底を突いての二次破綻の危険が頭をよぎりました」

マイクロンとの統合で世界2位のDRAMメーカーへ
マイクロン・テクノロジーによるエルピーダメモリの買収で計算上は世界シェアが24.7%となり、SKハイニックスを抜いて世界2位になれる

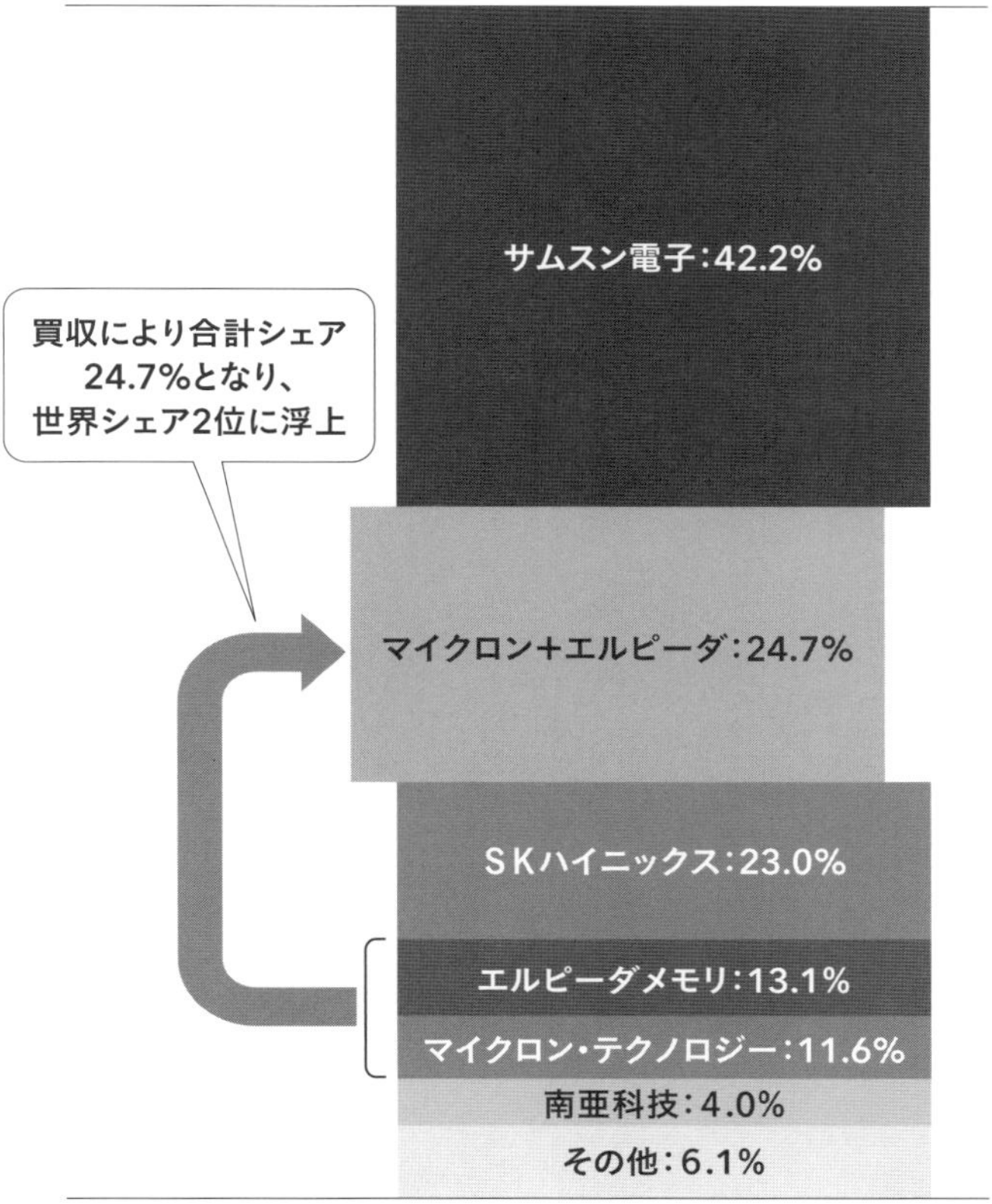

出所：日本経済新聞の報道、IHS アイサプライ（記事掲載当時）のデータから著者作成

「しかし一方で、顧客の方が代金決済を早めてくれて助かりました。例えば取引量が多かったアップルは、通常なら2～3カ月の支払いサイト（請求書発行から入金決済までの期間）を15日まで縮めてくれ、メモリーモジュールの大手メーカーで大口顧客だったキングストン・テクノロジーは、納品と同時に代金を送金してくれる、文字通りのキャッシュ・オン・デリバリー（即現金払い）を実行してくれました。キャッシュが一時150億円くらいまで減った局面もありましたが、そのような顧客企業の協力で何とか切り抜けました」

「顧客企業の方も、彼らが望むスペックのモバイルDRAMを作れるメーカーがサムスン電子とエルピーダくらいしかなかったので、我々に倒れてもらっては困るのです。おそらく我々の会社更生法の適用申請で最もショックを受けたのはアップルだったのではないでしょうか。エルピーダからの大量のDRAM供給を当てにしていたからです。我々の供給がストップすれば、iPhone 5の発売スケジュールが狂いかねません。だから、彼らは経済産業省に陳情して、政府支援の進言までしたそうです」

アップルの大量発注で業績が急激に好転

実は、会社更生法の適用を申請したちょうどその頃、その年の秋に発売予定だったiPho

ne5向けにアップルから大量のDRAMの発注が決まっていた。アップルとサムスンの対立が思わぬ追い風となったのだ。

サムスンのギャラクシーシリーズはiPhoneに比肩する世界的に人気のスマホになり、調査会社のIDCが集計した2011年の年間スマホ出荷台数はサムスンがわずかにアップルを上回った。いきおい、2011年に始まっていたアップルとサムスンの法廷闘争はますます熱を帯びていた。そんな状況でアップルは、サムスンから調達していたDRAMとNANDフラッシュを他社からの調達に切り替えた。顧客との競合をいとわないサプライヤーに対する懲罰だ。

しかも、iPhone販売台数は2011年が前年比8割増、2012年が7割増と爆発的に急成長しており、2012年の販売台数はあっさり1億台を超え、1億2500万台に達し、絶対規模も大きくなっていた。そのような成長局面はただでさえ部品・材料の調達は難しい。それでもあえてiPhone向けDRAMのメインサプライヤーをサムスンからエルピーダに替えようとしていたのだ。エルピーダの会社更生法の適用申請でアップルが心底肝を冷やしたのは間違いない。[*145]

スマホ全体の世界出荷台数も前年比4割のペースで増えており、2012年は世界出荷台数が6億8000万台を超える。スマホがパソコンの出荷台数を初めて上回り、個人のインターネット利用端末の主役の座は、パソコンからスマホに急ピッチで移り始めていた。いきおいモバイルＤＲＡＭの需給は全般的に逼迫《ひっぱく》していた。

坂本は振り返る。

「ｉＰｈｏｎｅ ５発売に向けて夏にものすごい勢いでモバイルＤＲＡＭの出荷が増えました。さらに、アップル以外からもモバイルＤＲＡＭの引き合いが急増しました。アンドロイド・スマホ向けＳｏＣで急成長していたクアルコムからも発注がありました。まさしくスマホ向け半導体市場が離陸したのです」

「我々は会社更生手続き下でも裁判所の許可を取って、広島工場の製造ラインをモバイルＤＲＡＭ向けに転換する設備投資と、回路設計や微細加工プロセスの研究開発を続けて急増する需要に何とか応えていきました。そうしてようやく、２０１３年初頭から広島工場は完全にモバイルＤＲＡＭの専用工場になり、しかもフル生産状態になりました」

「つまり、夏までのほんの半年を持ちこたえられていれば、エルピーダは高収益なモバイルＤＲＡＭメーカーとしての好循環に入れたのです」

あと半年資金繰りが持てばあるいは……

エルピーダが何とかキャッシュを回し、アップル向けの増産を実行しながら事業を継続する間も、更正手続きは着々と進んだ。債権確定手続きも済んだ2012年7月2日にマイクロンとエルピーダが正式にスポンサー契約を締結する。その条件は以下の通りだった。*128

■弁済する更生担保権・債権の総額は2000億円（更正手続き開始時の負債総額4800億円のおよそ4割）

■マイクロンはまず600億円をエルピーダ全株式と引き換えに現金で支払い。加えて2014年から2019年にかけて分割弁済する1400億円を、エルピーダからの製品購入代金として分割支払いを約束

■力晶科技が保有する瑞晶電子の発行済みの24％の株を97億台湾ドル（約260億円）で買収し、エルピーダ保有分と合わせ合計89％を取得。瑞晶もマイクロンの子会社にする

■買収完了前の期間中、160億円の銀行つなぎ融資を債務保証

■買収完了前の期間中、約400億円の設備投資資金を支援

つまり、マイクロンが台湾事業を含むエルピーダ・グループのDRAM事業全体を買収するための現金支出は合計860億円である。この契約で運転資金の銀行からのつなぎ融資にマイクロンが保証を提供し、設備投資資金も支援してくれることになり、エルピーダはようやく資金繰り危機を脱した。

この後、エルピーダを取り巻く事業環境はさらに好転していく。

２００８年からエルピーダを苦しめていた超円高は、２０１２年12月の衆議院選挙で安倍晋三率いる自民党が大勝し、民主党から政権を奪還したことで終息に向かう。安倍・自民党は選挙公約に２％のインフレターゲット（物価上昇率目標）の導入を掲げ、日本銀行法改正も視野に入れて政府・日銀の連携を強化し、大胆な金融緩和を行うと明言。実際、翌２０１３年春に白川の任期が切れると元財務省財務官でアジア開発銀行総裁だった黒田東彦を総裁に就け、非伝統的な手段をいとわぬ金融緩和を進める。

翌２０１３年の年初にエルピーダの広島工場がモバイルＤＲＡＭだけでフル生産できるようになった頃、ドル円レートは90円を超え、その後もドル高円安方向に為替レートの修正が進む。その結果エルピーダの利益率はどんどん上がっていく。

坂本は後にこう振り返った。

「エルピーダ部門だけで２０１３年、それまでの最高益をはるかに上回る年間２０００億円規模の営業利益が出ます。その後も旧エルピーダの技術と量産能力は、マイクロンのＤＲＡＭ事業の屋台骨として活躍します」

「それは私にとってとても誇らしいことだったのですが、一方で、そんなに儲かるビジネスだったのならそもそも、会社更生法の適用を申請する必要があったのかと、何度も自問せざるを得ませんでした。あと半年資金繰りが持てばその後は収益が急拡大し、借金も日本政策投資銀行（ＤＢＪ）の出資分もあっという間に返せたはずです。そうすれば、債権者に迷惑をかけることもなければ、税金による損失補填も発生しませんでした」

「会社更生法に頼る前にもう少し資金繰り交渉で粘るべきだったのではと思うこともあります。ただあのとき無理な資金支援を受けていれば、(資金提供者の要求で)不要な雇用削減や技術の消失があった可能性がありました。結果的に1人の雇用も削減せず技術も脈々と育ち続けることができたあのときの判断はやはり正しかったとも思うのです」

売却価格600億円は妥当か

確かに、会社更生法の適用によるエルピーダの倒産は多くの投資家、債権者に損害をもたらしている。

まず、DBJの約300億円の出資(正確には後に減っていて284億円)については8割を国が保証していた。また、DBJが出資に上乗せして実施していた100億円の融資についても5割に政府の保証が付いていた。結局この分の損失補填で、日本国民が277億円を負担した。それから、倒産時、普通社債と新株予約権付社債(転換社債＝CB)で合計1385億円の元本が残っていた。その後の更生手続きで、無担保債権については83%カットが決まったため、これらの債券の保有者は約1150億円を失った。

その他、回収不能になった債権者は中小銀行や取引先など多岐にわたる。倒産時に残っていた銀行融資の合計1500億円弱のうち、担保でカバーされていなかった分の8割強がカットされたとみられる。仮に平均して5割が担保でカバーされていたとすれば、残りの750億円の8割に当たる600億円前後が債権カットされた計算だ。

つまり、言い方によっては、日本の一般国民が277億円の公的損失補填、海外を含む投資家・債権者が社債と融資の合計で1750億円以上の債権カットで、合計2000億円前後をマイクロンにプレゼントした上でたった600億円のバーゲン価格でエルピーダを売り渡したとさえ言える。買収金額とされた2000億円のうち、1400億円は債務弁済を保証しただけだ。現実には、その後の業績回復によりエルピーダが自ら稼いだカネで弁済が進んだので、マイクロンが支払った実質的な買収額は600億円だったのだ。

事業そのものの収益力を考えれば、600億円という買収金額自体が相当なディスカウントだったといわざるを得ない。倒産する直前、事業の継続性への疑義が公表されていた2012年2月24日の時価総額はピーク時の4分の1程度に減ってはいたがまだ900億円程度あった。最後の四半期決算によると2011年12月末の純資産は2800億円だった。これらの企業価値の指標に比べて600億円という値段が破格に安かったのは間違いない。

実際、債権者の一部は2000億円とされた総買収額にも納得していなかった。8割近くも債権がカットされた普通社債とCBの保有者らはマイクロンによる買収価格が安過ぎるとして対抗する会社更生計画案を裁判所に提出し、回収率を上げようと動いた。だが、結局債権者会議においてエルピーダ案が可決され、2013年2月、裁判所によって更生計画が正式に認可決定される。そうして2013年7月31日に、マイクロンによるエルピーダ買収が完了する。[*146]

ちなみに、マイクロンは買収完了直後の2013年8月期の決算で、14億8000万ドル（当時のレートで1450億円程度）ものエルピーダ「買収益」を計上している。買収益とは、企業買収に支払った額より決算期末時点のその企業の公正価値、つまり時価の方が大きかった場合に計上するもの。本来の価値より大幅に安く買えたために、会計上ですぐに差益を計上しなければならなかったのだ。[*147]

実は危機的状況だったマイクロン

エルピーダが会社更生法の適用申請を選んだ2012年春当時、マイクロンはどういう状況だったのか。坂本はこう主張した。

「マイクロンは、サムスンやエルピーダから微細加工技術が2世代くらい遅れていました。スマホのトップブランドが採用してくれるようなモバイルＤＲＡＭの製造もできていなかった。仮にエルピーダの技術を手に入れていなかったら、ＤＲＡＭに関してはトップグループから脱落し、経営危機に陥っていたかもしれません」

「マイクロンへの統合が完了した２０１３年夏、マイクロン幹部に『おまえの会社があと半年我慢できていたらマイクロンの方が危機に陥っていた』と真顔で打ち明けられました」

坂本がマイクロン幹部と二人きりになったときに直接言われたという話なので、当時マイクロンがどれだけ危機的状況だったのかは確認できない。ただ、当時を知る業界関係者の話によれば、マイクロンが新しい微細加工技術の製品を出せなくなって競争上苦しくなっていたのは確かなようだ。つまり、窮地に陥っていたマイクロンの目の前に、〝棚からぼた餅〟のように提供されたのが会社更生法の適用を申請したエルピーダの技術と生産能力だったのだ。

マイクロンによる買収が完了した２０１３年7月31日、同日付で坂本幸雄はエルピーダを退社する。後任の管財人兼社長にはＣＯＯ（最高執行責任者）だった木下嘉隆が就いた。その日、マイクロンＣＥＯのマーク・ダーカン、坂本、木下が東京で記者会見に臨んだ。ダーカンは「エルピーダを統合することで世界一のメモリー企業になる道筋が見え、今後が非常に楽しみです。生産能力、製品ポートフォリオ、特許などの面でサムスンに対抗できる」と、やや顔を紅潮させながら語った。

一方の坂本は、更生手続き入り後に借りたつなぎ融資を返し終え、広島工場の製造コストを台湾の瑞晶電子を下回るレベルに低減して収益力を強くできたことを報告し、「持参金を持って嫁に行けるようになりました」と表現した。

「社名は変わるかもしれませんが、エルピーダの灯が消えるわけではありません。技術開発体制や工場は残っています。日本と米国のエンジニアが一緒になって、良い化学反応が起きることを期待しています。結果として社員を1人も解雇せずに再生ができたのが何より良かった」と語った。[*148]

実はマイクロンは坂本に、マイクロン取締役への就任をオファーしていたようだ。[*149] しかし坂本は退任の道を選んだ。会社更生法の適用申請の直後からマイクロンと裏で手を握った計画倒産ではないかとの中傷がネット上に出回り、心を痛めていた。坂本という経営者の能力と知見はマイクロンにとっても有用だと判断したうえでのオファーだったはずだが、それでは会社を倒産させた経営責任のけじめがつかないと判断したようだ。

こうして、倒産した後になって創業以来最も収益力が強くなるという、何とも皮肉な状態で、坂本のエルピーダ社長としての奮闘は幕を閉じた。坂本がエルピーダを去った7カ月後の2014年2月28日、商号がマイクロンメモリジャパンに改称され「エルピーダメモリ」の名はこの世から消え去った。NECと日立製作所が双方のDRAM事業を統合するNEC日立メモリを設立した1999年12月20日から数えて5185日目の出来事だった。

坂本の自省、なぜエルピーダは倒産したのか

その後、坂本は著書や講演、取材などで、何度か敗因を自ら分析している。もちろん、政府・日銀の円高無策や、震災後の非常事態にもかかわらず企業向けの緊急避難政策を打ち出せなかった民主党政権の稚拙な経済運営など、幾つも極度に不利な外部要因が重なったのとは誰の目にも明らかだ。だが坂本自身、自分の舵《かじ》取りにも拙い部分があったと自ら認めている。

一つは、汎用ＤＲＡＭの生産能力拡充への過剰投資だ。退任後すぐの２０１３年10月に出版した『不本意な敗戦』の中で２００６年に力晶半導体（パワーチップ・セミコンダクター）と合弁でＤＲＡＭ製造の瑞晶電子を作り、汎用ＤＲＡＭ事業拡大に動いた決定について、こう記している。*100

「エルピーダは、携帯電話やデジタル家電向けの高付加価値ＤＲＡＭに力を注いできたのですが、その市場が当初の見込みよりも伸びませんでした。（中略）そこで、ＤＲＡＭ需要のボリュームゾーンであるパソコン向けにも本腰を入れることにしました。そのための量産拠点がレックスチップ（瑞晶電子）だったのです」

「しかし、これは後から考えると失敗だったのではないかとも思っています。モバイルＤＲＡＭに特化していたら、２００９年と２０１１年の大不況時に赤字を膨らませずに済んだのでは

というふうにも考えています」

瑞晶電子は、力晶半導体と初期投資額1600億円を折半出資して2007年5月に事業を開始した。2009年3月にはエルピーダが増資を引き受けて子会社化。倒産するまでにエルピーダが瑞晶電子の株に投じた総額は955億円に上った。

この投資がエルピーダの収益構造にどんな結果をもたらしたかを考えると、確かにあまり良いカネの使い方ではなかった可能性がある。まず、瑞晶電子への投資の結果、売上全体に占める汎用DRAMの比率が、初期の志に反して高まってしまった。DRAM全体の市場シェア拡大には寄与したものの、市況悪化時に真っ先に採算が悪化する汎用DRAMが多くなった結果、不況時の業績悪化が必要以上に激しくなった。台湾のインフラコストは安く、エルピーダの技術を使えたので瑞晶電子のコスト競争力は広島工場をはるかにしのぐものになってはいた。しかし、価格が1個1ドルを下回るような市況悪化ではそれでも損が出る。

しかも、この投資によって広島工場への先端設備の導入が遅れた。2008~2009年の業績悪化で資金が不足し、最新のArF液浸露光装置の数を最後まで思うように増やせなかった。仮に台湾に投じた1000億円をそちらに充てていれば、先端装置が必要なモバイルDRAMラインへの転換がもっと早く進められたはずだ。パソコン向けを含めて60ナノ、50ナノ、40ナノと微細度を高めていったとき、先端装置が十分あれば露光の工程数を少なくして生産性を上げられたはずで結果的にコスト競争力を強くできただろう。

エルピーダは当時、旧式の露光装置で2度、3度と露光プロセスを繰り返す「マルチ・パターニング」で狙った微細度を実現していた。最新の露光装置が少ない中でも競争力を失わずに済んだ工夫とも言えるが所詮は苦肉の策である。先端装置なら1回で済む露光工程を2回も3回も繰り返すため、全体としては生産性の足を引っ張る。

坂本は著書『不本意な敗戦』の中で、これ以外にも「フルーガル（節約）・イノベーション」ともいえる回路設計や量産工程設計の工夫によって、一台40億〜50億円するＡｒＦ液浸装置の設置台数が他社に比べて3分の1程度で済ませて製造できていたと明かしている。一見美談に聞こえる話だが、よく考えると装置の代わりに開発と量産工程にコストがかかってしまっている。裸の原価が死活的に重要になる極度の市況悪化時に不利に働いていたのだ。

ちなみに業界関係者の話によると、サムスンは２００６年ごろからまずＮＡＮＤフラッシュ向けにＡｒＦ液浸露光装置の量産導入を始め、２００８年にはＤＲＡＭラインにも相当数を導入したとみられる。当時はＤＲＡＭよりＮＡＮＤフラッシュの微細度が高かったため、先に先端露光装置が必要になった。結果的にＮＡＮＤフラッシュの製造ラインをＤＲＡＭ向けに切り替えても、先端露光装置が使える態勢になっていた。リーマン・ショック後の不況期に、サムスンのメモリー生産全体のコスト競争力はどんどん強くなっていたのだ。

一方、エルピーダは２００８年1月にようやくテスト用のＡｒＦ液浸露光装置をオランダの

ASMLやニコンなどメーカー各社から1台ずつ借りて試験運用を開始。購入して量産に使うのは不況まっただ中の2009年3月になってからだった。しかも最初はわずか1台しか導入できていない。[*91] パソコン比率の高まりと先端露光装置導入の遅れが、サムスンに比べた事業採算の差にダブルで効いていたのだ。

モバイルDRAM、特にiPhoneなどのスマホ向けモバイルDRAMの価格は、汎用DRAM価格が1ドルを切っているような市況悪化の局面でも容量1Gビット当たり2～3ドルの価格を維持していた。なぜなら、スマホ向けモバイルDRAMはパソコン向けでは絶対に代替できない全く別の製品であり、通常はDRAMメーカー側がコストに利益を上乗せして提示した価格をスマホメーカー側は受け入れるからだ。つまり、単純に需給で価格が決まる市況商品ではないのだ。

すでに汎用DRAMの比率が低かったサムスンは、この時期、自社のギャラクシー向けも含めたスマホ向けDRAMのシェアを拡大していき、汎用品市況下落のショックを最小限に収められた。スマホ向けNANDフラッシュの需要も拡大していたため、リーマン・ショックの2008年における半導体事業の営業利益率の悪化はわずかな赤字、ほぼ収支トントンで済んでいる。売上高の4割を超える営業赤字を出したエルピーダとの収益体質の差は衝撃的に大きかった。

もしエルピーダが当初の坂本の計画通り、２００８年のリーマン・ショック後の大不況になる前に、パソコン向け汎用品の比率を減らすことができていたら、売上総損失を出すような事態は防げていたかもしれない。クリティカルな時期の、なけなしの１０００億円の使い道としては、シェア拡大のための台湾より、収益力強化に寄与していたであろう広島工場への先端装置導入の方が賢かった可能性が大きいのだ。坂本の振り返りはそのような意味だと思われる。

坂本がもう一つ、自らの過ちを認めたのはエルピーダの財務の拙さである。２０１３年７月31日の記者会見で坂本は、こんなことを口にしている。[*148]

「マイクロンと仕事をするうちに、財務の考え方が全く違うことに気付かされた。マイクロンは専門家である最高財務責任者（ＣＦＯ）に権限を集中している。今後、自分が何かやる立場に立ったらこれを踏襲したい。エルピーダでは自分も含めて、財務の仕事がちゃんとできていなかった。また、メインバンクを作っておかなくてはならない。それらができなかったのは私の責任です」

筆者は坂本のこの発言の真意を本人から詳しく説明してもらっていない。ただ、エルピーダが実質的にＤＲＡＭメーカーとして事業が回り始めた２００４年度から倒産するまでのキャッシュフロー（ＣＦ）の推移を見ると、言わんとすることが推察できる。

２００４～２０１１年度の８年（２０１１年度は９カ月）で、事業が生んだ現金収支の黒字を示す営業ＣＦと、設備投資や買収、子会社設立など投資に使った現金支出である投資ＣＦを比べ

各社のメモリー半導体事業の営業利益率推移
サムスン電子、マイクロン・テクノロジー、東芝、エルピーダメモリの営業利益率の推移を比べてみると、サムスンの安定性が目立ち、エルピーダの不安定さが際立つ

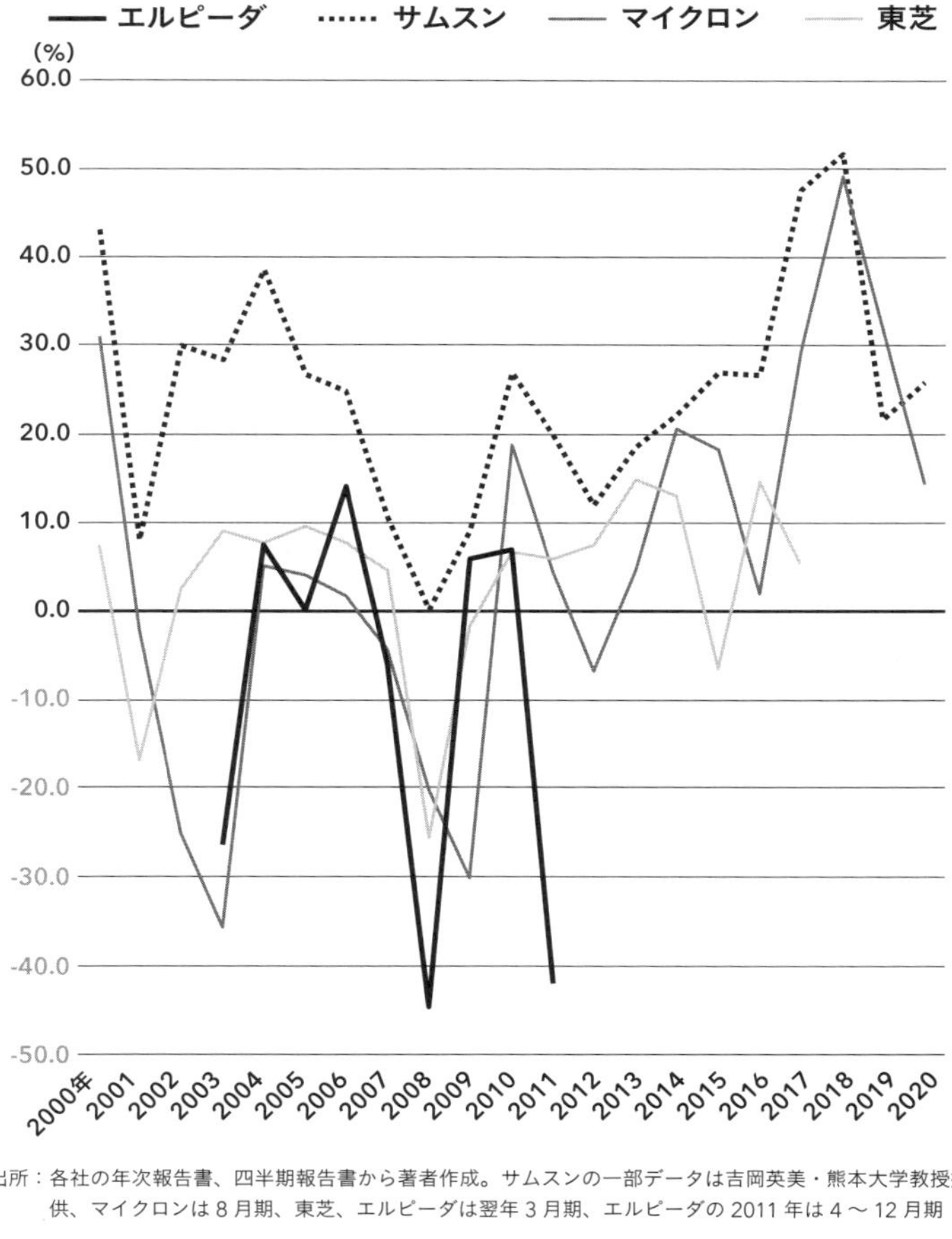

出所：各社の年次報告書、四半期報告書から著者作成。サムスンの一部データは吉岡英美・熊本大学教授提供、マイクロンは 8 月期、東芝、エルピーダは翌年 3 月期、エルピーダの 2011 年は 4 ～ 12 月期

て、営業ＣＦの範囲内に投資ＣＦが収まったのはＯ１０年度のたったの１回だけ。リーマン・ショックの２００８年度に至っては営業ＣＦ自体が赤字になっている。米国の企業経営におけるスタンダードな財務管理では、中期的に投資を営業ＣＦの範囲内に収めて、投資に金を使った後のＣＦ（フリーキャッシュフロー）を黒字にしていくことが鉄則である。短期的に資金不足を増資で補うことはあるが、中期的にフリーＣＦが黒字になる見込みがないと、資本市場は増資を歓迎しない。

ＣＦＯの腕の見せどころは、大きく変動する事業収支と、競争環境に必要な投資の優先順位とタイミングを見極めながら、いかに過不足ない投資を実現するための資金を確保し、結果的に中期的なフリーＣＦの黒字基調を維持できるか、という点に尽きる。ときには変則的な調達手段も交え、一時的にレバレッジ（元手に対する借金の比率を大きくすること）を効かせながらも、最終的には強固なバランスシートを形成する。高度な金融知識を持った専門家でないと難しい仕事であり、だからこそ、多くの米国企業、例えば創業ＣＥＯが強大な権力を握っている企業であっても、ＣＦＯの発言力、特に取締役会をにらんだＣＦＯの意見は強力だ。

エルピーダが、上記のような危ういＣＦマネジメントを続けてしまったのは、強いＣＦＯがいなかったか、坂本がＣＦＯの意見に真面目に耳を貸さなかったかのどちらかの可能性が大きい。その点についてマイクロンとの様々な議論を通じて坂本は反省したのだと思われる。

もっとも、なぜこのようなＣＦマネジメントになったのか、大元を考えると、事業を最初に

エルピーダメモリのキャッシュフロー推移

事業が生んだ現金収支の黒字を示す営業キャッシュフロー(CF)と、設備投資や買収、子会社設立など投資に使った現金支出である投資CFを比べると営業CFの範囲内に投資CFが収まったのは2010年度のたった1回だけ。リーマン・ショックがあった2008年度に至っては営業CF自体が赤字になっており、かなり危ういCF運営と言える

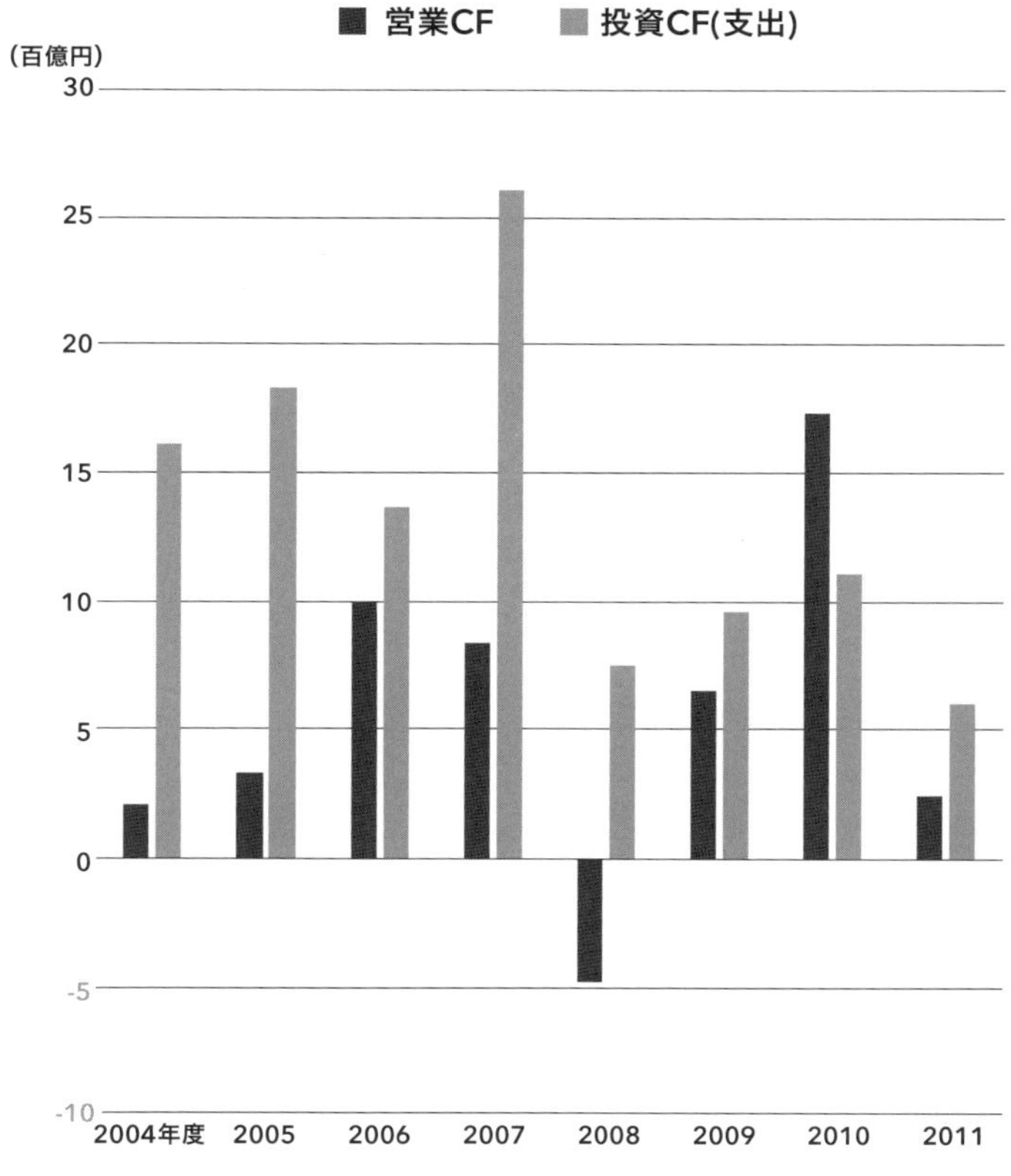

出所:エルピーダメモリの有価証券報告書・四半期報告書から著者作成。2011年度は4~12月、投資CFはマイナス(支出超過)額

開始したときにＮＥＣと日立という親会社2社が十分な設備と資本金を用意しなかったところに行き着く。２００2年に坂本が社長に就いた瞬間、ろくに営業ＣＦがないのに巨額の設備投資をせざるを得なかった。これを挽回しないうちに、超円高や業界の過剰供給の激化といった外部環境の悪化に見舞われ、頼みの綱だった銀行融資を切られ、倒産に至ったのだ。

坂本が台湾への投資を進めたもう一つの背景に、中小メーカーが乱立していた台湾のＤＲＡＭ業界の淘汰・再編を促し、供給過剰による価格暴落の繰り返しを終わらせたいという意図があった。２００7年からの価格暴落について、「こうした状態を是正するためにも、シェアを取りに行く必要がある」と言い、サムスンを抜いてシェア1位を狙いに行き、取った暁には無益な価格競争を止めると語っている。[*150]

しかし、台湾当局まで巻き込んで進めようとしたエルピーダを軸とする台湾ＤＲＡＭメーカーの整理・再編は、２０１2年までには実現しなかった。各社が個性的な創業者や大企業をオーナーに戴いており、そう簡単に敗北を認め他社の軍門に下る状況にはなかった。再編にかかる手間と時間を読み違って台湾に突っ込んだ坂本の当時の経営判断は誤りだったと結果論としては言える。

台湾ＤＲＡＭ最大手でマイクロンの提携相手だった南亜科技は、２０１2年12月期まで6年も続けて最終赤字を続けていたが、台湾最大の企業グループだった台湾プラスチックグループの傘下だったため資本注入を受け続け、市場からは退出せず今日に至っている。ただし、技術

エルピーダメモリの倒産直前から社名消失までの歩み

前年秋に日本政策投資銀行から最後通告を受け、旧知のアップルトン率いるマイクロン・テクノロジーとの統合を模索したが彼の急死で頓挫。並行して進めていた東芝などとの交渉も実らず、会社更生法の適用を申請して倒産した

2012年	2月3日	マイクロンCEOのスティーブ・アップルトン事故死
	2月14日	エルピーダ、四半期報告書に「継続企業の前提に疑義」記載
	2月27日	東京地方裁判所に会社更生法適用を申し立て、受理
	3月23日	東京地裁、エルピーダの会社更生手続き開始を決定
	3月30日	スポンサー企業募集第1次入札。東芝が落選
	5月4日	SKハイニックス、エルピーダ支援の2次入札に応札しないと発表
	5月4日	2次入札実施。マイクロンと米国のTPGなどファンドグループが応札
	5月6日	入札の結果スポンサーをマイクロンに決定
	5月10日	東京地裁、マイクロンとのスポンサー契約交渉を許可
	7月2日	エルピーダとマイクロン、スポンサー契約を締結
	8月21日	マイクロン傘下での再建を軸とする会社更生計画を東京地裁に提出
2013年	2月28日	東京地裁、マイクロン傘下での会社更生計画を認可
	7月31日	マイクロンのエルピーダ買収が完了。坂本幸雄が退任。COOの木下嘉隆が管財人兼社長に就任
2014年	2月28日	社名をマイクロンメモリジャパンに改称
2020年	7月22日	2019年12月の債務弁済完了を受け、東京地裁が更生手続き終結を決定

出所：各種情報から著者作成

的には遅れていてもはや先端品市場のプレーヤーではなくなっている。エルピーダの提携相手だった力晶科技は2012年に独自ブランドのDRAM事業から撤退し、ファウンドリー（製造受託）へと業態を変えた。エルピーダの生産委託先だった茂徳科技（プロモス・テクノロジー）も2012年にDRAM生産から撤退し、設計受託会社に業態を変えた。

台湾勢の脱落・淘汰という「その後」を見ると、エルピーダがもう少し持ちこたえていれば、DRAM過剰生産の構造的な供給過剰が緩和されていた可能性もあったと夢想してしまう。世界のDRAM業界の様相もかなり変わっていたかもしれない。

第3部

ニッポン半導体のこれから

第13章

ロジック半導体も没落

▼エルピーダメモリの次の国策半導体会社だったルネサスエレクトロニクスは3万人の雇用削減の末に再建

▼再建過程で先端技術は放棄し、「下請け」化。ロジック半導体の領域で日本の半導体の地盤沈下が進む

▼パナソニックと富士通の半導体事業を統合したソシオネクストも受注設計が主業で主体的に製品を開発する「ファブレスメーカー」になりきれない

「正直、随分手厚い資本を（最初から）もらっているのを見て、羨ましいと思いましたよ。おそらくエルピーダメモリの苦戦から学んだこともあったのでしょう」

エルピーダに続いて総合電機の半導体部門を分離・統合して作った「ニッポン半導体」会社であるルネサスエレクトロニクスの発足について坂本幸雄は生前そう評していた。２０１０年４月の発足の前後に親会社だったＮＥＣ、日立製作所、三菱電機の３社がいわば「支度金」の

形で合計2063億円の追加出資を実施していたからだ。[*151]

双子ルネサス、大手3社の事業切り離しで誕生

ルネサスエレクトロニクスはNEC、日立、三菱電機がDRAM事業をエルピーダに集約したのと並行してそれ以外の半導体事業を分離・統合した結果できた会社だ。まず、2002年11月にNECが半導体部門を分社化してNECエレクトロニクスを設立。翌2003年4月に日立と三菱電機がそれぞれの半導体部門を分離・統合してルネサステクノロジ（以下、旧ルネサス）を設立した。ちょうど坂本がエルピーダの社長に就いてすぐ、三菱電機のDRAM部門がエルピーダに合流したのと同じタイミングだった。その後、NECエレクトロニクスも旧ルネサスも赤字体質に陥り、収益基盤強化を狙って2010年4月に両社を統合し、日本最大の半導体会社として新たにルネサスエレクトロニクス（以下、ルネサス）が発足する。坂本が指摘した「手厚い資本」とは、その際に親会社3社が2000億円を超える追加出資で「巣立ち」を後押ししたことを指す。

エルピーダが2002年11月に坂本社長体制を敷いて事業を本格スタートさせた際、親会社

だったＮＥＣと日立が注入した資本は７８０億円にすぎず、しかも就任時の11月までに注入した４１０億円はいわゆる累積損失を解消し、最小限の自己資本を積むための出資だった。千億円単位の巨額の設備投資が必須のＤＲＡＭ事業を展開するには明らかに資本不足で、それ以来倒産するまでエルピーダは過小資本、資金不足が絶えず続いていた。

ルネサスの発足初年度の年商は1兆円を超え、翌年の２０１１年にはガートナーが集計した世界半導体売上高ランキングで5位に食い込む。世界的に見ても売上規模では大手の半導体メーカーの誕生だった。主力製品はマイコンやＳｏＣといった、広義のシステムＬＳＩ。東芝を除く日本の総合電機各社がＤＲＡＭやフラッシュといった価格変動の激しいメモリー半導体を切り捨てた後、比較的価格が安定していて付加価値も高いとして、こぞって半導体事業の柱に据えていた分野だ。

ところがルネサスは規模が大きいだけで業績は絶望的に悪かった。

ルネサスに合流する前のＮＥＣエレクトロニクスは２００６年3月期から5期連続の最終赤字を出していた。一方、ルネサスになる前の旧ルネサスはリーマン・ショックの２００８年度に２０００億円を超える巨額赤字を出した後、２００９年度も８００億円を超える最終赤字を出してあえいでいた。ルネサスはいわば万年赤字会社同士が合併して誕生したわけで発足後も当然のように赤字が続く。

加えて２０１１年の東日本大震災による中核工場の被災、その後の超円高などで従来にも増して窮地に陥る。２０１２年春には、手厚かったはずの自己資本の蓄えを食い尽くして２０１２年度中の債務超過転落が現実味を帯びてきた。ちょうどエルピーダが会社更生法の適用を申請した後でもあり、政府にも危機感が出ていた。そこで始まったのが、経済産業省、外資系投資ファンド、産業界を巻き込んでのテコ入れ策検討だった。まず、リストラ費用も含めた資金繰り支援として親会社の総合電機３社が４９５億円、大手銀行４行が２０００億円超を２０１２年9月に融資する。並行して資本増強のスキームを探っていた。

米投資ファンドのコールバーグ・クラビス・ロバーツ（ＫＫＲ）が２０１２年8月末に１０００億円の第三者割当増資引き受けで発行済み株式の過半を取得し、経営再建に参画する案を提示した。ところがトヨタ自動車などルネサスの主力製品であるマイコンやシステムＬＳＩの主要ユーザー企業が、自分たちのノウハウも入っているルネサスの技術が海外流出するのは困ると経産省に訴えた。経産省もニッポン半導体がエルピーダに続いて外資の手に落ちることに危機感を抱き、国が8割の大株主となっていた産業革新機構（その後、ＩＮＣＪが事業を引き継ぐ）とトヨタなど自動車メーカーが出資する案を進めていく。[*152]

結局、２０１２年12月10日に発表され、翌２０１３年9月に実行されたのは実質国有化で再建を進めるスキームだった。産業革新機構が１３８０億円、トヨタが50億円、日産自動車が30億円、キヤノンなどその他の企業も出資し、合計１５００億円の第三者割当増資を官民で引き受ける。産業革新機構の持ち株比率を7割弱とする増資で発行される株は普通株であり、産業革新機構の出資に期限はない。

その3年前、2009年のエルピーダへの支援策がどうだったか思い出そう。日本政策投資銀行（DBJ）の公的資金300億円の期限つき出資と銀行団の1100億円の融資で合計1400億円が全て3年弱という期限つきの資金で実質的には融資になっていた。しかも、ちょうどその期限の頃に未曽有の円高とDRAM不況のダブルパンチという異常事態が起きていたにもかかわらず、政府も銀行もつなぎ資金さえ提供を拒んだ。技術競争力の点では、ルネサスとは比べものにならないほど強かったにもかかわらずだ。

それに比べると、ルネサスに対する無期限の官民出資による支援は、「ニッポン半導体」を何としても存続させるという官民の強い意志が感じられた。この巨額出資による支援についても、坂本は羨ましさを感じたと同時になぜこうも扱いが違うのか疑問に思ったはずだ。

ルネサス存続を後押しした自動車業界の都合

当時の関係者に尋ねても明確な答えは返ってこない。筆者の見立てでは違いを生んだ大きな理由はおそらく2つある。まずエルピーダが米国企業の傘下に入った結果、ルネサスが最後のニッポン半導体企業という扱いになっており、何としても破綻を避けたいという強い意志が政府や官僚に醸成されていたこと。もう一つは日本のリーディング産業である自動車業界がルネサスの半導体に大きく依存しており、自動車業界、特に日本一の企業であるトヨタからの圧力が強かったことだ。

DRAMに比べ収益性が安定するはずのロジック半導体を扱うルネサスが、なぜこれほどまでもの赤字垂れ流し状態に陥っていたのか、読者は不思議に思うかもしれない。そこには、自動車メーカーなど顧客企業側が部品在庫リスクや開発コストをルネサス側に押しつける、一種の「下請けへの甘え」の構造があり、ルネサス側にも客の言うことをついつい聞いてしまう「下請け体質」があった。

インテル日本法人の取締役やフリースケール・セミコンダクタ・ジャパン（当時、現NXPジャパン）社長などを経て、産業革新機構に請われて2013年11月から3年間ルネサスの経営にCSMO（最高セールス・マーケティング責任者）として参画した高橋恒雄は当時の様子を振り返る。

「工場は稼働率を上げたいのでとにかく生産を引き受けたがる。営業は採算よりも受注量を重視し、取引条件を精査せずに注文を取ってくる傾向がありました。根拠のある需要予想に基づいて発注側と生産量や価格などをギリギリ詰めて契約しようという、近代的な営業の思考がありませんでした」

「最終製品メーカーはある製品を何年とか何カ月とかの間、合計何個作って売るのか計画を立てます。その計画を部品発注先のルネサスにも伝えて、その製品向けの半導体が最終的に何個要るのかという話をします。このとき、最終製品メーカーはシリーズ累計50万台を目標にするとか、特に根拠がないのに強気な計画を立てがちです。それに基づいてこういう仕様の半導体を累計50万台分くらい作ってくれなどと言ってきます」

「口ではそう言いながら、実際の正式な発注は50万台分まとめてではなく、四半期や半期分だけその都度出すのです。ルネサス側は要求されたスペックに従って回路設計してそれをチップにする微細加工と量産のプロセスを作ります。最終的に50万台規模売れる前提で開発コストをかけ価格も設定します。生産もその規模を前提にまとまった量を作ります」

「ところがその製品の売れ行きがいまひとつだったりすると、翌月になって『ゴメン、発注量減らすわ』なんてことを最終製品メーカーが言い出す。ルネサス側は大きな数量を作っていますから結果的に大量の売れない在庫が発生します。特定製品の特定用途向けなので他の顧客向けに売れる代物ではありません。最終的に在庫評価損を出すことになります」

「私がルネサスに2013年に参加してまずやったのがこのような非合理的な受注をなくすことでした。きっちり採算が取れる量と価格を契約で明記する受注以外をなくすように変えていきました。それができないなら売らない。『売らないのも営業』と言ってやってもらいました。今まで奴隷のように言うこと聞いていた半導体サプライヤーが急に値上げやら全量発注やら厳

ルネサスエレクトロニクスの時価総額推移

2024年11月上旬現在、ルネサスの時価総額は3兆8000億円前後。発足した2010年4月当初の4000億円前後からほぼ10倍に企業価値を高めた

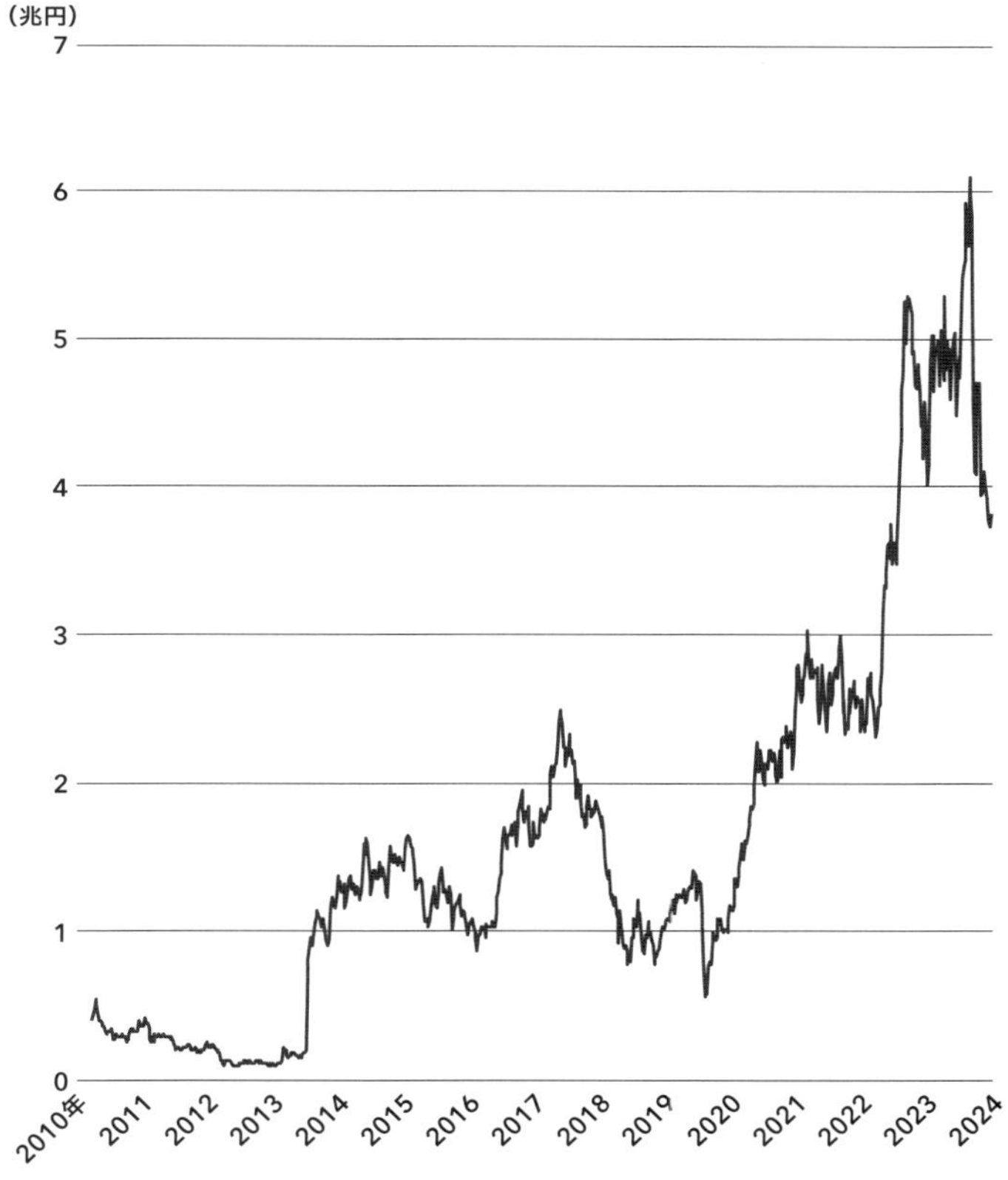

出所：QUICK・ファクトセットのデータから著者作成

しい要求を出してくるようになり、最終製品メーカーさんは、そりゃ怒りましたよ」
「しかしそうじゃないと受注商売で利益は出ません。10年代に入ってこのような取引慣行の改革がルネサス以外にもじわじわ広がって半導体メーカー側が不本意に抱える在庫量が業界全体で減っていきました。皮肉なことにそこへ、新型コロナウイルス禍による最終製品需要の急変動が直撃して、システムＬＳＩ不足が一気に広がりました」

そうした営業改革の成果もあり、ルネサスは徐々に営業利益率を上げていき、今では売上高の３割程度の営業利益を確保できるようになっている。収益が回復した結果株価も上がり、２０２４年２月までに、旧親会社の３社と支援後に７割の持ち分を保有し筆頭株主だったＩＮＣＪ（産業革新機構の事業を継承）は保有していた全てのルネサス株の売却を完了し、その後売却益を計上した[*153]。

２０２４年11月上旬現在、ルネサスの時価総額は３兆８０００億円前後。ルネサスエレクトロニクスとして再出発した２０１０年４月当初の４０００億円前後からほぼ10倍に企業価値を高めた。ＩＮＣＪが２０１３年９月に１３８３億円の第三者割当増資を引き受けた際の株価は１２０円。２０１７年６月から２０２３年11月まで９回に分けて売却した際の株価は１０００～２３００円と、平均して10倍をゆうに超えており、合計すると１兆円を超える売却益が出たとみられる。

支援金額は膨大だったが、民間株式会社としての経営再建と自立達成、国民負担の回避という点でルネサスの支援は結果的にうまくいった。国民負担が発生したという点でエルピーダへの国の支援が失敗だったすれば、国有ファンドに利益をもたらしたルネサスの救済は成功だったと言えるだろう。

ルネサス支援は本当に成功だったのか

だが、果たしてルネサスへの支援は本当に成功と言えるのだろうか。

一つの問題は、収益拡大の裏で壮絶な人員と資産の削減が断行されたことだ。2010年春の新ルネサス発足後の連結ベースの従業員は4万8000人を超えていたが、すぐに5000人規模の人員削減を実施。その後も2012年から2016年にかけて何度も人員削減を実施し、2016年末には当初の半分以下である1万9000人を切るところまで人員を減らした。削った雇用は3万人近い。発足時に10カ所あった前工程の工場は5カ所まで減った。最後の工場閉鎖は2022年6月の山口工場で足かけ12年にわたって設備の再編・集約を繰り返したことになる。

これに対し、エルピーダは倒産こそしたものの、「1回も（雇用の）リストラをしないでマイクロン・テクノロジーに引き継いだ」（坂本）。エルピーダを支えた技術者はマイクロンの技術面をリードする中核となり今に至る。何度か繰り返した通り、マイクロンのＤＲＡＭ事業にあって、モバイルＤＲＡＭやＡＩサーバー向けＨＢＭの回路設計や立体化の技術は旧エルピーダ由来の日本拠点が支えている。

ルネサス再建のもう一つの問題は人員削減と連動した技術の断絶だ。ルネサスが２０１０年4月に発足してすぐ、回路線幅が32ナノの微細度とそれ以降の世代の微細加工技術の自社開発はせず、生産を外部委託する方針を決めていた。その後、度重なる人員削減でルネサスを辞めていった技術者の中には、先端微細加工技術の担い手、そして先端ロジック半導体の回路設計技術者など本来日本の半導体産業の中核的な担い手になるべき人々が多く含まれていた。

現在ルネサスが製造供給しているのは、どちらかというと「枯れた」技術で作れる、安全性や安定性、堅牢《けんろう》性などを重視した車載半導体などだ。ルネサスが持つ５つの前工程工場で作れる微細回路は線幅40ナノ以上で、３ナノや5ナノ世代に達している台湾積体電路製造（ＴＳＭＣ）やサムスン電子のロジック半導体製造技術とは完全に別世界に置いていかれている。40ナノよりも進んだ微細加工技術が必要なＬＳＩについては、ＴＳＭＣをはじめとする海外ファウンドリーに製造を委託しており、残念ながら世界の半導体産業の先端を競うポジションには立っていない。売上規模の世界ランキングは２０２３年に16位で、発足当初の5位からは大きく順位を下げている。

これが国を挙げて支援した最後の「ニッポン半導体企業」の今の姿である。これを「成功」と胸張って言えるのかどうか、筆者にとっては甚だ疑問である。極端な言い方をすればトヨタを支える巨大下請け部品会社を官民挙げて存続させただけではないのか。

ルネサスが国の支援を得て再建に向けて奮闘していた頃、日本の半導体メーカーはロジック半導体の先端微細加工技術の自社開発から相次いで脱落していた。まだ半導体事業自体は捨てていなかった富士通は２００９年４月に40ナノ以降の外注化を決定。２０１０年12月には東芝がロジック半導体については32ナノから外注化すると決定。第３章でも触れたように２０１４年にはパナソニックが当時国内最先端だった魚津工場を北陸の他の２工場と共に売却し、ついに先端ロジック半導体を自社生産する日本企業は皆無になった。

個々の民間企業の経営判断としては合理的だったのかもしれない。しかし、国の政策としてはどうだったのだろう。今になってＲａｐｉｄｕｓ（ラピダス）で、先端ロジック半導体のファウンドリー事業と技術者を育てようとしているのを見るとつい「たられば」を考えてしまう。もし10年代の段階で現役バリバリだった技術者の集団を生かす事業の方向にルネサスの救済を向けられていたら……と思ってしまうのだ。

ルネサス再建に明け暮れた過去十数年の日本の半導体産業を振り返って、もう一つ大きな疑問が湧いてくる。日本にはなぜ、エヌビディアやクアルコムのように世界のテクノロジー産業をけん引するファブレス半導体メーカーや、英国のアームのように基幹半導体の基本設計の標準を握る企業が育たなかったのかという問題だ。

パナソニックと富士通が半導体の開発・設計だけを分離・統合して2015年に発足させたソシオネクストは辛うじて5ナノや7ナノといった先端の微細加工技術を要するSoCを開発・供給している。しかし、自らの製品を開発して広く多用途に販売するのではなく、個別企業の注文に応じてSoCを設計する、言ってみれば「設計受託」が主なビジネスだ。「H100」や「H200」といったAI向けプロセッサーが世界で引っ張りだこのエヌビディアやアンドロイド・スマホの「中枢」SoCとして人気の「スナップドラゴン」を擁するクアルコムのように、名前が売れた「製品」がない。あくまで下請けであり、テクノロジー・ドライバーとは言えない。

坂本もソシオネクスト発足の頃は、期待して見ていたようで、「世界に通用するCPUを作ると言っていたのに、いつの間にか受注商売に流れていきましたね。何かもったいないなと思います」と語っていた。

日本のロジック半導体が強くなれない理由

坂本はテキサス・インスツルメンツ（ＴＩ）時代、もっぱらロジック半導体事業を担当していた。ＤＲＡＭ事業に本格的に携わるのは、１９９７年にＴＩから移った神戸製鋼所でＴＩとのＤＲＡＭ合弁事業の再建を担うようになってからだ。だから、日本が先端ロジック半導体ですっかりプレゼンスを失ってしまったことに、度々苦言を呈していた。

「ロジック半導体の回路設計で日本の半導体メーカーの技術力はもともとものすごく競争力があったんです。製造だけでなく、製品の企画・開発・設計でも強かった。コンピューターのＣＰＵに使うプロセッサーでも、ＮＥＣのインテル互換プロセッサーの『Ｖシリーズ』や、日立の『Ｈシリーズ』や『ＳｕｐｅｒＨ（ＳＨ）シリーズ』は抜群に優れていた。ＮＥＣはインテルとの訴訟に懲りて、自分で互換プロセッサー事業から降りてしまいます。日立は頑張ろうとはしましたが、結局基本設計の陣営作りで英国のアームなどに負けてしまいました」

日本の技術者にはやれる力はあったのに、経営がそれを生かせなかったという見立てだ。実は坂本はＴＩ時代にＮＥＣや日立にロジック半導体の事業展開を提案した経験があり、詳しく語ってくれた。

「日立が１９９２年に発売したＳＨシリーズのマイコンが、ズバ抜けて速くて省電力で小さくて、費用対効果が高くてすごかった。いわゆるデジタル家電がこぞって採用し、ＳＨを載せたゲーム機の『セガサターン』が大ヒットし、ウィンドウズＣＥの携帯情報端末のＣＰＵにＳＨ

を採用されるなど、初めて日本独自のＣＰＵアーキテクチャーが国際的な存在になりました」

「ＮＥＣの方も、70年代後半からインテルのプロセッサーと互換性があるプロセッサーを作り始め、じきにインテル本家のチップより速いチップを作るようになります。代表作がＶ３０というモデルで大ヒットしました」

「ですが、Ｖ３０のヒットを見たインテルが、ＮＥＣに著作権侵害訴訟を仕掛けて法定闘争になります。最終的にＮＥＣが勝訴しますが、ＮＥＣは懲りたのでしょうか、その後インテル互換のチップは作ろうとしなくなります。当時は設計力でも工場の微細加工技術でも、資本力でもＮＥＣの方がインテルよりはるかに上でした。インテルとの法定闘争を何度も戦い抜いて今やインテルと互角に戦える半導体メーカーになったアドバンスト・マイクロ・デバイセズ（ＡＭＤ）の現在の姿を見るとせっかく裁判に勝ったのに手を引いてしまったＮＥＣの決断はもったいなかったなあと思います。もし戦い続けていれば、今ごろＮＥＣも有力なロジック半導体のメーカーになっていたかもしれません」

「実はＴＩ時代に、僕は日立ともＮＥＣともロジック半導体分野で共同事業を提案したことがあります。ＴＩはデジタル信号を音声などのアナログ波に変換したりするＤＳＰと呼ぶ半導体が得意でした。だからお互いの設計技術をライセンスし合って、日立のＳＨマイコンとＴＩのＤＳＰを合わせた製品を一緒に開発して売ろうと日立に提案しました。90年代前半の話です」

「日立の事業部長クラスは、ライセンスで仲間を増やした方が賢いんじゃないかという考え方を持っていて結構前向きだった印象があります。ところがもっと上の経営幹部は、自力で売っていけば潜在マーケットを独り占めできるじゃないか、という考え方でライセンスに反対していたようです。そのうちこの話は立ち消えになりました」

いかにももったいない話だが、この提携が実現しなかった背景にはもう一つ、坂本が話していないＴＩ本社の方針という障害があった。

当時ＴＩは、ＳＨと同じ縮小命令セット（ＲＩＳＣ）と呼ばれる方式のＣＰＵの基本設計ライセンスをアームから購入し、自社のＤＳＰとアームの基本設計によるＣＰＵをセットにして、携帯電話機で急成長していたフィンランドのノキア向けに供給していた。１９９３年にノキアがこのチップの採用を決めたことで、アームは携帯端末の中核ＣＰＵに当たる半導体「アプリケーションプロセッサー（ＡＰ）」の基本設計として事実上の標準のポジションを築き始めていた。坂本の提案とは裏腹にＴＩ本社はアーム陣営に完全に入っていた。つまり、日立側にＳＨの外部へのライセンスを広げようという「陣営」作りの戦略思考が希薄だったのと同時に、すでにＳＨが得意としていた省電力性能とＲＩＳＣ方式の世界で、アームはすでに陣営を作りつつあったのだ。

坂本はＮＥＣとも、歯がゆい経験をしている。

「90年代半ば、コンパック・コンピューターや日本のアスキーが出資していたネクスジェン

（当時、１９９６年にＡＭＤに買収された）という半導体スタートアップが米国にあって、ｘ８６（インテル互換の命令セット）アーキテクチャーのプロセッサーを開発していました。ＴＩがその技術のライセンスを持っていたので、一緒にインテル互換プロセッサーの事業をやらないかとＮＥＣに提案したのです」

「しかし、ＮＥＣは『インテル互換チップはもうやらない』の一点張りでついぞ話に乗ってきませんでした。インテル互換ＣＰＵの市場は法的に許される範囲でインテルに競争を挑むビジネスです。当時のＮＥＣは資本力や設計開発力でインテルより上でしたし、パソコンや通信機器のメーカーとしても大手でした。それらの要素を考えると、ＡＭＤよりよほど強いインテル互換チップメーカーになれていたかもしれません」

「日本の製造業が世界を席巻する強さを発揮した時代を経て、何でも自社でやりたがる自前主義が強くなっていました。そこには自分の技術に対する過剰な自信もあったと思います。同業他社やユーザー企業とアライアンスを組む戦略についてもっと前向きであれば、違う展開が開けたのではないかと思います。結局21世紀にはマイナーな存在になってしまいました」

その後、日立は２００１年になって、欧州の半導体大手、ＳＴマイクロエレクトロニクスと合弁でＳＨの新モデルの開発や、グローバル営業のための会社を米国シリコンバレーに立ち上げている。この事業は三菱電機との統合会社ルネサステクノロジが引き継いだものの、２００３年にあっさり合弁は解消。目立った成果を出せずに尻すぼみになっていく。

日立のロジック半導体の元・設計・開発技術者で、当時その合弁会社でSHの新規開発や技術営業に携わっていたのが、現在半導体の内部まで分解して分析するサービスを提供するテカナリエのCEO、清水洋治だ。清水は初期からSHの開発に携わった経験から、社内や日本という閉じられた空間で製品が企画されていたSHは、世界の無数のユーザーの声にもまれながら設計が進化していったアームに、技術的にも大きく水を開けられていたと振り返る。

実際、SHの前に日立が力を入れていたHシリーズのプロセッサーはノキアの携帯端末に採用されていた。そのポジションを1993年に奪い取ったのが、アームの基本設計を使ってTIが製造したアプリケーションプロセッサーだったのだ。

「アップルが1993年に出した携帯情報端末の先駆け『ニュートン』から始まって、ノキア、NEC、アルカテル、ソニーと有力企業が次々とアーム設計のプロセッサーを採用していきました。その中で、ユーザー企業の厳しい要求に応えてアームにはどんどん、多様な顧客の要求を満たす省電力性能や、汎用的な設計の在り方についてのノウハウがたまっていきました。それに対してSHはそれぞれのモデルが、セガのゲーム機や、ウィンドウズCE端末など、少数の特定の機器向けに開発されたもので、世界の多数の顧客企業が使いたくなるような商品力という点で劣っていたのです」

「STマイクロと合弁を始めた頃は、すでに省電力性能をはじめ、携帯端末的用途でのアームの性能の優位は決定的になっており、我々はちょっと歯が立たない状態でした」

清水はそう打ち明ける。さらにこう警鐘を鳴らす。

「現在も隆々としているアームや台湾のＴＳＭＣに共通するのは、世界中を相手にしてビジネスする中で取引先の知恵をどんどん集めて蓄積しているところです。言ってみれば集合知の力が強いのです。日本のロジック半導体が大きく育たなかったのは、どうしても社内や国内の内輪の議論や交流に閉じこもってしまう、『内弁慶』的な傾向が大きく影響しています。そして、その傾向は今日も続いているのではないでしょうか。ここを克服しないと、本当に世界市場で大きく成長できる事業は育てられないでしょう」

坂本は陣営作りの意志の欠如を指摘し、清水は「内弁慶」と表現する。日本の電機業界の多くの場所に根付く内向き志向が、日本の半導体事業の敗因の一つであるとの見立てでは共通する。顧客に学ぶ集合知のメカニズムは、まさしく坂本が言い続けた「ティーチャーカスタマー」の考え方でもある。ルネサスやソシオネクストのように受注生産、受注設計を繰り返すだけでなく、いかに培った知見を生かして自ら打って出る「製品」を作れるかどうか。日本の半導体産業の復興は、そのような事業展開力をどう持てるかに懸かっている。

第14章

「メイク、クリエイト、マーケット」

▼日本の総合電機各社は半導体事業の自社運営にさじを投げ、事業を分離して再編・集約してみたものの、世界をリードする企業の育成に失敗している

▼一方サムスン電子は、統合型ビジネスモデルで世界を代表するテクノロジーブランドに成長、日本企業との経営の巧拙の差が明白に

▼日本企業に欠けているのは「メイク（製造）、クリエイト（企画・設計）、マーケット（市場）」という三つの経営の肝だと言い残して坂本幸雄はこの世を去った

新型コロナウイルス禍が広がる直前の2020年1月、坂本幸雄は北京で当時の中国首相であった李克強《リー・クォーチャン》と対面した。前年2019年の10月、坂本は中国の清華大学が51％を出資する「半国営」の半導体会社、紫光集団の高級副総裁（専務か常務クラスの執行役員）に迎えられていた。それを受けて共産党・政府の関係者や半導体業界幹部が集まる懇談会に招かれた際、経済政策の司令塔だった李も参加していたのだ。その場で李は、中国の半導体強化の在り方について坂

本に意見を求めた。

坂本は次のように答えたのだという。

「中国ではテクノロジー企業でも人材の定着率が低い。それが半導体の技術レベル向上の妨げになっているという話をしました。インテルがなぜ10ナノ級の微細加工技術の開発でつまずいたのか。それは人材の2割、3割が1年で入れ替わり、日々の積み重ねによる技術開発がうまくいかなくなっているからです」

「現在、微細加工技術については台湾の台湾積体電路製造（TSMC）、韓国のサムスン電子とSKハイニックス、日本のマイクロンメモリジャパンとキオクシアが世界をリードしていますが、共通するのは人材の定着率が高いことです。TSMCで1年に辞めるのは5%未満、日本の会社では2%未満です」

「同じ東アジアでも中国はむしろ米国のように、1年で2割、3割、人が入れ替わるのが普通です。今の半導体の微細加工プロセス技術を進化させるには、そのような就労慣行を変える必要があると指摘しました」

「そのとき、周りには中国半導体業界の幹部がいたのですが、みんな『なるほど』という反応をしていました。実はこれ、我々半導体業界のプロの間では共通認識です。このため、台湾の南亜科技（ナンヤ・テクノロジーズ）の元トップを招いて立ち上げたNANDフラッシュの世界大手、長江存儲科技（YMTC、長江メモリー）などは、会社への帰属意識を強めるよう意識的に取り組んでいます。昔の日本企業のように、社員旅行を催したりしてるんです。これから他の中国メーカーにも広がるのではないでしょうか」

中国で半導体経営をリターンマッチ

2013年7月、マイクロン・テクノロジーによるエルピーダメモリ買収が完了する前日に管財人兼社長を退任した坂本は以後、台湾の南亜科技や国内電子部品メーカーなどの顧問を引き受けながら、半導体経営者として次の挑戦の機会を探った。ルネサスエレクトロニクスがリストラを繰り返しながら先端技術の開発を放棄したことで国内にはもう先端半導体メーカーはない。つまり、坂本にとって十分な難易度の挑戦の場は国内半導体業界では見当たらなかった。

坂本にとって経営者としてのリターンマッチとして手応えがありそうな機会は、国を挙げて先端半導体技術の育成を急いでいた中国に生まれつつあった。技術にも経営にも知見を持った指導者を必要とした中国の方も、坂本がフリーになっているのを見逃さなかった。

2015年、安徽省合肥市が立ち上げようとしていたDRAMベンチャーのCEO役として坂本に声が掛かる。坂本はこの話に乗り、サイノキング・テクノロジーというDRAM事業企画・設計会社を同年8月に香港で設立した。ここで製品を開発して設計し、合肥市が数千億円投資して建設する新工場で製造する計画だった。2016年春には計画発表の記者会見の案内まで出したが、直前に中止した。旗振り役だった合肥市長が習近平指導部による反腐敗運動の標的となって失脚したのだ。あえなく計画はご破算になる。

すると同じ2016年、今度は清華紫光集団（紫光集団）から声が掛かった。NANDフラッシュメモリー事業を一緒に立ち上げようという誘いだった。この事業の立ち上げを指揮していたのは南亜の元総経理（社長）で、エルピーダを辞めた直後の坂本を南亜のアドバイザーに迎えてくれた高啓全《チャールズ・カオ》だった。高《カオ》が直接、坂本を誘ったのだが、そのとき坂本は（大病をいやした直後だったこともあり）「体力に自信がなくて断った」という。高《カオ》が立ち上げた紫光集団傘下のNANDフラッシュメモリー事業こそが現在世界大手に育ったYMTCであり、2020年ごろまでには世界の先端レベルの競争に割って入るまでになっていた。

その高《カオ》が2019年9月、今度はDRAM事業の立ち上げを一緒にやらないかと、電話をかけてきた。剣道の稽古を始め、体力への自信が回復していた坂本は、今度は前向きに反応する。すると高《カオ》は、「すぐに紫光集団董事長（会長に相当）の趙偉国《ジャオ・ウェイグオ》さんに会ってくれ」と言う。坂本は北京に飛び、趙と面会。その場で設計・開発及び人材獲得の責任者として紫光集団の高級副総裁に就くという線で基本合意した。高《カオ》からの電話があってからわずか2カ月後の

2019年11月15日、紫光集団の上級副総裁兼日本法人社長への坂本の就任が発表される。坂本はその日から、川崎市に借りたばかりのオフィスに出勤を始める。

「最初に声を掛けてきたときに高《カオ》さんは、自分がDRAM事業のトップをやるから手伝ってくれという口ぶりだったのですが、いざ北京に行ってみると、実は自分はもうすぐ紫光集団は辞めるから坂本が事業のトップもやってくれと言い出したのです。話が違うじゃないかと言いましたが『時すでに遅し』でした。重慶に新設しようとしていたDRAM工場の立ち上げについても面倒みることになっていました」

「僕はどうせやるならサムスン電子やマイクロンに伍するトップ3のDRAMメーカーに育てるべきだと思っていました。そのためには、技術の変わり目に照準を合わせて新しい技術で一気に対等な勝負に持ち込むのがベストです。ちょうどDRAMは、回路を焼き付ける露光工程焼き付けにEUVを使う微細加工技術への転換期です。また、トランジスタ素子の立体化、いわゆる3次元DRAM技術の導入という変わり目も来ようとしています。というわけで、紫光集団のDRAMは当初17ナノ程度の汎用品から操業を始めつつ、早期にEUVや3次元の研究開発にも挑戦すべしという構想を持っていました。ところが紫光集団が倒産してしまい、DRAM立ち上げ計画は立ち消えになりました」

またもや、坂本の中国プロジェクトは雲散霧消したのだった。

紫光集団は借金を重ねた企業買収攻勢に収益がついていかず、２０２０年夏以降社債の債務不履行を繰り返していた。とうとう２０２１年に半国営企業なのに債権者に破産宣告される。２０２２年に国内投資ファンドに買い取られ、今も「新紫光集団」としてファブレスの設計事業を核に経営再建中だ。倒産処理の中で紫光集団は虎の子のＹＭＴＣの持ち分を投資ファンドに売却した。そうした混乱のなかＤＲＡＭプロジェクトはあっけなく立ち消えになった。

ちなみに、中国半導体業界のスターで紫光集団のトップだった趙は２０２２年に横領や汚職などの罪で拘束・起訴され、２０２３年に裁判で罪を認めた。[*154] その後の消息は分からないが、２０２３年中に有罪判決を受け、今でも服役中とみられる。

中国からの坂本へのスカウトはこれで終わりではなかった。２０２２年春、今度は華為技術（ファーウェイ）の意を受けて中国・深圳市が立ち上げつつあったＤＲＡＭベンチャー、深圳市昇維旭技術（スウェイシュア・テクノロジー）から声が掛かり、同年6月に同社の最高戦略責任者（ＣＳＯ）に就任する。ファーウェイが米国の制裁対象企業であることもあり、このプロジェクトについて坂本は生前多くを語らなかった。だが、３次元技術を使った先端ＤＲＡＭをサムスンなどに伍するレベルで立ち上げようという意欲は満々だった。

スウェイシュアの日本支社は千代田区大手町のオフィスビルの一室にあり、坂本はそこを拠点に人材獲得や技術ライセンス取得などに、海外を含めて東奔西走していた。２０２２年10月に米国の半導体技術の対中規制が強化されて以降、中国企業は先端の半導体製造装置の入手が難しくなったため、そのハードルをいかに克服できるか、悩みどころだった。病に倒れ急死したのは、そんな矢先だった。

スウェイシュアのＤＲＡＭプロジェクトはまだ継続中だ。現地での報道や求人動向などをみると工場建設は一歩ずつ進んでいて、操業開始に近づいているもようだ。坂本にとっては3度目、4度目の正直でようやく日の目を見そうな中国ＤＲＡＭプロジェクトに巡り合ったことになる。しかし、皮肉なことに今度は自身の寿命が尽きてしまった。

「メイク、クリエイト、マーケット」が経営の肝

結局、坂本の半導体事業の経営者としてのリターンマッチは、試合開始のゴングが鳴る前に終わってしまった。坂本はこの世を去ったが、彼が日本の地に築いた先端ＤＲＡＭ半導体の技術と人材プールの礎は今のマイクロンメモリジャパンに脈々とつながっている。その経験と知見を基に、日本の半導体産業復興に生かすべき数々の教訓を言い残している。

サラリーマン上がりで論功行賞として社長に就く日本の電機業界の経営層が、いかに半導体事業経営という難しい仕事に不適任だったか。その多くが意思決定の責任を追及されることを恐れ、本来ならトップがリスクを取って下すべき決断を避けた結果、いかに日本の半導体事業

がズルズルと脱落していったか。そのような経営を許してしまう日本の大企業のガバナンスの欠如。などなど、いわゆる日本的経営が、ニッポン半導体の凋落《ちょうらく》の決定的な要因だった点を坂本は繰り返し指摘している。

「日本の経営者の多くは本当の『経営者』じゃないんですよね。何かをやる、ということを自分で決めないんです」

坂本が日本のサラリーマン上がり経営者について嘆いた言葉だ。

もっとも、日本的な経営と経営者の弱さは何も電機や半導体に限った話ではないので、ここでは深入りしない。一方、半導体経営に関して坂本が残した最大の教訓は、半導体のようなハイリスクなビジネスでは、経営戦略が死活的に重要なポイントであるという絶対的な事実だ。マーケットの先行きと構造を読んでビジネスチャンスを探り当て、そこで稼げるビジネスモデルを組み立て、その後は市場の変化に対応して最適化を続ける、それ抜きで半導体事業の成功はない。

坂本はこれを3つの言葉で要約した。

「メイク（製造）、クリエイト（企画・設計）、マーケット（市場）の3つを、ともにうまくできないと半導体の経営はできません」

おそらくテキサス・インスツルメンツ（ＴＩ）時代にたたき込まれ、その後経営者として実践したことを彼なりに自分の言葉に直したものだろう。世界の技術トレンドが将来生み出すであろう市場の姿を嗅ぎ取り（マーケット）、それを可能にする製品を構想・企画し（クリエイト）、製品にして世に供給する（メイク）する方法を確立する。それらを組み合わせたビジネスモデルを組み立てて、実現する。それこそが経営者とチームの仕事だという考え方だ。

特にプロダクトの的を絞り稼ぐビジネスモデルを考えるには、どこにどんな潜在市場があってそのうちどれを取りに行くべきかを、自社が持つ経営資源を見ながら考えていくプロダクトマーケティングの過程が欠かせない。坂本が「マーケット」と繰り返したゆえんだ。

「90年代のTI時代、僕は携帯電話が本当に花開くのは端末の中にコンピューターの機能が乗っかってからだと方々で言っていました。当時は、絵空事と相手にされませんでしたが、21世紀になってアップルがiPhoneを出して爆発的に広がると、『とうとうそういう時代が来たな』と思いました。エルピーダの社長になった当初からモバイルDRAMに力を入れると繰り返したのは、そういう伏線がありました」

「ティーチャーカスタマー」とマーケティング

「TIで教わったティーチャーカスタマーを大事にする考え方の肝は、顧客自身の目先のニーズだけではなく、彼らにとっての顧客、市場がどんな方向に進んでいるか教えてくれることです。例えば、携帯電話機メーカーの中でも先端を切り拓いている会社は、この先の携帯端末市場について、一般消費者にさえ見えていないビジョンが見えています。少しでもそんな未来像に近づくためにティーチャーカスタマーは従来にない性能や機能の要求を半導体メーカーにぶつけてくる。そうすると、半導体メーカー側にも将来の方向性がうっすらと見えてきます」

「テクノロジー企業の経営者に必要なことは、ティーチャーカスタマーとの議論を通じて、こんな半導体を作ったらこんな最終製品ができるようになるのではないかという製品のビジョンを持つことでしょう。どの研究開発プロジェクトにカネとヒトを優先的に割くべきか、そのようなビジョンがないと判断できません」

携帯型コンピューター時代を90年代から予見していたと坂本はことあるごとに自慢げに語っていた。そして、顧客や外部者との議論を通じてどんな製品に潜在的な需要が広がっているのか嗅ぎ付けるマーケティングの力が日本企業には欠けていると、繰り返し指摘していた。

「日本の総合電機メーカーはこれまで、マーケティング軽視が目立ちました。米国の会社は『プロダクトメンテナンス』といって、あるプロダクトの事業があると、その派生のプロダクトを生み出して別の事業を作っていくやり方がとってもうまい。同じ技術や構造をちょっと修正して、別の用途に使えるようなものを出してくるのです。これは、まさにまだ存在しない潜在需要を嗅ぎ取るマーケティングの結果です」

「マーケティングの重要性の認識は組織に表れます。例えば、ＴＩのＤＳＰ事業は設計・開発要員が３割に対し、マーケティングサポートやアプリケーションサポートと呼ばれる、顧客と日常的に接している人たちが７割でした。対照的に日立のＨやＳＨのプロセッサー事業では設計技術者が８割くらいだったでしょう。客と接している人の割合が少ない。その結果、社内とか国内の取引先に分かりやすい需要があるとついついそれに飛びついてしまう。しかし、マーケティングがしっかりしていれば目先の安易なビジネスに飛びつかずに、製品ラインアップを拡張して世界の成長しそうな需要をどう取りに行くか考えて、それに従って製品やビジネスモデルも設計していくことができるはずです」

「これから日本の半導体産業を復活させたいなら、将来どんな技術が今はまだ存在しないどんな需要を掘り起こすか、それをどう作ってどう売ろうか、という順番で考えるべきでしょう。作り方については、ファウンドリーへの委託だってよいのです。製品のアイデアがない段階で、ファブレスをやるかファウンドリーをやるか、などと考えるのは順番が違う。世にすでにあるプロダクトの量産から入っていく発想では、いつまでも後追いです」

「何千億円もの血税を使ってＴＳＭＣに工場を作らせても、日本には世代遅れの量産技術くらいしかノウハウが残らないのではないでしょうか。そんなことよりも、例えば自動運転ＡＩ向けプロセッサーとか、新しいAIサーバー向けプロセッサーとか、そういう新しい技術を創造しようというスタートアップの育成を支援したほうが有効でしょう。それならおカネもそんなにかかりません。そういう方が、賢い税金の使い方ではないでしょうか」

「あまり目立たないですが、実は日本にもファブレスの半導体スタートアップが結構増えています。しかし、気付くと多くが大企業の下請け仕事を受けてしまう。いつのまにかファブレスというよりも、『設計受託』の会社になってしまうのです。十分なベンチャー投資を導入できればこの流れを良い方向に変えられるはずです」

世界のリーディング企業のマーケティング重視と、日本メーカーの相対的なマーケティングの弱さは長年指摘されてきたことだ。象徴的な事例として、ルネサスが「マーケティング本部」を設置したのは発足から1年近くたった2011年2月だった。逆にサムスンは、1000人規模のグローバル・マーケティング部隊を90年代に立ち上げている。この部隊が事業のシーズを世界中から吸い上げ、製品戦略に生かしたといわれている。

日本が捨てた垂直統合モデルで成功したサムスン

周到なマーケティングに基づくしたたかな製品戦略は、サムスン独特の経営モデルを成功させた。日本の総合電機が長年脱却すべきといわれた垂直統合モデルだ。

垂直統合モデルとは、部品から最終製品まで1社で内製する事業形態だ。対照的に、部品製造や最終製品の設計、組み立てなどを異なる企業が分担するモデルを水平分業モデルという。半導体の設計と製造の分業、パソコンの半導体とOS、最終製品の企画、その組み立ての分業などが典型例だ。分業モデルでは、全体のなかのどの部分の開発・供給を担うかがその企業の強さを左右する。例えば、パソコン市場ではCPU向けプロセッサーを半ば独占したインテルとOSを独占したマイクロソフトが、利益の多くを取っていった。

IT産業における分業化の波に乗り遅れ、何でも自分で作る自前主義から抜けきれなかったことが、日本の総合電機の大きな敗因の一つと長年指摘されてきた。だが、サムスンはむしろ垂直統合の方向に進み、最終製品も半導体も強くなっていった。例えば、サムスンは90年代から携帯電話市場の世界的な広がりをしっかり予見して、欧米にサムスン製の携帯端末を売り込んだ。その結果、携帯端末向けのアプリケーションプロセッサーなどのロジック半導体、DRAM、NANDフラッシュ、液晶ディスプレーの社内需要が大きくなり、技術開発のインセンティブも強めた。

そうして技術と価格の両面、端末と基幹部品の両面で競争力を高めた。テレビでも、いち早く薄型化、デジタル化を見据え、欧米だけでなく新興国も含めた世界戦略を展開する。液晶の社内需要が大きくなり、大型設備投資が可能になり、コスト競争力が強まるという、好循環が生まれる。半導体があくまで主軸だったが、半導体が不況局面に入っても、携帯端末など他の事業の利益が厚いため、半導体での巨額の設備投資の原資を安定して確保できた。それがますます半導体の競争力を高める好循環も実現した。

反対に、日本の総合電機メーカーは世界の市場と技術の動向を見据えた経営戦略の欠如から垂直統合モデルのあしき罠《わな》にはまった。半導体も最終製品も自らコモディティー化して価格競争を激化させ、採算が悪化し撤退していく悪循環だ。

慶応義塾大学で教鞭を振るった経営学者の榊原清則は、日本の総合電機メーカーが陥った罠を「統合型企業のジレンマ」と名付け、00年代半ばに警鐘を鳴らしていた。最終製品で市場を攻略する戦略とその基幹部品の外販戦略が絶妙でないと、このジレンマに落ちて統合型モデルは行き詰まる。なぜなら、半導体にせよ液晶にせよ基幹部品は、自社の最終製品向けの需要だけでは生産規模が小さ過ぎて工場の採算が取れない。自社向けをはるかに上回る規模で量産し、外販して初めて事業になるが、その売り方を間違えるとたちまちコモディティー化して価格競争地獄にはまるというメカニズムが働くのだ。[*155]

日本の総合電機メーカーの経営者は「コモディティーのDRAMは誰が作っても同じで付加価値が低い」と異口同音に思考停止し、経営のさじを投げた。一方サムスンは、携帯端末の世界シェアを大きくして非汎用のモバイルDRAMとNANDフラッシュの社内需要を確保し、

サムスン電子の事業別営業利益の推移

半導体一本足打法ではなく、様々な事業を垂直統合でバランスよく伸ばしている

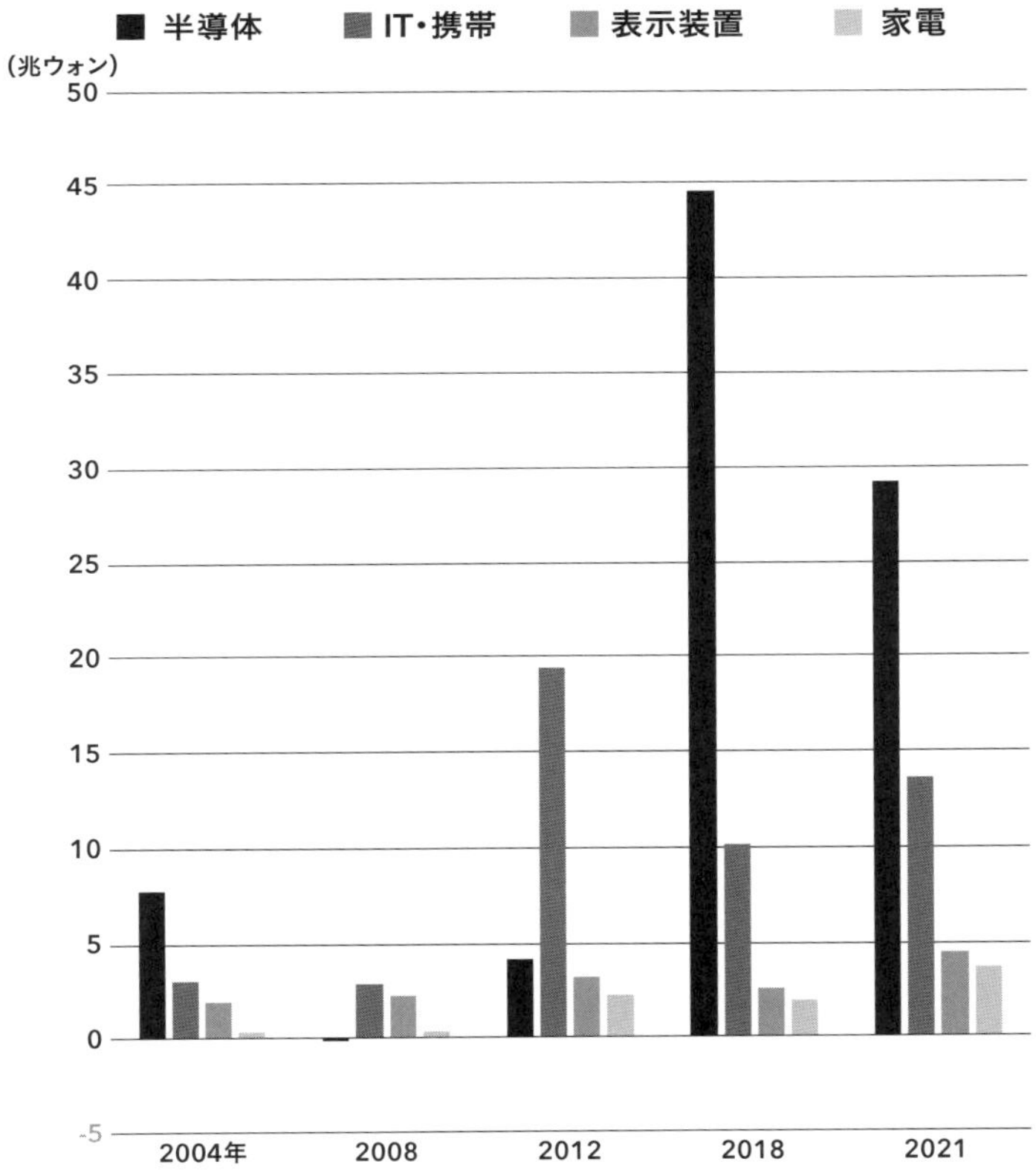

出所：QUICK・ファクトセットのデータから著者作成

ＤＲＡＭやＮＡＮＤ事業に占める汎用品の比率を低く抑えることに成功、市況が低迷しても一定の収益を出し続けた。サムスンの携帯端末の世界的な成功は、その頭脳となるアプリケーションプロセッサーの設計と製造の競争力を高めた。その結果、他社からロジック半導体の設計・製造を受託するファウンドリー事業の確立にもつながった。

サムスンのマーケティング力は、坂本同様、携帯端末が将来コンピューター化することも予見していた。アップルがｉＰｈｏｎｅを発売するはるか前の２００１年、サムスンは「パーム」をＯＳとする「スマートフォン」を発売。その後もウィンドウズＯＳを採用するなど、幾つも同種の製品を出し続けた。だからこそ２０１１年にアップルが「ギャラクシーはｉＰｈｏｎｅをまねした」として特許侵害で訴えられたときも、「先にスマホを開発していたのはこっちだ」と一歩も引かなかった。

そもそも２００７年にアップルが最初のｉＰｈｏｎｅを発売したとき、ギリギリのタイミングで中核のＣＰＵ向けのアプリケーションプロセッサーやＤＲＡＭを組み込んだＳｏＣを供給したのはサムスンだった。すでにスマホを自社で幾つも手掛け、そのためのＳｏＣも何世代も作っていたからこそすぐに供給できたのだ。アップルは２０１０年発売の「ｉＰｈｏｎｅ ４」から、中核ＳｏＣを自社設計品に切り替えたが、その製造は当初、サムスンのファウンドリー部門に頼らざるを得なかった。スマホに最適化したＳｏＣを作るノウハウで、サムスンが他社をリードしていたからだ。

サムスンの統合モデルは、社内を優遇する甘えを排した厳しいものだ。サムスンのスマホ向けSoCには一日の長があるはずなのに、スマホ部門は競合であるクアルコムや台湾の聯発科技（メディアテック）製品と厳しく比較し、特に海外市場向けのギャラクシーにはしばしばクアルコムの「スナップドラゴン」を採用する。逆に半導体部門は社内だからといって採算を度外視した割引には応じない。各部門の事業責任者は業績によって億円単位の高額ボーナスをもらえる半面、低迷すればクビになる厳しい条件で経営している。社内だけでなく、なじみの得意先とも貸し借りを繰り返し「なあなあ」になりがちな日本企業に比べて競争力が強くなる要因だろう。

熊本大学教授の吉岡英美も、サムスンが垂直統合モデルの良い面を引き出せた要因として、「社内の各事業部が互いに協力し合いながら競争する関係」を築けたことを挙げる。「完成品と部品の各事業部レベルで経済合理性が追求され、それぞれが世界的な競争力を持つに至ったからこそ、その結果として垂直統合の優位性が活用できるようになった」と、2024年3月に発表した論文で分析している。*17

そうやって統合モデルを強化しながら、サムスンはDRAM、NANDフラッシュ、ロジック半導体と、もともとは日米企業から技術導入した半導体事業をどんどん強くしていった。経営戦略を決めきれずにタマネギの皮むきのごとく撤退を繰り返し、ついにコンシューマー向け最終製品事業も半導体も、ほとんど何も残らなかった日本の総合電機に対する強烈なアンチテーゼを提示している。

日本の携帯電話市場が独自の通信規格にこだわって、いわゆる「ガラパゴス化」したのも、グローバルなトレンドの先読みに失敗したからだ。韓国が第2世代携帯電話の規格として米国のCDMA方式を採用したことも追い風に、サムスンは90年代からCDMA方式や欧州標準のGSM方式の携帯端末を開発し、世界中でプレゼンスを広げた。

これに対し、NTTの開発した技術仕様にのっとって製品を開発する、一種の下請け仕事に慣れきった日本メーカーは、国内需要で満足し、携帯端末の世界的な爆発的拡大の果実を取れなかった。00年代末から2011年ごろまで大差がついていたサムスンとエルピーダのモバイルDRAMの生産量の差は、サムスンが自社の携帯端末の生産量が多く、大量の自社需要があったことが大きく影響している。

それに対して日本は携帯端末の生産量が相対的に少なく、スマホ市場の立ち上がりに完全に乗り遅れた。このためエルピーダの広島工場のモバイルDRAMの生産量が、アップルからの大量受注を得るまではなかなか上がらなかった。それが市況悪化時のサムスンとエルピーダの採算の大差につながっていた。

より根源的には、日本の総合電機メーカーはデジタル化とインターネット普及の波に対し、後手を踏み続けた。アナログ時代のテレビは匠《たくみ》の「ものづくり」の力で高品質ブラウン管を生み出し、競争力につなげられたが、デジタルになれば半導体と液晶のコストと、ソフトウエアで実現する使い勝手の勝負になる。採算を取るには世界市場で高いシェアが必要であり、国内だけで5社も6社も同じようなテレビを作っている場合ではなかったのだ。

インターネットが携帯通信網でつながるようになれば、通話も含めてサービスやコンテンツが全てソフトウエアで実現されるパソコンと同じ世界がやってくるのは予見可能だった。だからこそ、坂本もサムスンも、スマホ時代の到来を必然と捉えていた。日本の総合電機メーカーは、通信側の盟主であるNTTやKDDIの定めたパラダイムを自ら壊すことができず、気づくとアップルとグーグルが定めたパラダイムの世界に変わっていて、モバイルインターネットの世界で主要プレーヤーとして存在を築くことに失敗した。

今、生成AIの爆発的な拡大によって、ITだけでなく、自動車、医薬など多くの産業でパラダイム転換が起きようとしている。そのとき、企業間の分業の範囲の再設定が起きたり、新しい垂直統合のモデル構築に成功する企業が出てきたりといった激しいビジネスモデル競争の動きがあるだろう。日本企業はもう一度、メイク、クリエイト、マーケットのアンテナを広げ、新たな時代で勝てるビジネスモデルの構築へ行動を急がねばならない。坂本の遺訓はそう警鐘を鳴らしている。

第15章

本質はビジネスモデル競争

▼エヌビディア、台湾積体電路製造(TSMC)、サムスン電子の隆盛で、ロジック半導体は水平分業モデル、メモリーはIDMモデルで優位性が顕著だ
▼サムスンは最終製品とIDMの垂直統合モデルで、マイクロン・テクノロジーとSKハイニックスはIDM型半導体専業モデルを極めようとしている
▼Rapidus(ラピダス)を含め、日本にはいったいどんなモデルに希望があるのか。有力な先端ファブレスメーカーは登場するのだろうか

坂本幸雄が体現してきたように、半導体事業の勝敗は経営戦略が左右する。経営戦略とは坂本の言う、メイク、クリエイト、マーケットを組み合わせたビジネスモデルをどう組み立てるかを意味する。つまり現在の半導体産業で生き残っている上位企業はいずれもビジネスモデルの勝者たちなのだ。

長年半導体の王座を維持してきたインテルはそれ故に新しいビジネスモデルへの転換に苦し

んでいる。これからの日本の半導体産業の復興を考えるときにも、ビジネスモデルをどう組み立てるかが成否を分ける最も重要な要素になる。

インテルからエヌビディアへ盟主交代

2024年11月、AI向け半導体の王者、エヌビディアが株式市場でマイクロソフトやアップルを超え時価総額世界一、つまり世界で最も「値段」の高い上場会社になった。同年6月に初めて時価総額世界一になってからしばらく間を置いて2回目だ。2024年初から株価は3倍近くに上昇し、時価総額は一時3・6兆ドル（約560兆円）を超えた。半導体売上高ランクも2024年はエヌビディアが初めて年間トップに立つのが確実だ。

同じ2024年11月、米株式市場を代表する指標である「ダウ工業株30種平均株価」を構成する30銘柄から、25年間その座を維持してきたインテルが外され、新たにエヌビディアが加えられた。インテルの時価総額はエヌビディアの30分の1を下回る1000億ドル前後に沈む。ITの主役がAIになり、連動して半導体の盟主も新旧交代した象徴的な出来事だった。

同時にこれは、ロジック半導体分野において工場を自ら運営し、自社ブランド半導体を設計から製造まで一気通貫で手掛ける伝統的なＩＤＭ（垂直統合型メーカー）と呼ばれる半導体事業のモデルの難しさと、自らは工場を持たないファブレス型経営モデルの優位性を象徴する出来事でもあった。長年、インテルはＩＤＭの代表、エヌビディアはファブレスの代表だったからだ。

ファブレス企業が設計した半導体を物理的に製造するのはファウンドリー会社だ。エヌビディアの躍進は、その製造を請け負うファウンドリー最大手、台湾積体電路製造（ＴＳＭＣ）の躍進も意味する。ＴＳＭＣの時価総額はブロードコムと共に半導体２位グループ。２０２４年６月以降、１兆ドル（１５５兆円）を超えることが多くなった。

２０２２年11月にオープンＡＩが「チャットＧＰＴ」を一般公開して以来、グーグル、メタ（旧フェースブック）、アマゾン・ドット・コムなど米巨大ＩＴ企業と、オープンＡＩやアンソロピックといったスタートアップによる「生成ＡＩ」の開発競争が激化した。生成ＡＩの基盤となる大規模言語モデル（ＬＬＭ）と呼ばれるニューラルネットワークの構築の要は、最適な応答ができるようにする「学習」や「推論」のための膨大な計算を担うＧＰＵだ。[注57] そのＡＩ向け

注57 **ニューラルネットワーク**　脳の神経細胞のつながり方を数学的に模したソフトウエアプログラム。オープンＡＩの大規模言語モデル（ＬＬＭ）の一つであるＧＰＴ-４は、１２０の中間層を持つニューラルネットワークに、13兆トークン（単語を構成する節、複数の単語から成る句、文など、繰り返し現れる文字列単位を変換した整数）に上るテキストデータを読み込ませて「学習」させているといわれる。大規模な並列演算を高速処理できるＧＰＵの性能がモデルの開発期間を大きく左右し、モデルの進化のスピードに大きく影響を与える。このため現在、性能に優れるエヌビディア製ＧＰＵが引っ張りだこになっている。

エヌビディアとインテルの時価総額推移

AI時代に入って逆転し、たった4年で途方もない差ができている

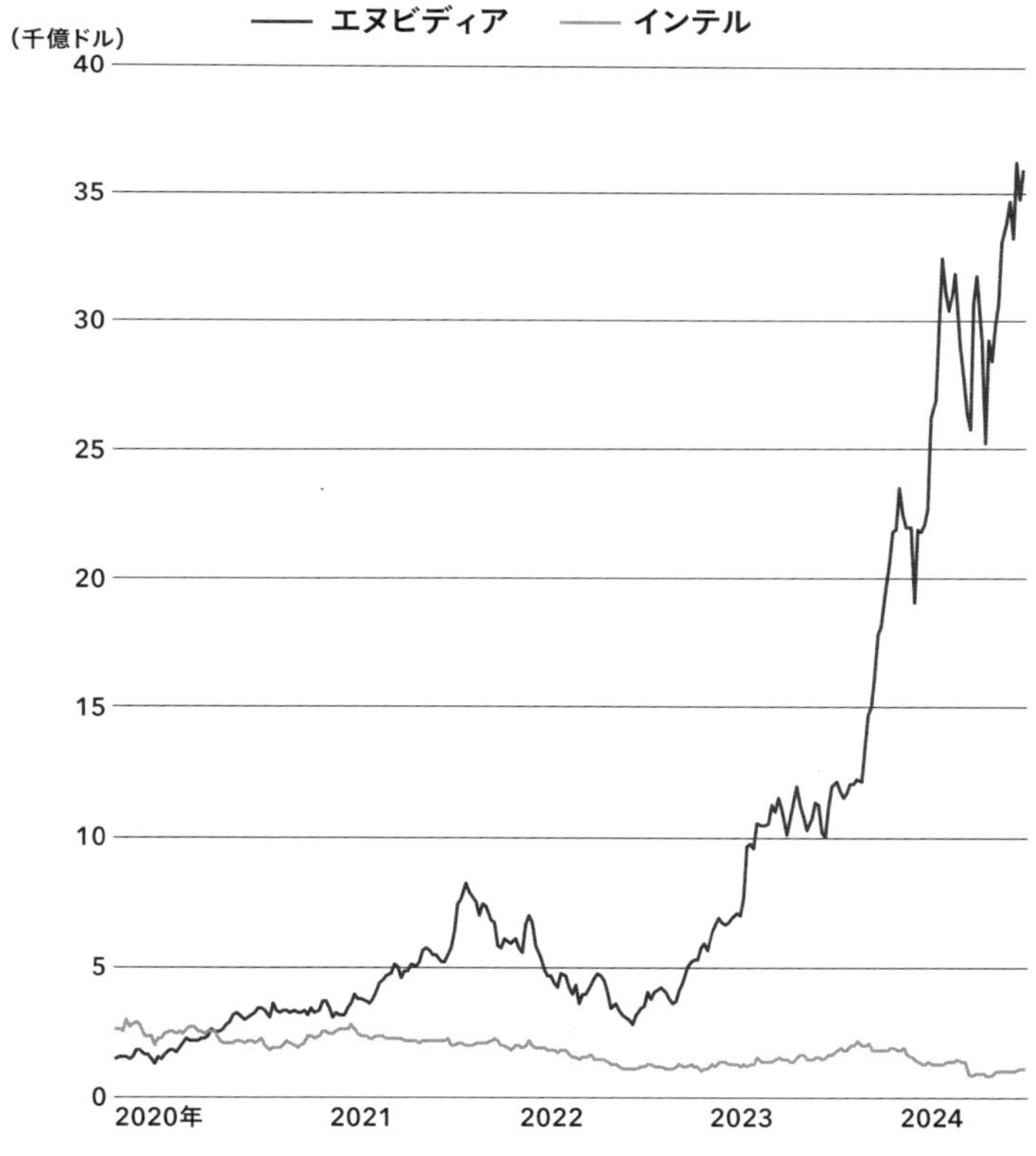

出所：QUICK・ファクトセットのデータから著者作成

GPUの分野でエヌビディアはざっと8割のシェアを握る。

生成AIを開発する企業はほとんど皆、エヌビディア製GPUを幾つも並べたデータセンターでAIの開発・運用を進める。その結果、世界中の企業がエヌビディア製GPUを奪い合う構図が続いており、同社の四半期売上高は2023年夏から前年同期比94〜260％と猛烈な勢いで増え続けている。

2024年前半の半導体企業トップ10をみると、エヌビディア、クアルコム、ブロードコム、アドバンスト・マイクロ・デバイセズ（AMD）、アップル、台湾の聯発科技（メディアテック）と過半数がファブレスだ。工場を抱えるIDMはサムスン電子、インテル、SKハイニックス、マイクロン・テクノロジーの4社。そのうちサムスン、SKハイニックス、マイクロンの3社はDRAMやフラッシュなどのメモリー半導体が主体だ。そこから二つの推論が成り立つ。一つは、メモリー半導体がIDMモデルに向いていること。もう一つが、ロジック半導体はファブレス型モデルと相性が良く、IDMでは難しいのかもしれないということだ。

たしかに、メモリー半導体は中核部分である記憶素子を並べる回路構造が比較的単純で付加価値と競争力の源泉が製造・量産プロセスにあることが多い。省電力性能や記憶容量、チップの大きさ、コストなどの勝負は微細加工・量産技術で決まる傾向が強い。しかも、互換性のある製品を大手3社が供給できるためコスト競争も激しく、手数料を払って外部に製造を委託してしまうと、再投資を賄うのに十分な利益が出なくなる可能性が大きい。

近年の半導体売上高ランキングの変遷

最近の5年間で大きく順位が入れ替わっているのが分かる

順位	2020年	2021	2022	2023	2024
1	Intel	Intel	Samsung	Intel	Nvidia
2	Samsung	Samsung	Intel	Nvidia	Samsung
3	SK Hynix	SK Hynix	Qualcomm	Samsung	Intel
4	Micron	Qualcomm	SK Hynix	Qualcomm	SK Hynix
5	Qualcomm	Micron	Broadcom	Broadcom	Qualcomm
6	Broadcom	Broadcom	Micron	SK Hynix	Broadcom
7	TI	Nvidia	AMD	AMD	Micron
8	Nvidia	MeidaTek	Nvidia	Apple	AMD
9	Infineon	TI	TI	Infineon	Apple
10	MediaTek	AMD	MediaTek	STMicro	MediaTek

出所：調査会社オムディアのデータから著者作成。2024年は1～6月

かつて、日本の半導体は自社で工場を持つＩＤＭモデルからの脱却が遅れたことが敗因の一つだとよく指摘された。だが、ことメモリーに関してはＩＤＭを極めることこそが競争力につながったのではないか。微細加工技術の開発力とそれを効率よく量産化する工場が強くないとメモリー事業では生き残れない。そして工場の強さの基本は規模だ。

第2部で見てきたように坂本はもちろんその点をよく理解し、就任から工場の大規模化を急いだ。現在もマイクロンメモリジャパンの広島工場や東芝からキオクシアに引き継がれたＮＡＮＤフラッシュメモリー事業の四日市工場が世界トップレベルで競争できている事実は、大規模工場を生産基盤とすることを前提にしたメモリー事業におけるＩＤＭモデルの有効性の証左でもある。

その点からさらに推論すると、東芝のＤＲＡＭ撤退は、極めてもったいない判断だった可能性がある。四日市工場の大型化でＮＡＮＤフラッシュメモリー事業を独り立ちさせられたのだから同じ大規模化路線でＤＲＡＭも勝ち残れたはずだ。ただし、エルピーダと東芝の2社が足の引っ張り合いをしていたらＤＲＡＭは共倒れになっていただろう。もし東芝がＤＲＡＭを継続し、エルピーダと早い時期に統合して、３００ミリウエハー月産10万枚規模の工場を2～3棟擁する体制を築いていたら、ＤＲＡＭとＮＡＮＤを両方手掛ける世界大手のメモリーメーカーができていたのではないだろうか。

ＩＤＭモデルの苦境と可能性

一方でロジック半導体でのＩＤＭモデルはかなり難しそうだ。ＩＤＭモデルでロジック半導体の優位性を築いてきた代表格のインテルは現在、業績悪化に苦しんでいる。利益を出せず、キャッシュフローが薄くなり、研究開発と設備投資の費用が賄いきれない。２０２４年12月期のインテルの研究開発費は１６５億ドル、設備投資は２３９億ドルで、合計すると５３１億ドルだった売上高の８割近くに上った。研究開発費だけでも売上高の３割強。設備投資は83億ドルに落ち込んだ営業キャッシュフローを大きく上回った。明らかに競争力維持に必要な投資を、キャッシュフローで賄えない背伸び状態に陥っている。

ロジック半導体は複雑な回路設計の研究開発力こそが競争力の源泉であるとともに、その製品化には研究開発と設備投資のハードルが高い最先端の微細加工技術が欠かせない。ファブレスなら、製造に関わる投資の方は製造委託先に任せられる。例えばエヌビディアの２０２４年1月期の研究開発費は87億ドルでインテルの半分強。売上高に占める比率は14％だった。さらにこの大部分をＡＩの学習や推論のためのプロセッサーとＧＰＵの設計、それらを使いこなすソフトウエアに集中して使える。ファブレスなので基本的に設備投資は必要ない。

ＴＳＭＣの２０２３年は、売上高６９２億ドルに対し研究開発費は１割未満の58億ドル、設備投資は44％の３０４億ドル。製造専業だけあって設備投資が大きいが、４５０億ドルだった営業キャッシュフローで十分賄えている。

インテルは主力であるパソコンやサーバー向けプロセッサーなどの設計に加え、ＡＩ向けプロセッサーの製品開発と設計、難易度が増している5ナノより先の微細加工技術、さらにはその量産工程などなど多様なテーマで世界最高レベルの研究開発が必要だ。それに加えて、先端微細回路の量産でＴＳＭＣやサムスンに伍していくためには、ＥＵＶ露光装置など極めて高価な製造装置への設備投資も欠かせない。多品種の設計開発と先端の製造を全て手掛けるモデルそのものに、無理が出ている。

２０２４年9月、インテルのパット・ゲルシンガーＣＥＯ（当時）は、モデルの修正に向けて動き出した。製造部門を分社化してファウンドリーとしても運営し、外部からの資金調達を可能にする構造改革案を打ち出したのだ。ただ、それでインテルの設計部門と製造部門がともに競争力を回復する可能性は大きくなさそうだ。改革案に納得しなかった同社取締役会はとうとう２０２４年12月１日、ゲルシンガーをＣＥＯから退任させた。

さらに、インテルの苦境は、必ずしもＩＤＭという事業モデルの問題だけに限らない可能性がある。

インテルを苦しめる米国の就労慣行

実は、頑張って研究開発や製造設備に投資しても、思うように成果が出ないという問題も抱えているのだ。10年代後半からのインテルの苦境は、自社工場の微細加工技術が思うように進歩させられず、ＴＳＭＣやサムスンに遅れを取ったことがかなり響いている。微細加工技術の遅れが、看板製品であるＣＰＵチップの性能競争力の足を引っ張ってしまった。このためとうとう先端微細加工が必要なＣＰＵチップはＴＳＭＣに生産を外注するようにさえなってしまった。この後れは、単にＩＤＭモデル故に研究開発の資金や人材の配分が散漫になっているからだけではない。むしろ、米国では半導体の製造は難しいという地域性の問題が大きいかもしれないのだ。

どういうことか。坂本が北京で当時の中国首相の李克強《リー・クォーチャン》に伝授した従業員定着率の問題だ。坂本は講演や、客員教授を務めていた東京理科大学での授業などで、スライドを使ってこのメカニズムを解説していた。

「もともと米国企業は左の階段状の技術革新が得意でした。しかし90年代からＤＲＡＭの世界は右の日々コツコツ型で直線的にじわじわ進歩する形の技術開発が当たり前になりました。従業員の定着率が高い日本、韓国、台湾が得意なパターンです。従業員の入れ替わりが激しい米国では、マイクロンを例外に、メモリーの微細加工技術の進歩が難しくなりました。そのマイクロンも２０１０年ごろから、ＤＲＡＭの微細度アップについてこられなくなりました」

「そのうちロジック半導体のプロセス技術の世代進行も徐々にメモリーと同じように日々コツコツ型になってきました。図でいうと10ナノ台の中ごろから難易度が急速に増します。従業員がすぐ入れ替わる米国企業には、このコツコツ型の技術開発が難しい。というわけで、半導体の製造の部分はメモリーだけでなくロジックもアジアが圧倒的に優勢になっています。ＴＳＭＣの隆盛とインテルの苦境はそれを象徴しています」

米国での半導体製造の難しさは、半導体製造専業の世界のトップ、ＴＳＭＣを創業し、育てた張忠謀《モリス・チャン》も指摘している。

半導体製造能力をもう一度国内で復活させたい米国は、国内での半導体の研究開発や設備投資を国家予算で支援する「ＣＨＩＰＳ・科学法」を２０２２年８月に成立させ、総額５２７億ドルに上る補助金枠を設定した。中国の対台湾圧力が強まる中、リスクヘッジも勘案し、ＴＳＭＣはそれを活用して米国に新工場を建てることにした。しかし、張は米国には優秀な製造業人材が欠けており、国際競争力のある先端半導体製造工場を軌道に乗せられるかどうかについて、悲観的な見方を続けてきた。

例えば２０２２年４月、米ワシントンＤＣのシンクタンク、ブルッキングス研究所での講演

ロジック半導体とメモリー半導体のプロセス技術進展の違い

ロジック半導体とメモリー半導体では微細加工プロセス技術に関する非連続性と連続性に大きな違いがあり、工場への従業員定着率が低い地域は、連続性を求められるメモリー半導体の製造に向かないと坂本は主張した

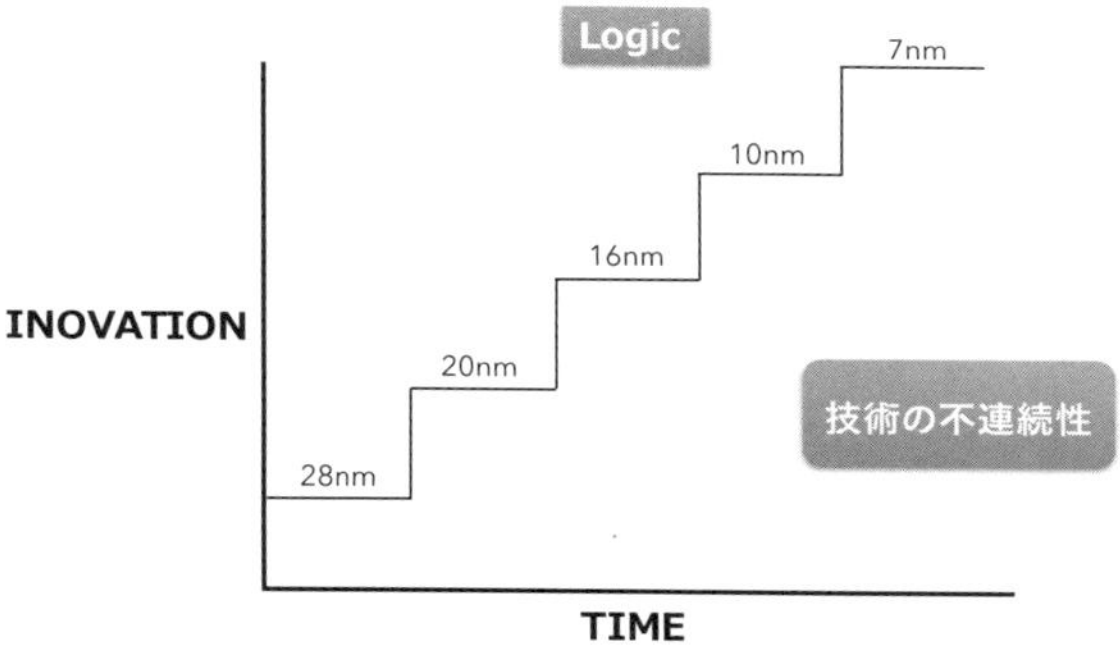

プロダクト：CPU、アプリケーションプロセッサー

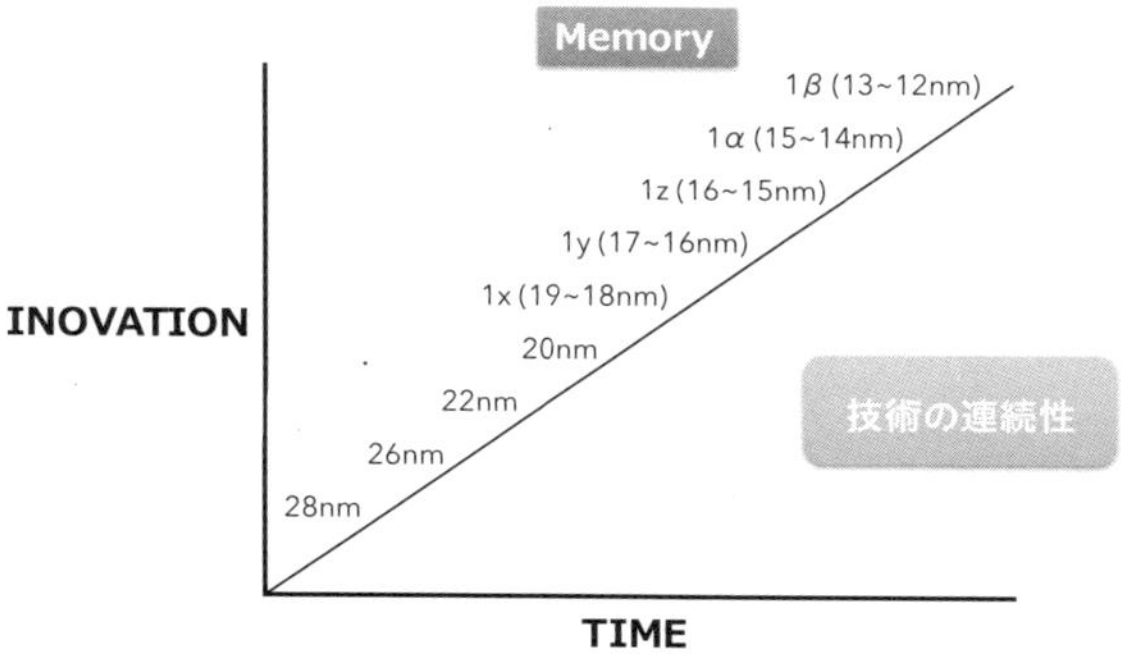

プロダクト：DRMA、NANDフラッシュ、CMOSイメージセンサー、アナログ半導体

出所：坂本幸雄氏の東京理科大学大学院などでの講義スライド

で張は、米国内での半導体工場建設は、「とても費用がかかる無益な試みになる」と切り捨てた。TSMCが25年間米ワシントン州で操業してきた工場が、台湾からの技術者派遣で指導・強化を繰り返したにもかかわらず、台湾の1・5倍より製造コストを下げられなかったことを論拠に挙げた。*156 半導体の製造はアジアが有利という坂本の指摘と付合する。

米国の労働慣行の弱点がある限り、インテルが製造部門を分社化して、製造部門が自ら資金調達して研究開発や設備投資が可能になっても、先端微細加工技術でアジア勢に追いつける保障はない。

実際、AMDはかつて今のインテルの先例となるような苦境に陥り、製造部門を分離してグローバルファウンドリーズとして独立させ、自らはファブレス化を果たした。その後、ファブレスになったAMDはAI向けプロセッサーでエヌビディアを追い、パソコンやサーバー向けプロセッサーでは性能でインテルに優位に立ってシェアを奪うなど、格段に強い半導体メーカーになった。

一方で、AMDの製造部門が2008年に独立してファウンドリー専業になったグローバルファウンドリーズは徐々に先端微細加工技術の開発で遅れ始め、年代半ばには先端品の製造受託から撤退した。インテルの経営モデル改革はそう簡単に解が出る問題ではないのだ。

IDM型先端ロジック半導体企業は日本向き？

微細加工技術とその量産化能力で韓国・台湾・日本が米国に対して優位性を持つという事実は、日本の半導体業界にあることを暗示している。

ニッポン半導体の凋落《ちょうらく》の大きな要因は、設計と製造を別々の企業が分担する分業モデルの波に乗り遅れことだと長年語られてきた。しかし、日本的雇用慣行、日本人の製造現場での「カイゼン」の得意さ、などを考えると、製造プロセス技術を強みにできるＩＤＭ（設計から製造まで自社で手掛ける半導体事業）モデルを追求しながら的を絞った製品戦略を築いていれば、日本の半導体産業にはまた別の道が開けたのではないかという「たられば」の可能性だ。

実際、メモリー半導体ではＤＲＡＭもＮＡＮＤフラッシュも、日本という立地でＩＤＭの勝負ができている。仮に、ロジック半導体で一つでも日本のメーカーが大きな戦略分野を探りあてれば、ＩＤＭ型の先端ロジック半導体企業が育った可能性があったのではないだろうか。

東芝はしばらく、エルピーダのＤＲＡＭと自社のＮＡＮＤフラッシュを貼り合わせて、携帯端末向けの省電力・薄型メモリーモジュールを作って売っていた。さらにＣＰＵを含むロジック半導体のノウハウもあった。「たられば」を重ねることになるが、ＮＡＮＤフラッシュに加えてロジックとＤＲＡＭをそろえてあれば、サムスン並みのスマホ向けのＳｏＣ市場の一角をＩＤＭモデルで取れたかもしれない。

もっと言うなら、東芝は家電も個人向けノートパソコンも世界に売っていた。スマホそのものでも勝負できる技術や人材、販路を持っていたはずだ。そうすれば、もともと日本の総合電機が得意だった垂直統合モデルでスマホ市場にも食い込めたかもしれない。ＳｏＣにしろスマホにしろ、ビジネスモデル思考の欠如と、リスクをひたすら嫌がる経営層の間違った思考回路がもたらした機会損失に思えてならない。

ファウンドリーで日本にチャンスはあるのか

もう一つは、ファウンドリーの可能性である。坂本の言う、日々コツコツ型の微細プロセス技術開発に日本人が強いことは、すでにメモリー半導体で実証済みだ。仮にロジック半導体もそういう世界になっているとすれば、理屈のうえではＴＳＭＣに伍せるファウンドリー事業の確立も可能性があるとみてよいだろう。だからこそ、Ｒａｐｉｄｕｓ（ラピダス）はそこに挑もうとしている。

一つ注意したいのは、サムスンのファウンドリー事業が、彼らの望むほどには成長していないという事実だ。

坂本があるとき、当時サムスンの半導体部門のトップでその後グループCEOとなる李潤雨《イユンウ》と食事をした際、サムスンのファウンドリー事業が大きくなるにはどうしたらいいかという議論になった。坂本は「サムスンという看板を外さないと、お客さんと競合してしまうので上手くいかないのではないか」と指摘し、李も同意して頷いていたという。何年か後に再会し何も変わっていない点を突っ込むと、「グループの方針でサムスンの看板は外せない」と弁解したという。

坂本はこう解説した。

「純粋ファウンドリーであるTSMCや聯華電子（UMC）には、製品企画段階から顧客企業が相談に来ます。設計の部分も含めて相談します。しかし、サムスンのように自分でロジック半導体もスマホ端末もテレビも作って売っている会社にそのようなアイデア段階の話を相談すると、そのアイデアを利用されるのではないかという不安がどうしても付きまといます。いくらファイアウオールがあると言い張っても、抵抗があるでしょう。やはりファウンドリーでマーケットを取るならTSMCのような中立性が大事です」

これはインテルのファウンドリー事業も共通して抱える問題だ。プロセッサーを本業とするクアルコムのようなファブレスメーカーはインテルに新製品の仕事を頼みにくい。逆に言うと最終製品も自社製ロジック半導体も持たないラピダスは、先端微細回路の量産と、それに最適な設計を請け負える体制を整えられれば、中立性を武器にファウンドリー市場でプレゼンスを確立できる可能性がある。

ただ、これも繰り返しになるが、自社や国内の需要が乏しいまま、最初から高い設備稼働率を実現するだけの受注を取れるのかという素朴な疑問が、ラピダス構想には最初から横たわっている。

「日本には先端ロジック半導体のファブレスメーカーがありません。スマホの大手もない。先端半導体を必要とする最終製品がないのです。そこをどうするかが、日本の課題でしょう」

このような話をしていると、やはり肝心なのは製品とビジネスモデルの開発のところだ、という議論に坂本は立ち戻った。

「例えば日本が強いのは自動車でしょう。これから電動化と自動運転化で自動車のパラダイム転換が起きていくときに、肝心の自動運転ＡＩのソフトとハードを押さえないで、どうやって世界で戦っていくのか。僕ならその辺りの課題をとっかかりにロジック半導体のビジネスモデルを考えていくと思います。自動車メーカーは自動運転に必要なデータも大量にためているはずです。うまく活用すれば、自動運転ＡＩ向けの新しい車載半導体とソフトウエアの大きな需要を掘り起こせるはずです」

もう一つ、坂本が日本の電機業界に言い残したのは、日本が強い半導体品種を集約して世界のトップシェアを取るべきだという話だ。

「日本企業のディスクリートの世界シェアは全部合わせると25％になります。集約してブランド強化すればもっとシェアが取れる。仮に4割、5割取れれば、安定した高収益企業になります」

「日本のアナログ半導体も10社超で世界の13％のシェアを分け合っています。1社か2社に集約して開発と設備に投資すれば、もっと高い世界シェアを確保できるはずです。経済産業省は、どうせならそういうところで国の戦略としてリーダーシップを発揮すればいいと思います。各社に構想に乗るかどうか決断を迫る。ちゃんとしたCEOを付けて、株をもたせて、成功したらちゃんとキャピタルゲインが入るようにすれば、やる気を出して経営を引き受ける人材も出てくるでしょう」

ビジネスモデル思考の経営が必須

80年代から日本の電機業界をつぶさにウオッチし、2020年から坂本を自分の主催する「技術経営（MOT）」専攻コースの客員教授に招聘した東京理科大学教授（2025年4月から熊本大学卓越教授・立命館大学名誉教授に就任予定）の若林秀樹は、「何かの製品や事業の話をするときに、最初からビジネスモデルとセットで語れる坂本さんのような思考回路がないと、テクノロジー企業の経営は難しい」と指摘する。

エヌビディアは、通常のコンピューターのCPUが色々な計算や処理を柔軟にこなせる一方で、多数の計算を並列処理することが苦手なことに目を付け、大量並列処理が求められる画像処理専用の半導体の市場を作り出した。その延長線で、大量の行列計算を並列に高速処理する必要があるAI向けにもGPUが役に立つという発想につながった。マーケティング思考からビジネスモデルの形成につなげた成果だ。

現在、上位10番目前後で活躍するファブレスの台湾のメディアテックはUMCが顧客のために設計部分も受託できるように作った一部門から始まった。ストレージ機器やデジタルテレビなどで、異なるメーカーが似たような仕様のチップセットを求めることに気付き、自らメーカーとなって標準化した用途別半導体を売ろうというビジネスモデルに行き着いた。そこからスマホ向けアプリケーションプロセッサーを核とするSoCへの需要を捉えて大きく成長した。アンドロイドOSをグーグルが無償公開したことで中国、韓国、日本などにスマホメーカーが多数誕生したからだ。今ではTSMCの大口顧客である。

米国ではアップルだけでなく、グーグルやアマゾン・ドット・コム、メタといった巨大IT企業が自らの半導体を企画・設計するようになっている。その結果、彼らの設計を製造できる回路設計に落とし込む設計受託や、その先の量産段階のコンサルティングや設計受託など、受託ビジネスの新たな需要が広がりつつある。

ラピダスやソシオネクスト、ルネサスエレクトロニクスは、AIを軸として急速に立ち上がろうとしている新たな半導体ビジネスの需要をどうつかまえるのか。ソシオネクストは日本版メディアテックに脱皮できるのか。それとも新しいファブレスの雄を育てるべきなのか。いずれにせよ、工場ができても作るものがなければ意味がない。

勝てるビジネスモデルは常に変化する。インテルがまさにその変化に苦しんでいる。そして、川上の半導体からスマホなどの最終製品までの垂直統合経営で一時は無敵にさえ見えたサムスンも、半導体の収益力と技術競争力が落ちてきて、90年代以来の経営の岐路に差し掛かっている。坂本が繰り返したスピード経営の大事さ、市場と組織の現場に直結した情報収集に基づくビジョンの頻繁なアップデートの大事さが、ますます増しているといえる。若林は経営者としての坂本を高く評価している。

「坂本さんは独特な毒舌のため、異色の経営者などと呼ばれましたが、意思決定のスピード重視とか、必要な設備投資はきちんとやるとか、フラットな組織とか、実践したことも唱えたことも極めてオーソドックスな経営の王道を行くものでした。逆にそれを異端視してしまう多くの日本の大手電機の経営層の方にこそ問題があったと思います」

そのうえで若林はこう期待を込める。

「日本の半導体産業は今度こそ、技術トレンドの先を見据えたビジネスモデル思考で、先手を打って攻める経営をやってほしい」

若林の期待は坂本が残した言葉と共鳴する。一敗地にまみれたニッポン半導体の復興。それに向けて動き出した人々は今こそ耳を傾けるべきだろう。

ボロボロだったエルピーダの社長就任と同時に1年後の黒字転換と、数年以内に世界3位のシェア獲得を宣言し、できなければ責任を取って辞めるとまで明言しながら見事に有言実行を果たした坂本。資本投下に腰が引ける親会社を早々に見切り、理詰めとビジョンでインテルの出資を引き出したその対外交渉力。製造ラインの歩留まりをみるみる国際標準レベルまで引き上げる坂本マジック——。

世界3位までの急速な成長とその後の経営危機、倒産に至る激動のエルピーダを坂本とともに動かしていたかつての部下たちは、異口同音に「その後マイクロン傘下に入って確かに事業は安定し、給料も上がった。でも、断然楽しかったのは坂本時代のエルピーダだった」と振り返る。

坂本の後を継いでエルピーダの管財人を務めた木下嘉隆は、部下が鼓舞される坂本流経営の神髄をこう分析する。

「社歴や肩書に関係なく社長と直接議論し、成果も失敗も直接評価される。社長は、包み隠さず会社の経営状況を分析してみせ、針路をクリアに示す。もちろんプレッシャーはすごいんですが、とにかくみんながやりがいを感じ、頑張れる。いわば坂本さんから放射状に各社員が直接結ばれたような経験したことのない組織でした。米国では当たり前なのかもしれませんが、とにかくものすごいフラット経営でした」

坂本流の有言実行・フラット経営は、日本的大企業経営へのアンチテーゼでもあった。今の日本を見回すと、経営者自らがビジョンとそれに基づく事業の針路をクリアに定義し、フラットな組織から直接情報を吸い上げたうえで、スピード感をもってトップダウンで意思決定する経営に移行できた企業と、旧来のまま意思決定の深度とスピードが不足している企業とに分かれつつあるようだ。半導体だけでなく、日本のテクノロジー産業全体の再活性化のためにも、坂本の遺訓は参考になるはずだ。

あとがき

この本のベースとなったのは、日経クロステックで２０２２年春に連載した坂本幸雄氏へのロングインタビューだった。その発端は、坂本氏と日本の半導体業界を支えてきた他の何人かのキーパーソンにインタビューし、その成果を核に日本の半導体業界の指針になるような書籍ができないかという企画だった。インタビューに応じてくれた坂本氏も、自分が主役の１人となるその書籍の出版を楽しみにしていた。

ところが連載のすぐ後、坂本氏が、いわゆる〝ステルスモード〟にある中国のメモリー半導体スタートアップ、昇維旭技術（スウェイシュア・テクノロジー）の最高戦略責任者に就任し、「オンレコ」での追加取材が難しくなってしまった。さらにその翌年春から筆者のスケジュールが厳しくなり、追加の連載が難しくなった。以上のような理由から書籍プロジェクトがしばらく棚上げになってしまった。

そんな中途半端な状況が続いていた２０２４年2月に、坂本氏の訃報は届いた。毎朝剣道の素振りを何百本もこなし、「一時期よりはるかに健康で元気になった」と本人自らが口にしていただけに、大変驚いた。文字通り想定外の急逝だった。

同時にペンディングになっていたプロジェクトをどう着地させられるか、あるいは諦めるべきなのか、途方に暮れてインタビュー連載と書籍プロジェクトの担当編集者である日経BPの山田剛良氏に相談した。話しているうちに、日本の半導体事業の経営に革新をもたらした故人の業績と様々な発言を記憶が風化しないうちにまとめて出版することが我々の責務ではないか、との結論に至った。その結果生まれたのが本書である。

当初の構想では、あくまでインタビューを本記とし、その合間に状況説明、解説、分析などを「地の文」で織り交ぜれば、比較的素早く本にできるのでは、と考えていた。刻一刻と情勢が変わる業界の話なので、スピードが極めて重要だからだ。しかし、いざ坂本氏が歴史上の人物となってしまうと、それだけでは書籍としての存在意義が足りないのではないかと思うに至った。その末にたどり着いたのが、エルピーダメモリの発足から倒産、マイクロン・テクノロジー傘下での成長への軌跡を、その前史、さらには現在に至る日本の半導体産業の歩みという「文脈」と合わせて、裏付けのある客観事実を積み重ねた「記録」として全て記述する、ある種の歴史書、という形だった。

坂本氏は2冊自著を出している。エルピーダの管財人兼社長を退任した直後の2013年秋に出した『不本意な敗戦　エルピーダの戦い』（日本経済新聞出版）と、中国・合肥にDRAMメーカーを立ち上げるプロジェクトに参画するため自ら半導体設計・技術開発会社のサイノキング・テクノロジーを興した翌年の2017年に出版した『正論で経営せよ』（ウェッジ）だ。

これらの著書で、エルピーダが倒産に至る顚末《てんまつ》や「半導体敗戦」に至った日本の総合電機メーカーの経営に関する批判的分析などは、自身でかなり詳しく書いている。その他にも雑誌や新聞のインタビューに応じるなどして、何度も持論は展開してきた。

それでもなお、エルピーダ倒産とその前後の「ニッポン半導体」の衰退の軌跡を一本の産業史として改めて記述する必要があると思ったのは、坂本氏の言い分の多くが、その当否や客観的事実との照合なしに、いわば「言いっぱなし」で放置された状態にあったからだ。実際、業界関係者の多くは坂本氏が毒舌を交えて繰り出す〝明快な言説〟に対し、反論を胸の内に抱えてきた。日本的経営の弱点を容赦なく突く坂本氏の批判に、ひそかに傷ついてきた人も多い。多くの人が「もやもや」していたのだ。

つまり、言いっぱなしになっていた坂本氏の視点や説明、見解をもう一度検証し、本当のところなぜ、どのようなメカニズムでエルピーダが倒産し、最先端半導体を作る日本企業がなくなってしまったのかについて、客観的な「史実」として語り直すことが、半導体業界を長年取材してきた我々テクノロジー記者の宿題となっていた。

縁あって90年代から坂本氏を取材先としてきた筆者は、たまたま生前最後となった同氏のロングインタビューを担当した。そして、御本人は追加取材も実現せぬうちに亡くなってしまった。そういう経緯で、その宿題をやるのは自分の仕事なのだろうと覚悟を決めたのだ。

この本が「宿題」の任務を果たせているかどうかは心もとない。しかし、これまで断続的、かつ断片的にしか描かれてこなかった日本の半導体業界の盛衰、なかでもエルピーダメモリの成長と挫折、その中で坂本氏という異能の経営者が果たした役割、果たせなかった目標を、「通し」の歴史的物語としてまとめて記述できたことは、同時代および今後の日本のテクノロジー産業や企業経営について考える際に、一つの参考にはなるのではないかと思っている。

執筆をいざ始めてみると50年代に始まる半導体産業の歴史や、エルピーダ発足からの細かい足取りなどの事実確認が難航した。このため、当初目指していた2024年内の出版という目標については見事に挫折した。

トランジスタやダイオードが誕生した50年代からインターネットが普及する90年代半ばまでは基本的にウェブ上に資料が乏しく、多くはデータベースに残る新聞・雑誌記事、書籍の記述などに頼って事実確認をせざるを得なかった。それでも企業の行動や発表、個人の発言、記述などはできる限り年次報告書や著書などの原典に当たるよう心がけた。

特に、日本経済新聞の先輩・同僚記者が連綿と書き綴ってきた記事に、多くを依存している。思いつくだけでも玉置直司、新井裕、山田周平、佐藤紀泰、半沢二喜、武類雅典、多部田俊輔、鷺森弘、阿部貴浩、剣持泰宏、北西厚一、岡田達也、新居耕治、稲井創一、細川幸太郎の諸氏の記事や助言に負うところが大きい。

また、日本の半導体メーカーを完膚なきまでに打ち負かしたサムスン電子の80～90年代の財務や設備投資などの記録は日本語や英語では十分に得られなかった。そこで相談したところ、業績や設備投資といった各種のデータを快く提供していただいた熊本大学法学部の吉岡英美教授とシンガポール国立大学（ＮＵＳ）経済学部の申璋燮《シン・ヤンスップ》教授には深く感謝する。２０２５年４月から熊本大学卓越教授と立命館大学名誉教授に就任する若林秀樹氏には、坂本氏の〝遺言〟となった色紙を初めとして坂本氏やこれまでの半導体業界の経営に関する様々な資料や知見を賜った。

書籍化へ向けて背中を押してくれ、その後も仕事の遅い筆者と辛抱強く伴走してくれた日経ＢＰの山田氏には重ねて謝意を表したい。

もとより、本書の記述、意見に誤りや至らぬところがあれば、ひとえに筆者の責任である。

２０２５年2月　東京で　小柳 建彦

第1章

＊1　日経産業新聞,「@SiliconValley マイクロン・テクノロジーCEOに聞く DRAM核に多角化を促進 エルピーダの戦略『誤り』」, 2003年2月13日.

＊2　日経産業新聞,「半導体売却 攻める米 縮む日本 新日鉄、市況の波に翻弄『お買い得』一転お荷物に」,1998年9月30日.

＊3　Samuel Howarth,「Remembering the late Japanese memory lodestar Yukio Sakamoto」, Digitimes Asia, 2024年2月23日. https://www.digitimes.com/news/a20240223VL203/yukio-sakamoto-japan-ic-design-distribution-memory-chips.html

徐睦鈞,「為記憶體產業奉獻到最後一刻 日本半導體教父坂本幸雄辭世 享壽77歲」, 經濟日報, 2024年2月22日. https://money.udn.com/money/story/5612/7784608

今周刊,「日半導體教父坂本幸雄病逝, 享壽77歲…從破產的爾必達到加入中國紫光：不想作為一個失敗者結束人生」,2024年2月22日. https://www.businesstoday.com.tw/article/category/183015/post/202402220022/ など

第2章

＊4　日本経済新聞,「ラピダス東会長「設備投資の半分、民間の投融資で」」, 電子版, 2024年12月12日. https://www.nikkei.com/article/DGXZQOUC1285D0S4A211C2000000/

＊5　TrendForce,「Top 10 IC Design Houses' Combined Revenue Grows 12% in 2023, NVIDIA Takes Lead for the First Time, Says TrendForce」, 2024年5月9日. https://www.trendforce.com/presscenter/news/20240509-12134.html

第3章

＊6　東芝,「当社システムLSI事業の構造改革の実施について」, プレスリリース, 2020年9月29日. https://www.global.toshiba/content/dam/toshiba/migration/corp/irAssets/about/ir/jp/news/20200929_1.pdf

第4章

＊7　吉田秀明,『半導体60年と日本の半導体産業』, 経済史研究, 11巻, p.37-58, 大阪経済大学日本経済誌研究所, 2008年. https://doi.org/10.24712/keizaishikenkyu.11.0_37

＊8　Ray Connolly,「Japanese make quality-control pitch – EIA-J tells Washington seminar that secrets is no secret, and that IC makers would like to share know-how with U.S. rivals」, Electronics, Vol.53, No.8, p.81, 1980年4月10日. https://www.worldradiohistory.com/Archive-Electronics/80s/80/Electronics-1980-04-10.pdf

第5章

＊9 Kim Eun-jin,「Samsung Marks 40th Anniversary of 'Tokyo Declaration' on Feb. 8」, BusinessKorea Online Edition, 2023年2月8日． https://www.businesskorea.co.kr/news/articleView.html?idxno=109024

Donald Sull, Choelsoon Park, Seonghoon Kim,「Samsung and Daewoo: Two Tales of One City.」, Harvard Business School Case, 804-055, 2003年11月(2004年6月改訂).

＊10 Kim Byung-wook,「Lee Kun-hee: Giant who took a leap forward」, The Korean Herald , 2020年10月25日． https://www.koreaherald.com/view.php?ud=20201025000207

＊11 Tony Fu-Lai Yu, Yan Ho-Don,『Handbook of East Asian Entrepreneurship』, Routledge, 2014年10月.

＊12 Song Jae-Yong, Lee Kyungmook,『The Samsung Way』,「Chapter 2 How did Samsung become a world-class corporation?」, McGraw-Hill Education, 2014年.

＊13 Geoffrey Cain,『Samsung Rising: The Inside Story of the South Korean Giant That Set Out to Beat Apple and Conquer Tech』, Crown Currency, 2020年.

＊14 Shin Jang-Sup,「Dynamic Catch-up Strategy, Capability Expansion and Changing Windows of Opportunity in the Memory Industry」, National University of Singapore working paper, 2015年． https://fass.nus.edu.sg/gpn/wp-content/uploads/sites/31/2020/09/Shin-Jang-sup_GPN2015_001.pdf

＊15 EE Times,「Samsung begins volume production in 300mm wafer fab」, 2001年10月29日． https://www.eetimes.com/samsung-begins-volume-production-in-300mm-wafer-fab/

インフィニオン・テクノロジーズ,「Infineon launches volume production of semiconductors on 300mm wafers」, プレスリリース, 2001年12月1日． https://www.infineon.com/cms/en/about-infineon/press/market-news/2001/130787.html

＊16 川西剛,『わが半導体経営哲学』, 工業調査会, 1997年1月.

＊17 吉岡英美,『韓国の工業化と半導体産業』,「第3章 技術キャッチアップのメカニズム」, 有斐閣, 2010年4月.

＊18 吉岡英美,「エレクトロニクス産業における垂直統合の優位性 ーサムスン電子の半導体事業の事例ー」, 韓国経済研究, Vol.21, 九州大学韓国経済研究会, 2024年3月. https://doi.org/10.15017/7170255

＊19 日本経済新聞,「先行者利益もはや幻想〜マイクロン・テクノロジー会長 スティーブン・アップルトン氏」, 1997年12月22日.

＊20 日経産業新聞,「DRAM市場3強の時代」, 1999年5月28日.

＊21 1980年のデータ：Joonkyu Kang,「A Study of the DRAM Industry」, MIT Sloan School of Management Master's Degree paper, 2010年6月.

1990年のデータ：吉川英美,「DRAM市場における三星電子のキャッチアップに関する一考察」, 韓国経済研究, Vol. 4, 九州大学研究拠点形成プロジェクト, 2004年8月.

2020年のデータ：日経産業新聞,「メモリー、サムスン独走に暗雲」, 2021年5月18日.

＊22 日本経済新聞,「事業戦略を方向転換〜秋草直之・富士通社長の話」,1999年1月11日.

＊23 日本経済新聞,「回転いす」, 朝刊, 2002年9月27日.

第6章

＊24　朝倉博史,「『日本の半導体復活のモデル・ケースにしたい』」,日経マイクロデバイス,特別企画インタビュー, p.58,2002年12月号.

＊25　日本電気, 日立製作所,「NECと日立、DRAMの合弁会社を設立」, プレスリリース,1999年11月29日.　https://www.hitachi.co.jp/New/cnews/9911/1129c.html

＊26　日経産業新聞,「＜検証＞NEC・日立 DRAM統合、紆余曲折の船出㊤㊦」, 2000年12月19日、20日.(1999～000年にかけてのNECと日立の綱引きを記載)

＊27　エルピーダメモリ, 日本電気, 日立製作所,「エルピーダメモリが300ｍｍウェハ対応の半導体新工場を建設」, プレスリリース, 2000年11月28日.　https://www.hitachi.co.jp/New/cnews/0011/1128/index.html

＊28　日刊工業新聞,「DRAM生産 NEC、完全撤退」, 2001年8月1日.
日刊工業新聞,「市況悪化で揺れるDRAM事業 NEC・日立合弁 本体の生産撤退が響き世界シェア最大4.5%」, 2001年9月4日.

＊29　日経産業新聞,「編集長インタビュー・エルピーダメモリ坂本幸雄社長 摩擦は必然。私には責任」, 2002年12月6日.

＊30　日経産業新聞,「エルピーダ 本部・部・課制を廃止」, 2003年1月17日.

＊31　インテル,「Intel To Invest US$100 Million In Elpida Memory」, プレスリリース,2003年6月3日.　https://www.intel.com/pressroom/archive/releases/2003/20030603corp.htm
NEC, 日立製作所,「エルピーダメモリ株式会社に対する追加出資について」, プレスリリース, 2003年6月3日.　https://www.hitachi.co.jp/New/cnews/030603b.html

＊32　日本政策投資銀行,「エルピーダメモリ（株）に対する出資について」, プレスリリース,2003年10月28日.　https://www.dbj.jp/news/archive/rel2003/1027_rev.html
日本経済新聞,「資金調達1700億円、エルピーダ発表」, 朝刊, 2003年10月29日.

第7章

＊33　電気通信事業者協会, 事業者別月別累計契約者数.
2004年3月：https://www.tca.or.jp/japan/database/daisu/yymm/0403matu.html
2004年12月：https://www.tca.or.jp/japan/database/daisu/yymm/0412matu.html

＊34　日本経済新聞,「エルピーダ、携帯向け256メガビットDRAM出荷」, 2003年5月27日.

＊35　日経産業新聞,「エルピーダメモリ、携帯用512メガビットDRAM発売」, 2004年8月4日.

＊36　エルピーダメモリ, 2005年3月期有価証券報告書

＊37　日経産業新聞,「『投資、今が絶好機』DRAM新工場 エルピーダ社長が会見」, 2004年6月11日.

＊38　日本経済新聞,「ものづくり拠点を行く～広島エルピーダメモリ 300ミリ増産、計7500億円投資」, 地方経済面, 2006年10月13日.

＊39　日本経済新聞,「エルピーダメモリ広島新工場、DRAM増産前倒し」, 地方経済面, 2005年12月2日.

＊40　日経産業新聞,「ニッポンの工場 広島エルピーダメモリ～DRAM反攻、危機のち世界一」, 2006年10月2日.

＊41　日本経済新聞,「エルピーダ1兆円投資 次世代DRAM工場に数年かけ 年内にも用地選定」, 朝刊, 2006年8月2日.
＊42　日本経済新聞,「エルピーダ、台湾合弁発表 日台連合、サムスンに挑む」, 朝刊, 2006年12月8日.
＊43　日経金融新聞,「時価総額ランキング（28日）」, 2006年12月29日.
＊44　日経産業新聞,「DRAMエクスチェンジ楊副総経理に聞く PC用DRAM下落続く 7月にも反発、上げ幅鈍く」, 2007年6月6日.
＊45　日本経済新聞,「DRAM 下落局面に 大口価格 パソコン用は半年ぶり 薄型TV向けも価格競争」, 朝刊, 2007年2月6日.
＊46　日本経済新聞,「エルピーダ社長に聞く 07年半導体市場 マイナス成長の可能性 コスト減で対応」, 朝刊, 2007年1月27日.
＊47　日本経済新聞,「DRAM価格急落 大口向け採算割れ パソコン販売伸びず」, 夕刊, 2007年4月19日.
＊48　日本経済新聞,「エルピーダ台湾合弁 生産能力倍増へ 第2棟、来夏に稼働」, 朝刊, 2007年6月27日.
＊49　日本経済新聞,「半導体メモリー 5年で工場4棟建設 ハイニックス 1兆6000億円投資」, 朝刊, 2007年7月26日.
＊50　日本経済新聞,「半導体投資競争 再び激化 サムスン一転、1800億円上積み エルピーダ・東芝 首位を目指し追撃」, 朝刊, 2007年10月13日.
＊51　日本経済新聞,「DRAM、1ドル割れ パソコン向け大口価格 増産で供給過剰」, 朝刊, 2007年10月13日.
＊52　日本経済新聞,「薄型TV用、年5割下落 DRAM大口価格 パソコン用急落が影響」, 朝刊, 2007年11月15日.

第8章

＊53　日本経済新聞,「エルピーダ 携帯機器用DRAM動作、パソコン用並み高速に」, 朝刊, 2007年11月15日.
＊54　Robert Rich,「The Great Recession」, Federal Reserve History, 2013年11月22日. https://www.federalreservehistory.org/essays/great-recession-of-200709
＊55　日本経済新聞,「DRAM、値下がり続く 大口価格 パソコン販売に減速感」, 朝刊, 2008年8月22日.
＊56　日経ヴェリタス,「4~9月期決算トーク～エルピーダ、勉強させてもらった」, 2008年11月9日.
＊57　日経産業新聞,「激震半導体 試練の日本メーカー 実態なき需要追い大赤字 巨額投資の代償大きく」, 2008年12月24日.
＊58　日経産業新聞,「半導体メモリー苦戦続く エルピーダ前期赤字249億円 サムスン利益ピークの1割」, 2008年4月28日.
＊59　日経産業新聞,「ロジックIC受託生産に参入 エルピーダ、UMCと提携」, 2008年3月18日.
＊60　日経産業新聞,「NEC エルピーダ 共同出資で新会社 パネル駆動用IC開発」, 2008年6月23日.
＊61　日経産業新聞,「NOR型フラッシュ エルピーダ、生産受託 スイス大手から 旧型設備を活用」, 2008年7月11日.

＊62 日刊工業新聞,「液晶用半導体の設計会社 設立計画先送り NECエレとエルピーダ」, 2008年12月16日. https://www.nikkan.co.jp/articles/view/00048524
＊63 日経産業新聞,「エルピーダ、多角化に活路 4～6月営業赤字縮小「DRAM以外」受託生産／先端品を強化 投資抑え、脱・汎用急ぐ」, 2009年8月5日.
＊64 日本経済新聞,「エルピーダ 中国で先端DRAM 合弁工場、5400億円を投資」, 2009年8月5日.
＊65 日経産業新聞,「エルピーダ、中国に5400億円投じ工場 サムスン包囲「詰め」急ぐ 市況低迷下でも大型投資 坂本社長 止まらぬ『突進』」, 2008年8月7日.
＊66 日本経済新聞,「『そこが知りたい』中国でDRAM大型投資 成算は？ エルピーダメモリ社長 坂本 幸雄氏 勝ち残りへ最後の戦い」, 朝刊, 2008年8月24日.
＊67 日本経済新聞,「中国の工場稼働先送り エルピーダ、DRAM合弁で1年 市況回復見込めず 計画公表3カ月で集成」, 朝刊, 2008年8月24日.
＊68 日経ビジネス,「時流超流・カギ握る台湾で内輪揉め 政府支援のエルピーダ、再編シナリオに暗雲」, 2009年7月13日号.
＊69 日本経済新聞,「台湾当局 日米台DRAM連合提唱へ」, 朝刊, 2008年12月26日.
＊70 日本経済新聞,「半導体再編 台湾当局主導で新会社 エルピーダか米社と提携」, 朝刊, 2009年3月6日.
＊71 日経産業新聞,「台湾DRAM再編、混迷深まる 台プラ離脱、力晶も反発 生産委託の構想に不満」, 2009年4月14日.
＊72 日本産業新聞,「台湾DRAM新会社、エルピーダと提携 米社とも交渉、船頭多く？」, 2009年4月2日.
＊73 日本経済新聞,「台湾当局、再編巡り新方針 エルピーダTMC提携 資金提供遅れも」, 2009年7月22日.
＊74 日本経済新聞,「台湾・南亜科技 支援要請を撤回 DRAM価格回復で」, 朝刊, 2009年10月21日.
＊75 日本経済新聞,「当局支援のDRAM会社 台湾立法院、出資に反対 市況回復、時機逸す」, 朝刊, 2009年11月14日.

第9章

＊76 日経産業新聞,「ホンダ、営業赤字1900億円」, 2008年12月18日.
＊77 日本経済新聞,「トヨタ、生産抜本見直し 今期営業赤字1500億円発表 来期設備投資1兆円以下に」, 朝刊, 2008年12月23日.
＊78 日本経済新聞,「トヨタ営業赤字 収益環境1カ月で急変 減益要因、販売減で5700億円、大幅な円高も誤算」, 朝刊, 2008年12月23日.
＊79 ソニー,「2008年度連結業績見通し修正のお知らせ」, プレスリリース, 2009年1月22日. https://www.sony.com/ja/SonyInfo/IR/library/presen/er/08revision_sony2.pdf
＊80 日本経済新聞,「ソニーとトヨタ、相次ぎ雇用調整 需要「蒸発」苦渋の決断」, 朝刊, 2009年1月23日.
＊81 日本経済新聞,「一般企業にも公的資金 政府が注入制度 経済安定に安全網」, 朝刊, 2009年1月26日.
日本経済新聞,「『一般企業に公的資金』を発表 民間銀出資にも政府保証 今春に新制度10年3月末まで 補てん枠1.5兆円」, 朝刊, 2009年1月28日.

＊82 日本経済新聞,「衆院代表質問と答弁」,朝刊,2009年1月30日.

＊83 日本経済新聞,「公的資金 エルピーダ、申請検討 数百億円の資本増強 今春にも 新制度活用1号」,朝刊,2009年2月4日.

＊84 日本経済新聞,「『エルピーダは政策上重要』経産次官、支援を示唆」,朝刊,2009年4月17日.

＊85 日本経済新聞,「エルピーダ 公的支援を認定 経産省『DRAM確保は重要』」,夕刊,2009年6月30日.

＊86 日経産業新聞,「エルピーダ産業再生法認定 DRAM最終レース 国内で1400億円調達 TMCとの連携、焦点に」,2009年7月1日.

＊87 日本経済新聞,「パソコン用DRAM一段高 大口9%高 採算ライン近くに上昇」,朝刊,2009年9月10日.

＊88 日本経済新聞,「エルピーダ 公募増資で780億円調達 財務強化で再編に備え」,朝刊,2009年9月2日.

＊89 日本経済新聞,「エルピーダ公募増資 発行価格1152円に」,朝刊,2009年9月15日.

＊90 日経産業新聞,「新型iPhone発売 大行列でも混乱なく ソフトバンク、事前予約奏功」,2009年6月29日.

＊91 日刊工業新聞,「エルピーダ、蘭製ArF露光装置を導入 DRAM製造 広島で50ナノに利用」,2009年3月11日. https://www.nikkan.co.jp/articles/view/00059873

＊92 日刊工業新聞,「設備投資400億円に抑制 エルピーダ 投資戦略を一転」,2009年11月6日. https://www.nikkan.co.jp/articles/view/00092742

＊93 日本経済新聞,「半導体が足りない（上）〜パソコンメーカー大慌て」,電子版,2010年4月29日. https://www.nikkei.com/article/DGXNASDD2801Z_Y0A420C1000000/

＊94 日本経済新聞,「復活エルピーダ、高機能化で先行 DRAM消費電力3割抑制」,電子版,2010年4月7日. https://www.nikkei.com/article/DGXNASDD060E2_W0A400C1000000/

＊95 日経産業新聞,「エルピーダ、瑞晶への出資比率引き上げ『日台連合』強化へ布石」,2009年10月15日.

＊96 日本経済新聞,「エルピーダ、日台5社連合 華邦電子に生産委託 DRAM、韓国勢追撃」,朝刊,2009年11月11日.

＊97 日経産業新聞,「エルピーダ、台湾委託加速 DRAM生産 最大4割増 国内と同規模に」,2010年4月1日.

＊98 日経産業新聞,「エルピーダ『台湾の民間と提携』産業再生法での計画変更」,2010年3月26日.

＊99 日経産業新聞,「フラッシュメモリーNAND型生産受託 エルピーダ スパンションから」,2010年7月23日.

＊100 坂本幸雄,『不本意な敗戦 エルピーダの戦い』,日本経済新聞出版,2013年10月.

第10章

＊101 日本経済新聞,「景気足踏み 正念場の日本経済① 円高が奪う企業の体力 生産・雇用、海外に流れる」,朝刊,2010年9月28日.

＊102 日本経済新聞,「DRAM、3〜4%安 金融不安や供給増観測で7月前半」,2010年7月17日.

＊103 日本経済新聞,「DRAM、下落加速 欧米のパソコン販売不振 年末に採算ライン接近も」, 2010年10月9日.
＊104 日本経済新聞,「サムスン、設備投資最大の2.1兆円　半導体・液晶に集中」, 電子版, 2010年5月17日.　https://www.nikkei.com/article/DGXNASGM1703J_X10C10A5MM8000/
＊105 日本経済新聞,「東芝など日本勢、半導体など投資積極化」, 電子版, 2010年5月18日.　https://www.nikkei.com/article/DGXNASDD170CK_X10C10A5TJ0000/
＊106 日経産業新聞,「サムスン、30ナノ台量産開始発表」, 2010年7月22日.
＊107 日経産業新聞,「台湾の南亜・華亜 DRAM設備に2400億円 今年の投資上方修正 微細化、他社追う」, 2010年7月22日.
＊108 日本経済新聞,「DRAMが1ドル割れ、1年半ぶり　PC向け伸びず」, 電子版, 2011年1月7日.　https://www.nikkei.com/article/DGXNASDD070DT_X00C11A1TJ0000/
＊109 日本経済新聞,「エルピーダ、2年ぶりDRAM減産　台湾工場建設延期も」, 電子版, 2010年11月4日.　https://www.nikkei.com/article/DGXNASDD03010_T01C10A1TJC000/
＊110 日本経済新聞,「経営トーク◇エルピーダ決算会見速報　坂本幸雄社長『第3四半期はかなりきつい』」, 電子版, 2010年11月4日.　https://www.nikkei.com/article/DGXIMSDY04044NU0A101C1000000/
＊111 日本経済新聞,「エルピーダ、携帯用半導体に200億円投資　CB600億円発行」, 電子版, 2010年10月8日.　https://www.nikkei.com/article/DGXNASGD08022_Y0A001C1DT0000/
＊112 日本経済新聞,「サムスン、10年設備投資10%上積み　半導体の微細化加速」, 電子版, 2010年10月31日.　https://www.nikkei.com/article/DGXNASGU29019_Q0A031C1FF5000/
＊113 日本経済新聞,「介入でもアジア通貨安なお　韓・台企業と競争厳しく」, 電子版, 2010年9月17日.　https://www.nikkei.com/article/DGXNASDC16008_W0A910C1NN8000/
＊114 日本経済新聞,「検証・円高対策　日銀はなぜ後手に回ったのか」, 電子版, 2010年9月21日.　https://www.nikkei.com/article/DGXNASFK1703Q_X10C10A9000000/
＊115 日本経済新聞,「日銀追加緩和、実質ゼロ金利に 資産買入基金5兆円　政策金利0.0～0.1%に下げ」, 電子版, 2010年10月5日.　https://www.nikkei.com/article/DGXNASGC0500D_V01C10A0000000/
＊116 長廣 恭明,「【決算】エルピーダの落ち込みが目立つ、メモリ5社の2010年10～12月」, Tech-On!, 日経クロステック, 2011年2月7日.　https://xtech.nikkei.com/dm/article/NEWS/20110207/189396/
＊117 三宅常之,「エルピーダメモリ Samsungを超える道筋は見えた 坂本 幸雄 氏　エルピーダメモリ　代表取締役社長兼CEO」, 日経マイクロデバイス, Cover Story, p.72, 2006年1月号.
＊118 週刊ダイヤモンド,「ピックアップ1」坂本幸雄・エルピーダメモリ社長 DRAM成長に貢献するなら組み立て工程はフラッシュもやる」, 2006年2月25日号.
＊119 日本経済新聞,「素材高いつまで メーカー首脳に聞く エルピーダメモリ坂本幸雄社長 DRAM、パソコン不振で下落も」, 朝刊, 2006年8月24日.

＊120 日本経済新聞,「エルピーダ 米社のメモリー事業買収 フラッシュ技術取り込み 携帯端末向け量産」, 朝刊, 2010年3月4日.

＊121 日本経済新聞,「半導体生産 国内、携帯端末用に特化 エルピーダ、広島工場改修 パソコン向け台湾に集約」, 朝刊, 2010年10月15日.

＊122 Geoffrey Cain,『Samsung Rising: The Inside Story of the South Korean Giant That Set Out to Beat Apple and Conquer Tech』,「Chapter 16 Unholy Alliance」, CURRENCY/Random House,2020年.

＊123 日経エレクトロニクス,「iPhone徹底分析 ユーザー・インターフェースとハードウエアを分解する」, 2007年7月16日号.

＊124 Apple,「Apple Presents iPhone 4」, Press Release, 2010年6月7日. https://www.apple.com/newsroom/2010/06/07Apple-Presents-iPhone-4/

＊125 The Wall Street Journal Online Edition,「IPad Taps Familiar Apple Suppliers」, 2010年4月5日.

＊126 Walter Isaacson,『Steve Jobs』,「Chapter 39 New Battles」, Simon & Schuster, 2011年.

＊127 MacDailyNews,「Apple continues cutting out derivative Samsung; looks elsewhere for DRAM and NAND flash」, 2011年9月22日. https://macdailynews.com/2011/09/22/apple-continues-cutting-out-derivative-samsung-looks-elsewhere-for-dram-and-nand-flash/

第11章

＊128 Micron Technology,「2012年3~5月四半期報告書(Form 10-Q)」. https://investors.micron.com/sec-filings/sec-filing/10-q/0000912057-02-025840

＊129 日経ヴェリタス,「エルピーダは増資成功、ルネサスは資金調達に難題 半導体『暗黒期』入り 財務戦略に明暗」, 2011年8月14日号.

＊130 日本経済新聞,「エルピーダ 国内生産の4割台湾へ 汎用半導体を全面シフト 円高長引き再編」, 朝刊, 2011年9月15日.

＊131 日本経済新聞,「エルピーダ、DRAM大不況で孤立無援の正念場」, 電子版, 2011年11月30日. https://www.nikkei.com/article/DGXNMSDY29009NZ21C11A1000000/

＊132 日本経済新聞,「エルピーダ、DRAM低迷で最終赤字567億円」, 電子版, 2011年10月27日. https://www.nikkei.com/article/DGXNASDD270KP_X21C11A0TJ2000/

＊133 日本経済新聞,「エルピーダ社長、DRAM価格『これ以上は下げられない』」, 電子版, 2011年10月27日. https://www.nikkei.com/article/DGXNASFL270G8_X21C11A0000000/

＊134 日本経済新聞,「首相、経産官僚のインサイダー疑惑『事実なら大変けしからん話』」, 電子版, 2011年7月7日. https://www.nikkei.com/article/DGXNASFL070CK_X00C11A7000000/

＊135 日本経済新聞,「エルピーダ、『春』到来前の正念場」, 電子版, 2012年2月6日. https://www.nikkei.com/article/DGXNMSGD0306FNT00C12A2000000/

＊136 日本経済新聞,「エルピーダ破綻㊦ 広島工場の売却模索 公的資金再投入難航も」, 電子版, 2012年3月3日. https://www.nikkei.com/article/DGKDZO39272600S2A300C1TJ1000/

＊137 日本経済新聞,「エルピーダ社長「従来通り事業続ける」 会見で陳謝」, 電子版, 2012

年2月27日． https://www.nikkei.com/article/DGXNASFL270GP_X20C12A2000000/
日本経済新聞,「エルピーダ社長、借り換え難しく更生法決断　広島工場の操業継続　再建へ「シェア30％念頭」」, 電子版, 2012年2月28日． https://www.nikkei.com/article/DGXDASDD270QM_X20C12A2TJ0000
＊138 日本経済新聞,「エルピーダ更生法申請、経産相「やむを得ない措置」」, 電子版, 2012年2月27日． https://www.nikkei.com/article/DGXNASFL270G8_X20C12A2000000/

第12章

＊139 日本経済新聞,「エルピーダ、再建曲折も　主要行『不意打ち』と反発　坂本社長『更正案､6週間で』」, 電子版, 2012年2月29日． https://www.nikkei.com/article/DGXNASDD280TQ_Y2A220C1TJ0001/
＊140 エルピーダメモリ,「当社及び当社子会社の会社更生手続開始決定に関するお知らせ」, 公式発表, 2012年3月23日． https://investors.micron.com/static-files/023e29da-4f78-4b09-aa8d-faa5fa536647
＊141 日本経済新聞,「エルピーダ1次入札締め切り、最有力は米マイクロン」, 電子版, 2012年3月31日． https://www.nikkei.com/article/DGXNZO40022450Q2A330C1TJ3000/
＊142 日本経済新聞,「エルピーダ支援、米マイクロン有力　東芝と共同買収検討の韓国社撤退　外資傘下で再建へ」, 電子版, 2012年5月5日． https://www.nikkei.com/article/DGXDZO41084000V00C12A5TJC000/
＊143 マイクロン・テクノロジー,「マイクロンメモリジャパン（旧エルピーダメモリ）の会社更生手続きは終結しました」． https://jp.micron.com/about-the-elpida-acquisition
＊144 日本経済新聞,「エルピーダ、米マイクロンが買収へ　3000億円支援　DRAM、日本勢消える」, 電子版, 2012年5月6日． https://www.nikkei.com/article/DGXNASDD0503B_V00C12A5MM8000/
＊145 Karen Haslam,「Loss of Apple chip contract sees Samsung value decline」, Macworld, 2012年5月18日． https://www.macworld.com/article/669623/loss-of-apple-chip-contract-sees-samsung-value-decline.html
＊146 エルピーダメモリ,「更生計画認可決定のお知らせ」, 2013年2月28日． https://investors.micron.com/static-files/06a538d7-4944-4876-aced-a64b39abd377
＊147 Micron Technology,「2013年8月期年次報告書(Form 10-K)」． https://investors.micron.com/sec-filings/sec-filing/10-k/0000723125-13-000228
＊148 朴尚洙,「『社名がマイクロンになってもエルピーダの火は消えない』、坂本社長が退任の弁」, MONOist, 2013年8月1日． https://monoist.itmedia.co.jp/mn/articles/1308/01/news042.html
大河原克行,「エルピーダ､Micronによる買収完了会見を開催～『名前は変わるが、エルピーダの火は消えない』」, PC Watch, 2013年8月1日． https://pc.watch.impress.co.jp/docs/news/609906.html
＊149 日本経済新聞,「エルピーダの坂本社長退任へ　マイクロン出資完了後」, 電子版, 2012年8月22日． https://www.nikkei.com/article/DGXNASDD210G0_R20C12A8MM8000/
＊150 佐藤吉哉,「坂本幸雄氏［エルピーダメモリ社長］『天下を取り、悪習を正す』」, 日経ビ

ジネス, 編集長インタビュー, 2008年3月10日号.

第13章

＊151 NECエレクトロニクス, ルネサステクノロジ, NEC, 日立製作所, 三菱電機,「NECエレクトロニクス株式会社と株式会社ルネサステクノロジの統合に伴い実施される資本増強の変更に関するお知らせ」, 共同プレスリリース, 2009年11月9日. https://www.hitachi.co.jp/New/cnews/month/2009/11/f_1109.pdf

＊152 日経産業新聞,「(News Edge) ルネサス 日の丸再建は最適解か 官民で買収案、マイコン死守 米ファンドの事業売却警戒 船頭乱立の懸念残る」, 2012年9月28日.

＊153 INCJ,「ルネサス エレクトロニクス株式会社の株式売却完了について」, ニュースリリース, 2023年11月14日. https://www.incj.co.jp/newsroom/2023/20231114.html

NEC,「当社が退職給付信託に拠出している株式の売却に関するお知らせ」, プレスリリース, 2024年1月25日. https://jpn.nec.com/press/202401/20240125_02.html

日立製作所,「個別決算における投資有価証券売却益(特別利益)の計上に関するお知らせ」, プレスリリース, 2024年1月26日. https://www.hitachi.co.jp/New/cnews/month/2024/01/f_0126c.pdf

三菱電機,「投資有価証券の売却に伴う特別利益の計上見込みに関するお知らせ」, プレスリリース, 2024年2月28日. https://www.mitsubishielectric.co.jp/news/2024/0228.pdf

第14章

＊154 新華社,「Former Tsinghua Unigroup chairman stands trial for corruption』, 2023年9月28日. https://english.news.cn/20230928/e2942a1236054b10ad7c6a40da6f879f/c.html

＊155 榊原清則, 香山晋 (共編著),『イノベーションと競争優位 コモディティ化するデジタル機器』,「第2章　統合型企業のジレンマ」, NTT出版, 2006年7月.

第15章

＊156 Brookings Institutions commentary,「Can semiconductor manufacturing return to the US?」, 2022年4月14日. https://www.brookings.edu/articles/can-semiconductor-manufacturing-return-to-the-us/

全体

坂本幸雄氏の著書

坂本幸雄,『不本意な敗戦 エルピーダの戦い』, 日本経済新聞出版, 2013年10月.

坂本幸雄,『正論で経営せよ』, ウェッジ, 2017年3月.

小柳建彦による坂本幸雄氏ロングインタビュー

小柳建彦,「半導体とビジネスのこと、プロ経営者の坂本さんに聞いてみた」, 日経クロステック, 2022年4月4日〜6月17日 (全35回). https://xtech.nikkei.com/atcl/nxt/column/18/02013/

日経産業新聞掲載の評伝「仕事人秘録」

細川幸太郎,「仕事人秘録　元エルピーダメモリ社長、坂本幸雄氏」, 日経産業新聞, 2018年5月18日〜6月4日（全20回）. https://www.nikkei.com/article/DGXKZO30169900X00C18A5XXA000/

小柳 建彦（コヤナギ・タケヒコ）

日本経済新聞　編集委員
1988年日本経済新聞社入社。東京、シリコンバレー、シンガポール、バンコク、ムンバイを拠点にテクノロジーと資本、企業、経済発展の相互作用を取材。米ビックテック5社（GAFAM）の創業者全員と直接の個別取材経験がある。東京産業部編集委員、電子版開発ディレクター、Nikkei Asian Review（現Nikkei Asia）創刊発行人、Nikkei Asia Editor-at-large、編集委員・論説委員を経て2024年4月より現職。BSテレ東「NIKKEI NEWS NEXT」レギュラーコメンテーター

ニッポン半導体復活の条件
異能の経営者 坂本幸雄の遺訓

2025年3月24日　第1版第1刷発行

著　者　小柳 建彦
発行者　浅野 祐一
発　行　株式会社日経ＢＰ
日本経済新聞出版
発　売　株式会社日経ＢＰマーケティング
〒105-8308　東京都港区虎ノ門4-3-12

ブックデザイン　山之口正和＋永井里実＋高橋さくら（OKIKATA）
制　作　マップス
編　集　山田 剛良
印刷・製本　TOPPANクロレ株式会社

ISBN 978-4-296-20562-2